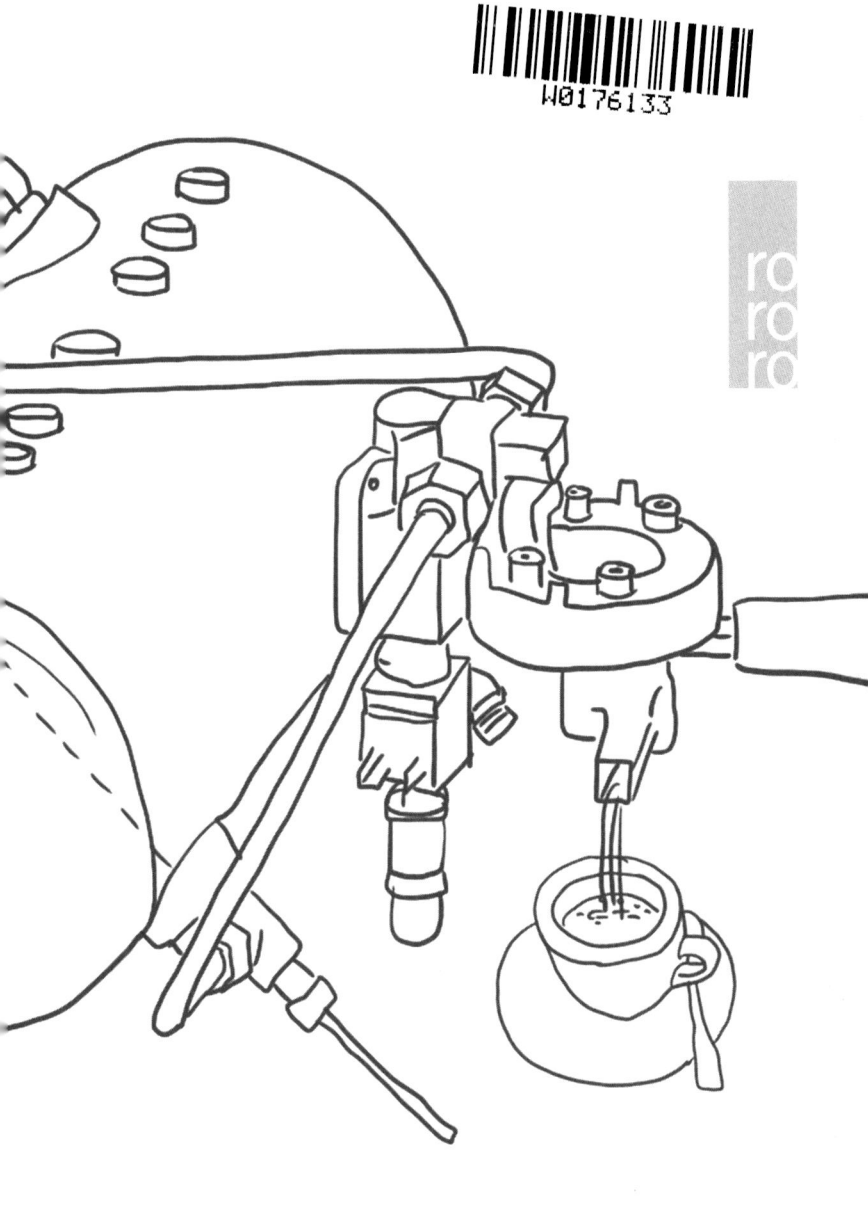

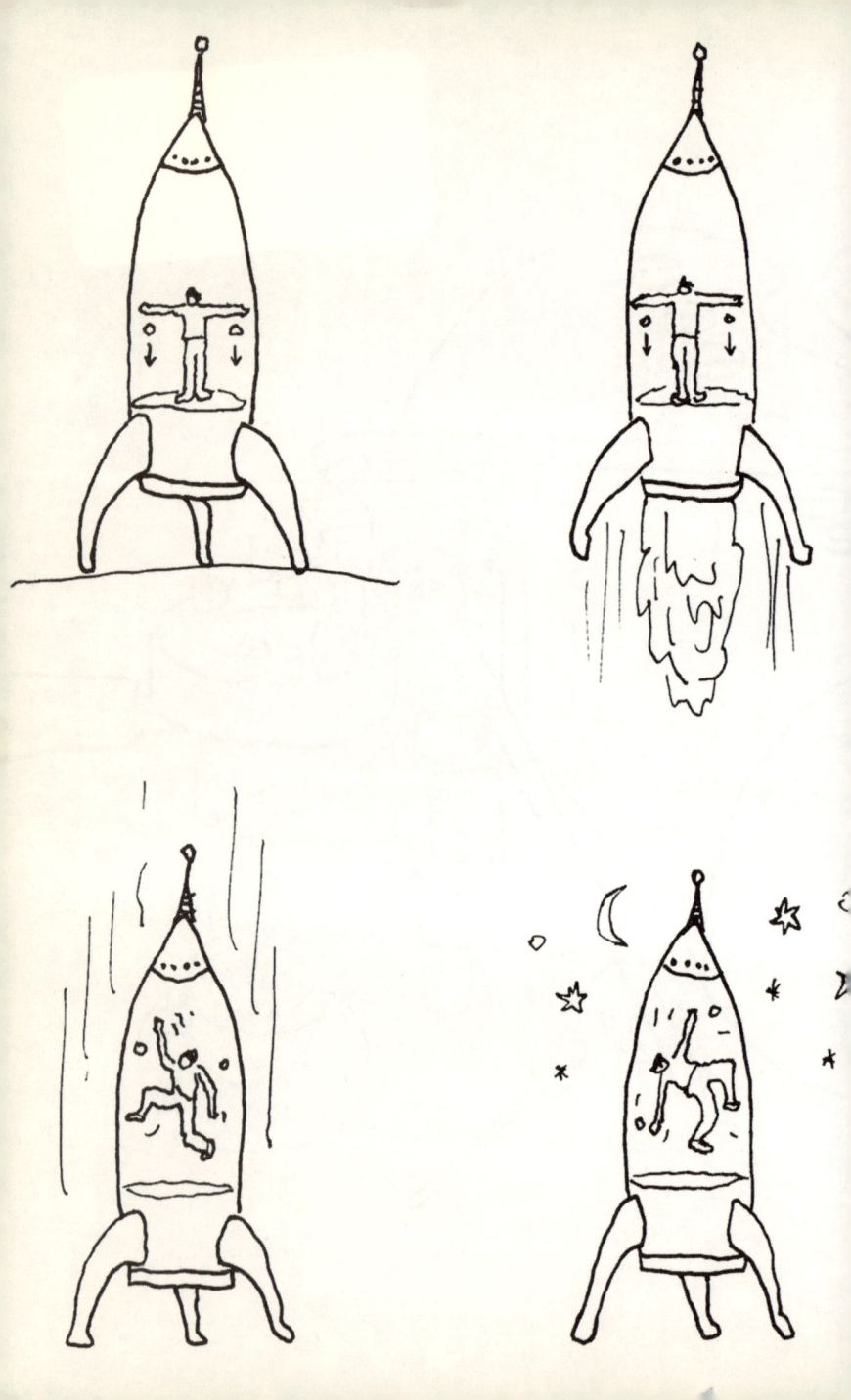

Wenn in der Physik von Fliehkraft oder Massenschwerpunkt die Rede ist, schalten viele ab. Fragt man stattdessen „Wie fährt man mit einem Rad durch einen Looping?" oder „Wie kann man Besteck schweben lassen?", horchen die meisten auf. Genau so macht es Martin Apolin in diesem Buch, es gelingt ihm, Begeisterung für Physik zu wecken. Bei seinen vergnüglichen Erläuterungen verzichtet er weitgehend auf Formeln und lange Rechenwege. Interessierte können solche Details im Anhang nachschlagen. Wer gern verrückte Experimente macht und beispielsweise Spaß daran hat, auf der nächsten Party mit Eiswürfeln anzugeben, die im Dunkeln leuchten, sollte zu diesem Buch greifen. Apolin schafft es, überraschende Perspektiven auf den Alltag zu eröffnen und Physik tatsächlich einfach zu erklären.

Martin Apolin, geboren 1965, ist promovierter Physiker und Sportwissenschaftler. Er unterrichtet als Lehrer an einem Wiener Gymnasium und an der Fakultät für Physik der Universität Wien. Er ist Autor von über zehn teilweise sehr unkonventionellen Schulbüchern: Sein Oberstufenlehrgang „Big Bang" ist das populärste Physikschulbuch Österreichs. Bekannt wurde er außerdem durch seine Kolumne „Formel des Monats" im Magazin Red Bulletin. Apolin lebt mit seiner Frau und drei Kindern in Wien.

MARTIN APOLIN

PHYSIK FÜR ECHTE MÄNNER

MIT ILLUSTRATIONEN
VON MANDY FISCHER

Rowohlt Taschenbuch Verlag

Für Kveta, Filip, Ellen und Anna

Veröffentlicht im Rowohlt Taschenbuch Verlag,
Reinbek bei Hamburg, August 2016
Copyright © 2015 Ecowin, Salzburg, by Benevento Publishing
Umschlaggestaltung ZERO Werbeagentur, München,
nach der Ausgabe bei Ecowin by Benevento Publishing
Umschlagabbildungen Foto Georg Schnellenberger,
Illustrationen Mandy Fischer
Druck und Bindung CPI books GmbH, Leck, Germany
ISBN 978 3 499 60375 4

Inhaltsverzeichnis

VORWORT oder
Es ist niemals zu spät, eine glückliche Kindheit zu haben 9

TEIL A – KÖRPER UND SPORT 12

1. Eine Fläche aus Zeit oder
   Wie gut ist Ihre Reaktion? 13
2. Die Angst des Tormanns vorm Elfmeter oder
   Wie schießen Sie den perfekten Strafstoß? 20
3. Der entzauberte Himmel oder
   Wie wird man im Flugzeug schwerelos? 25
4. Der Mann mit dem Hammer oder
   Welche Physik steckt im Marathonlauf? 33
5. Beschleunigung geht durch den Magen oder
   Was macht die Achterbahn so attraktiv? 40
6. Auf die Fliehkraft wird gepfiffen! oder
   Wie fährt man mit dem Rad durch einen Looping? 45
7. Ein Kreisel mit Flügeln oder
   Warum kommt ein Bumerang zurück? 51

TEIL B – AUTO UND MOTOR 58

8. Das lauteste Autoradio der Welt oder
   Röhren zwei Autos doppelt so laut wie eines? 59
9. Auf Fermis Spuren oder
   Wie hoch ist eine Gummispur? 66
10. Diesel versus Benziner oder
    Wer kommt schneller aus den Socken? 71
11. Von 0 auf 100 km/h in 2,5 s oder
    Was treibt eigentlich ein Auto an? 76
12. James Bond und Captain Impossible oder
    Kann man mit einem normalen Auto auf zwei Rädern fahren? .. 84

TEIL C – FREIZEIT UND ABENTEUER 92

13. Geocaching mit Einstein oder
    Wie funktioniert das GPS? 93
14. Back to the roots oder
    Wie bestimmt man die Himmelsrichtung ohne Kompass? ... 101

15 Verzweifelt in der Pampa oder
    Wie lädt man ein Handy ohne Steckdose? 109

16 Fahrenheit 451 oder
    Wie macht man ohne Streichholz oder Feuerzeug ein Feuer? .. 116

17 Die trinkende Ente oder
    Wie funktioniert ein Sockenkühlschrank? 125

TEIL D – ESSEN UND TRINKEN 130

18 Coffee is the fuel of science oder
    Wie funktioniert eine Espressomaschine? 131

19 Wenn das Tonic Water flasht oder
    Wie macht man fluoreszierende Eiswürfel? 136

20 Der Bernhardiner mit dem Schnapsfässchen oder
    Kann man sich mit Alkohol aufwärmen? 143

21 Wein ist eine Lösung oder
    Wie kann man Schnaps selbst brennen? 151

22 Eine Blume für den Mann oder
    Wie zapft man das perfekte Bier? 159

23 Auf Messers Schneide oder
    Wie scharf ist eine wirklich scharfe Klinge? 166

24 Das Ende der Porenlegende oder
    Wie brät man das perfekte Steak? 173

TEIL E – WIE SIE BEIM KINDERFEST ZUM STAR WERDEN 182

25 Glockenklang mit dem Kleiderbügel oder
    Warum klingt meine Stimme auf Band so blöd? 183

26 Darth Vader und Mickey Mouse oder
    Wie funktioniert die Heliumstimme? 188

27 Warum der Flop kein Flop wurde oder
    Wie funktioniert das schwebende Besteck? 194

28 Candlelight-Dinner in Schwerelosigkeit oder
    Wie funktioniert eine Teebeutelrakete? 198

29 Countdown nicht möglich! oder
    Wie funktioniert eine Wasserrakete? 202

30 Die Kunst der Verzerrung oder
    Wie macht man eine Anamorphose? 209

31 Nicht nachmachen! oder
    Wie funktioniert der Turbo-Würstchen-Garer? 214

32	Übers Wasser laufen oder Was ist eine nichtnewton'sche Flüssigkeit?	221
33	Ein Donut aus Luft oder Wie baut man eine Vortex-Kanone?	227

TEIL F – PHYSIKALISCHE LIFEHACKS 234

34	Der Hacker-Trick des Captain Crunch oder Wie kann man Bier in Blitzesschnelle kühlen?	235
35	Überschall-Superflummi oder Wie funktioniert ein Eidottersauger?	242
36	Eierschalensollbruchstellenverursacher oder Wie macht man Gläser aus alten Flaschen?	249
37	Kontaktlinse fürs Smartphone oder Wie kann man mit der Handykamera Makrofotos schießen?	254
38	Big Bang Theory oder T-Shirts falten mithilfe der Gravitation	260
39	Ein Plädoyer für die gepflegte Unordnung oder Warum hat die Zeit eine Richtung?	264

TEIL G – SCIFI, FANTASY UND SUPERHELDEN 272

40	Der Blick in die Vergangenheit oder Kann man schneller ziehen als sein eigener Schatten?	273
41	Über dem Horizont oder Gibt es Überlichtgeschwindigkeit?	278
42	Beam me up, Scotty! oder Wie funktioniert Teleportation?	287
43	Fliegende Lichtwürstchen oder Wie funktionieren Laserpistole und Lichtschwert?	296
44	Godzilla und die Minimoys oder Kann es Zwerge und Riesen geben?	304
45	Auch Superhelden haben es schwer oder Wie könnten Superkräfte funktionieren?	311

ANMERKUNGEN 320

REGISTER 334

Vorwort oder
Es ist niemals zu spät, eine glückliche Kindheit zu haben

Physik ist als staubtrockene Materie verschrien – völlig zu Unrecht, wie ich finde. Auch ist die Meinung weit verbreitet, dass Physik nichts oder zumindest wenig mit dem Alltag zu tun habe. Dieses Buch ist der Versuch meinerseits, diese beiden Vorurteile ein für alle Mal zu widerlegen. In wohlportionierten und saftigen Häppchen habe ich mich diverser Themen angenommen, die aus dem Alltag oder unserer erweiterten Lebenswelt stammen. Ich habe versucht, in den Formulierungen belletristisch zu bleiben und die Sache mit Augenzwinkern anzugehen, aber trotzdem physikalisch tief zu schürfen. Weil ich mich auf Aspekte konzentriert habe, die ich selbst besonders faszinierend finde, ist einerseits ein sehr persönliches, andererseits aber auch ein eher männerlastiges Buch entstanden. Deshalb ist es mir sehr wichtig, ausdrücklich zu betonen, dass ich selbstverständlich *nicht* der Meinung bin, dass Physik nur etwas für Männer ist. Als Lehrer unterstütze ich schon seit vielen Jahren alle Bemühungen, auch das weibliche Geschlecht für diese faszinierende Materie zu gewinnen.

Ich hatte schon immer einen eher unkonventionellen Zugang zur Physik. Einerseits wurde dieser dadurch begünstigt, dass ich neben Physik nicht Mathematik, sondern Sportwissenschaften studierte. Dadurch entwickelte sich ein eher unmathematischer, beinahe musischer Zugang zur Physik. Zum Beispiel arbeite ich unglaublich gerne mit Abbildungen, weil man mit deren Hilfe Informationen sehr schnell und plastisch vermitteln kann. Andererseits hat mich schon immer die konkrete Physik zum Angreifen und Abbeißen fasziniert. Ändert sich zum Beispiel die Geschwindigkeit, wenn Sie mit konstant 80 km/h durch eine Kurve fahren? Ich verrate es Ihnen noch nicht an dieser Stelle! Auch das physikalische Querdenken, das mir stets wichtig war, ist in dieses Buch mit eingeflossen. Und zu guter Letzt wäre da noch mein verspielter Zugang zu nennen, der sich auch im Praktischen niederschlägt. Es ist ja niemals zu spät, eine glückliche Kindheit zu haben! Und zumindest mein inneres Kind spielt auch heute noch gerne mit Gadgets wie Vortex-Kanonen, Makrolinsen und Zimmerbumerangs, und das finde ich auch gut und wichtig so.

Neben der Faszination für die Materie gibt es aber noch einen anderen fundamentalen Grund, warum mir Physik immer sehr wichtig war. Der dänische Philosoph Søren Kierkegaard hat in seinen Tagebüchern sinngemäß geschrieben, dass man das Leben nur rückwärts verstehen kann, es aber vorwärts leben muss. Saublöde Sache! Auf das Leben ist eben nicht wirklich draufzukommen, und es ist oft einfach unberechenbar. Wenn man sich im Gegensatz dazu aber in der Physik einmal ein Terrain erarbeitet hat, dann ist dieses völlig trittsicher. Zum Beispiel ist E immer exakt gleich mc^2, und nicht heute ein bisschen weniger oder morgen ein bisschen mehr, nur weil es dem Universum grad so in den Kram passt. Auf die Physik ist einfach Verlass, und das hat mich immer unheimlich beruhigt.

Dass mein Zugang eher unmathematisch ist, bedeutet nicht, dass ich nicht gerne rechne – im Gegenteil! Aber die Ergebnisse von Abschätzungen sollen in meinen Augen immer konkret sein und wenn möglich einen Aha-Effekt hervorrufen, so nach dem Motto: „Das hätte ich mir aber jetzt nicht gedacht!" Ich finde es zum Beispiel hochinteressant auszurechnen, wie viele Big Macs der Superschurke *Magneto* essen müsste, damit er die Golden Gate Bridge heben könnte. Und so viel kann ich an dieser Stelle schon verraten: Es sind wirklich eine ganze Menge! Damit der Lesefluss erhalten bleibt, habe ich diverse Rechenorgien und Zusatzinformationen in den Anhang verbannt. Es war mir aber wichtig, dass stets nachvollziehbar ist, wie ich auf meine Ergebnisse gekommen bin.

Der Wiener Kabarettist Gunkl alias Günther Paal hat einmal gemeint, er will nicht immer so denken, dass es staubt, sondern auch einmal so, dass der Dreck spritzt. Ich habe versucht, dieses Motto zu beherzigen. In diesem Sinne wünsche ich Ihnen beim Lesen so viel Vergnügen und erhellende Momente, wie ich sie beim Schreiben hatte.

Martin Apolin   Wien, Dezember 2014

» KÖRPER UND SPORT «
TEIL A

1 Eine Fläche aus Zeit oder Wie gut ist Ihre Reaktion?

Die wenigsten Menschen sind Sprinter, Wettkampfschwimmer oder Tormänner. Trotzdem spielt die Reaktion auch im Alltag eine große Rolle, etwa beim Autofahren, wenn man als Fußgänger einem waghalsigen Radfahrer ausweicht oder mit dem Fuß dem entglittenen Brotmesser. Ob jemand eine lange Leitung hat oder wie ein geölter Blitz reagiert, ist angeboren, kann aber durch Training zumindest ein wenig verbessert werden.

Wie gut ist Ihre persönliche Reaktion? Um diese zu messen, brauchen Sie nur einen Rundstab und eine Hilfsperson, die diesen fallen lässt. Ihre Aufgabe ist dabei denkbar einfach: so schnell wie möglich zuzupacken! Die Physik liefert Ihnen dann den Zusammenhang zwischen der Fallstrecke und Ihrer Reaktionszeit!

Abb. 1 DER FALLSTAB-TEST

a) Das untere Stabende muss sich genau auf Höhe der Handkante befinden.

b) Die Fallstrecke lässt sich sofort in eine Reaktionszeit umrechnen.

Legen Sie den Unterarm Ihrer Lieblingshand mit leicht gebeugten Fingern bis zum Handgelenk auf die Tischplatte (siehe Abb. 1a). Diese Maßnahme dient dazu, dass Sie später beim Zupacken nicht nach unten ausweichen, wodurch Sie eine geringere Falltiefe vortäuschen würden. Ein Helfer hält nun den Stab zwischen Ihre leicht geöffneten Finger, dessen Ende sich genau an Ihrer Handkante befinden muss. Damit keine Zufallsresultate entstehen, sollte der Helfer einige Sekunden abwarten, bevor er die Stange fallen lässt – es soll Sie ja wirklich überraschen. Wenn diese zu fallen beginnt, greifen Sie so schnell wie möglich zu. Was dann letztendlich unten raussteht (Abb. 1b), ist ein Indikator für Ihre Reaktionszeit. Und hier kommt die Physik ins Spiel.

Wir brauchen dazu den Zusammenhang zwischen der Falltiefe s eines Gegenstandes und seiner Fallzeit t. Die Formel dafür ist ein absoluter Klassiker und lautet $s = (g/2)t^2$. Das g steht dabei für die Fallbeschleunigung. Für unsere Überlegungen nehme ich zunächst einmal den gerundeten Wert von 10 m/s². Was bedeutet diese Zahl? Und was zum Teufel soll man sich unter einer Quadratsekunde vorstellen? Eine Fläche aus Zeit? Viele Einheiten in der Physik entziehen sich leider hartnäckig unserer konkreten Vorstellungskraft, so auch diese. Um der Einheit Meter pro Sekundenquadrat auf die Schliche zu kommen, ist es am besten, diese aufzudröseln.

Wenn wir den Luftwiderstand mal vernachlässigen, was bei kleineren Geschwindigkeiten und kompakten Objekten realistisch ist, dann kann man festhalten: Nach einer

Sekunde hat jedes Ding eine Geschwindigkeit von 10 m/s, nach zwei Sekunden 20 m/s, nach drei Sekunden 30 m/s und so weiter. Sie sehen das Prinzip! Der Geschwindigkeitszuwachs beträgt also generell 10 m/s pro Sekunde. Anders angeschrieben sind das (10 m/s)/s und umsortiert 10 m/s^2. Tadaaa! Die etwas irritierende Einheit Quadratsekunden kommt also bloß durch das Zusammenstauchen der Einheiten zustande. Ich gebe jedoch zu, dass man diese Sache ein wenig einsickern lassen muss.

Gut, Sie wollen aber nun aus dem Stück Holz, das unten aus Ihrer Hand raussteht, auf Ihre Reaktionszeit schließen. Dazu ist es besser, umzuformen, nämlich auf $t = \sqrt{2s/g}$. Nun können Sie bequem die Fallstrecke einsetzen und kommen sofort auf Ihre Reaktionszeit. Dazu müssen Sie allerdings in die Formel die Fallstrecke in Metern einsetzen, damit Sie auf das Ergebnis in Sekunden kommen.

Um Ihnen das Herumgefummel mit dem Taschenrechner zu ersparen, habe ich Tab. 1 erstellt, mit deren Hilfe Sie die Fallstrecken zentimetergenau in Ihre Reaktionszeiten umwandeln können. Für diese Daten habe ich allerdings den exakten Wert für g in unseren Breiten angenommen, nämlich 9,81 m/s^2.

Beim freien Fall wächst die Fallstrecke mit dem Quadrat der Zeit. Wenn sich zum Beispiel die Fallzeit verdoppelt, dann vervierfacht sich die Fallstrecke! Das kann man auch in der Tabelle an den grau unterlegten Werten gut erkennen. Nach rund 0,1 s ist der Stab 5 cm tief gefallen, nach 0,2 s aber bereits 20 cm, also viermal so tief. Nach etwa 0,3 s

s in cm	t in Sek.
1	0,045
2	0,064
3	0,078
4	0,090
5	0,101
6	0,111
7	0,119
8	0,128
9	0,135
10	0,143
11	0,150
12	0,156
13	0,163
14	0,169
15	0,175
16	0,181
17	0,186
18	0,192
19	0,197
20	0,202
21	0,207
22	0,212
23	0,217
24	0,221
25	0,226
26	0,230
27	0,235
28	0,239
29	0,243
30	0,247

Tab. 1: Fallstrecken und zugehörige Reaktionszeiten.

wäre der Stab übrigens bereits neunmal so tief gefallen, also 45 cm. Das entspricht allerdings der Reaktion einer Schlaftablette, und daher habe ich solche Werte in der Tabelle nicht mehr berücksichtigt.

Wenn Sie auf ein repräsentatives Ergebnis Wert legen, dann sollten Sie diesen Test öfter hintereinander durchführen und die Reaktionszeiten mitteln. Dann bekommen Sie einen brauchbaren Eindruck, wie gut Ihre Reaktion ist, und können diese mit der von anderen Personen vergleichen – vielleicht gibt's in der Arbeit ja mal einen kleinen Leerlauf?!

Was sind die bestmöglichen Reaktionszeiten? Wirklich bissfeste Zahlen dazu existieren nicht. Man kann aber vorsichtig abschätzen, dass bei Untrainierten bei optischen Reaktionen wie in unserem Test die untere Grenze bei 0,15 s liegt. Wenn also 11 cm unten rausstehen, dann sind Sie reaktionstechnisch höchstbegabt. Wenn es noch weniger ist, dann hatten Sie eine Fehlreaktion, haben also zufällig die Finger zu früh geschlossen.

Apropos Fehlreaktion! Ein solcher Lapsus kann beim Sprint zu großen Dramen führen, etwa wenn es einen Superstar wie *Usain Bolt* erwischt. Dieser produzierte bei der WM 2011 im 100-Meter-Finale einen Fehlstart, wurde prompt disqualifiziert und musste tatenlos zusehen, wie sein Landsmann *Yohan Blake* in 9,92 s gewann. Mit Bolt'schem Standard verglichen war das eher eine maue Leistung. Wie ist das mit dem Fehlstart aber eigentlich geregelt?

Während bei optischen Reizen die Minimalreaktion um 0,15 s liegt, beträgt sie bei akustischen Signalen wie dem Startschuss etwa 0,12 s – ein Unterschied von immerhin 3 Hundertstelsekunden! Auch ohne Physiologiestudium kann man daher einen heuristischen Hüftschuss wagen und behaupten, dass bei der Verarbeitung optischer Reize die Synapsen im Hirn eben generell etwas länger gefordert sind als bei akustischen. Zur Sicherheit hat man von erwähntem Minimalwert noch einmal zwei Hundertstel abgezogen und als Fehlstart definiert, wenn man innerhalb von 0,1 Sekunden nach dem Schuss reagiert. Mit freiem Auge wären so ein paar Tausendstel unmöglich zu sehen! Die objektive Lösung liefert wieder mal die Physik. Bei großen Meetings gibt es nämlich in jedem Startblock Kraftsensoren, die überwachen, wie stark die Füße auf die Blöcke drücken. Das ist in Abb. 2a dargestellt. Erfolgt der Kraftanstieg schneller als 0,1 s nach dem Schuss, wird automatisch zurückgeschossen und der Übeltäter disqualifiziert. In der Abbildung ist übrigens ein korrekter Start abgebildet.

Endplatz	Läufer	Reaktionszeit in Sekunden	Endzeit in Sekunden
5	Richard Thompson	0,119	9,93
6	Dwain Chambers	0,123	10,00
4	Daniel Bailey	0,129	9,93
3	Asafa Powell	0,134	9,84
2	Tyson Gay	0,144	9,71
1	Usain Bolt	0,146	9,58
8	Darvis Patton	0,149	10,34
7	Marc Burns	0,165	10,00

Tab. 2: Platzierungen, Reaktionszeiten und Endzeiten bei den Leichtathletik-Weltmeisterschaften 2009. Die Daten sind nicht nach der Endzeit, sondern nach den Reaktionszeiten geordnet. Diese liegen alle weit über dem erlaubten Wert von 0,1 s.

In Tab. 2 sehen Sie die Reaktionszeiten bei jenem Lauf im Jahr 2009, in dem Usain Bolt mit 9,58 s seinen Weltrekord auf die Bahn getrommelt hat. Die Läufer sind nach ihrer Reaktionszeit geordnet. Anhand der Tabelle sehen Sie zweierlei sehr schön: Bolts Reaktion ist weltklassetechnisch nicht besonders hervorstechend – seine Stärken kommen erst nach dem Start. Und das Fehlstartkriterium von 0,1 s ist offenbar wirklich mit genügend Sicherheitspolster gewählt, da es weit unter den realen Reaktionszeiten liegt.

Abbildung 2a macht klar, warum man das bessere, kräftigere Bein beim Start im vorderen Block haben sollte. Die Flächen unter den Kurven entsprechen Kraft mal Zeit. Man nennt das auch den Kraftstoß[1] und dieser ist letztlich dafür verantwortlich, mit welchem Tempo man aus dem Startblock fliegt. Der Kraftstoß des vorderen Beines ist offen-

a) Schematischer Kraftverlauf beim Abdruck aus dem Startblock
b) Fertig-Position im Startblock

sichtlich wesentlich größer. Das liegt vor allem daran, dass es in der Startposition stärker abgewinkelt ist (Abb. 2b) und daher viel länger drücken kann, bevor es sich vom Block löst. Deshalb sollte Ihr kräftigeres Bein vorne sein – nur für den Fall, dass Sie einmal beim Sprint antreten wollen. Wissenschaftlich ermitteln Sie Ihr besseres Bein so: Sie springen jeweils 5 Sprünge hintereinander, zuerst nur links und dann nur rechts – oder auch umgekehrt. Das Bein, mit dem Sie die größere Weite erzielen, ist das schnellkräftigere und sollte vorne in den Block.

2 Die Angst des Tormanns vorm Elfmeter oder Wie schießen Sie den perfekten Strafstoß?

Weil Fußball augenscheinlich die Emotionen der Massen extrem bewegt, gibt es von Psychologen, Sportwissenschaftlern und Statistikern auch immer wieder wissenschaftliche Untersuchungen zum Thema Strafstoß. Da schlägt wohl das Kind im Wissenschaftler durch! Wir werden uns der Frage nach dem perfekten Elfer natürlich vor allem physikalisch nähern, dabei aber volley eines der bekanntesten mathematischen Gesetze mitnehmen.

Begeben wir uns mal auf die Seite des Schützen und sehen wir uns die nackten Fakten zum Torschuss an. Wie weit der Elfmeterpunkt von der Torlinie entfernt ist, ist evident. Wie weit ist es aber bis zu den Ecken? Dazu müssen wir vorher wissen, wie breit das Tor ist. Man sieht dieses bei Übertragungen im Fernsehen meistens von der Seite und somit perspektivisch arg zusammengestaucht. So ein Tor ist mit 7,32 m überraschend breit. Gehen Sie mal sieben große Schritte, um einen Eindruck zu bekommen! Sie werden staunen! Ein halbes Tor hat also immerhin noch 3,66 m.

Um auf den Abstand der unteren Ecken zu kommen, brauchen wir jenen Satz, der aus dem Mathe-Unterricht wohl jedem im Gedächtnis hängen geblieben ist: den Satz des Pythagoras. Er gilt in rechtwinkeligen Dreiecken und lautet $a^2 + b^2 = c^2$, wobei a und b die Seiten sind, die im rechten Winkel zueinander stehen. Durch Umformen erhalten Sie $c = \sqrt{a^2 + b^2}$. Damit können wir die Entfernung des Elfmeterpunktes von der unteren Torecke mit rund 11,6 m berechnen (Abb. 3.a). Wenn wir mit dieser Entfernung und der Torhöhe von 2,44 m noch mal diesen Satz anwenden, kommen wir mit rund 11,8 m auf den Abstand zur oberen Ecke (Abb. 3b).

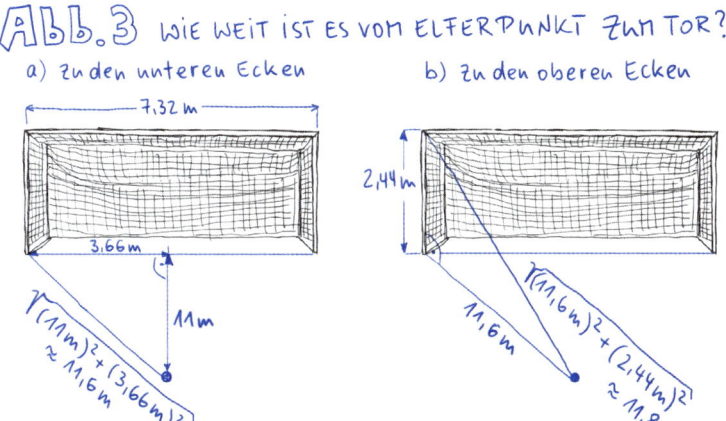

Abb. 3 WIE WEIT IST ES VOM ELFERPUNKT ZUM TOR?
a) Zu den unteren Ecken   b) Zu den oberen Ecken

Welche Geschwindigkeit erreicht der Ball beim Elfer? Zur großen Überraschung gibt es gerade darüber sehr wenig Material. Möglicherweise ist diese Fragestellung für Wissenschaftler zu trivial?! Auf eine Untersuchung stößt man jedoch immer wieder, die allerdings schon viele Jahre auf dem Buckel hat: Eine Auswertung des Elfmeterschießens zwischen England und Deutschland während der Fußball-Europameisterschaft 1996 (!) ergab eine durchschnittliche Geschwindigkeit von 120 km/h.² Wenn wir also mit bloß 100 km/h (= 27,8 m/s) rechnen, sind wir realitätstechnisch auf der sicheren Seite.

Wie lange braucht der Ball mit diesem Tempo zum Tor? Geschwindigkeit ist Weg pro Zeit, also $v = s/t$. Wenn wir umformen, erhalten wir $t = s/v$. Wenn wir den maximalen Weg von 11,8 m einsetzen, dann kommen wir auf eine Zeit von 0,42 s, die der Ball vom Fuß in die Kreuzecke benötigt. Reicht diese Zeit für den Tormann aus?

Im vorigen Kapitel war bereits von Reaktionen die Rede. Die erwähnte Reaktionszeit von 0,15 s bei optischen Signalen gilt aber nur für Einfachreaktionen. Davon spricht man, wenn es nur *eine* richtige Reaktionsmöglichkeit gibt – im Falle des Sprints etwa die, so schnell wie möglich ins Ziel zu rennen. Der Torwart muss aber nicht nur reagieren, er muss auch *richtig* reagieren. Er muss sich je nach Bedarf höher oder tiefer werfen und natürlich vor allem in die richtige Richtung. Wenn es viele Reaktionsmöglichkeiten gibt, spricht man von einer komplexen Reaktion. Bei dieser dauert die Denkphase des Gehirns länger. Schätzen wir diese Reaktionszeit mit realistischen 0,2 s ab. Würde der Tormann erst wirklich dann reagieren, wenn der Ball bereits heranrauscht, würde er also zunächst mal 0,2 s rumstehen – so lange braucht sein Hirn zum Denken. Der Ball hätte dann bereits die Hälfte des Weges zurückgelegt und der Tormann nicht den Funken einer Chance.

Deshalb müssen sich die Torwarte bereits für eine Ecke entscheiden, *bevor* der Ball fliegt, und sich im Idealfall gleichzeitig mit diesem in Bewegung setzen. Dann haben sie die vollen 0,42 s zur Verfügung. Aber in welche Richtung werfen? Der Tormann weiß oft die Lieblingsecke des Schützen. Der Schütze weiß aber, dass der Tormann seine Lieblingsecke weiß. Der Tormann weiß, dass der Schütze weiß, dass der Tormann weiß … Der Tormann versucht natürlich auch, die Schussvorbereitung „zu lesen". Aber das weiß der Schütze ebenfalls. Irgendwie ist das unter dem Strich eine psychologische Variante des Spiegels im Spiegel. Eine wasserdichte Tormannstrategie kann es daher nicht geben. Weil er seine Entscheidung schon vor dem Schuss treffen muss, segelt er oft in die falsche Ecke, was natürlich manchmal ein wenig grotesk aussehen kann. Was aber, wenn der Keeper die richtige Richtung errät?

Überlegen wir, welchen Bereich der Tormann im Idealfall abdecken kann. Ich werde dabei großzügig schätzen. Wie sieht es nach oben aus? Dazu können Sie selbst einen Test machen. Stellen Sie sich zu einer Wand und greifen Sie so weit wie möglich hinauf. Dann springen Sie, so hoch Sie können, und tippen wieder an die Wand. Die Differenz zwischen den beiden Marken ist Ihre Sprunghöhe. Wenn Sie dabei einen halben Meter schaffen, dann sind Sie ausgezeichnet. Wenn der Tormann ein Hüne ist und auf 2,4 m hinaufgreifen kann, deckt er eine Höhe bis 2,9 m ab und reicht somit weit über das Tor hinaus (Abb. 4). Wie sieht es auf die Seite aus? Wenn die Sprungkraft des Tormanns ausreicht, um 0,5 m in die Höhe zu springen, dann kann er während der Ballflugzeit auch 1,3 m weit horizontal segeln.³ In Summe reicht er somit 3,7 m weit und kann auch das Tor in der Breite abdecken.

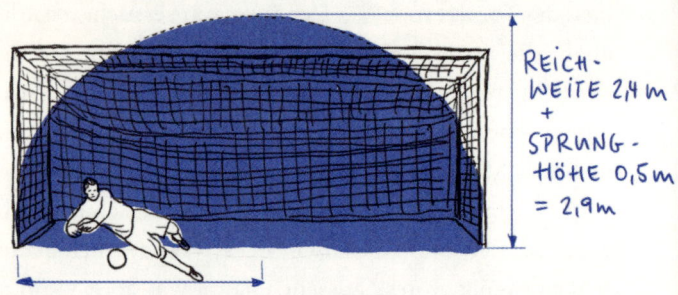

Abb. 4 MAXIMAL GESCHÜTZER BEREICH, DEN DER TORMANN IM IDEALFALL ABDECKEN KANN

REICHWEITE 2,4 m + SPRUNGHÖHE 0,5 m = 2,9 m

REICHWEITE 2,4 m + FLUGWEITE 1,3 m = 3,7 m

Wenn man den gesamten durch den Tormann geschützten Bereich grafisch darstellt, erhält man erstens eine elliptische Fläche und zweitens zwei Problemzonen, nämlich die Kreuzecken. Selbst in unserem aus Sicht des Keepers sehr großzügig geschätzten Idealfall kann dieser unmöglich die Ecken erreichen. Daher gilt aus physikalischer Sicht: Der perfekte Strafstoß muss scharf sein und ins Kreuzeck gehen. Das ist zu 100 % sicher – wenn Sie treffen! Sie werden wahrscheinlich einwenden, dass die Messis und Ronaldos dieser Welt viele andere Varianten kennen, um einen Elfer risikoloser zu versenken, und dass ein Schuss in die Kreuzecke natürlich ein gewisses Risiko in sich birgt. Aber von einem Physiker können Sie natürlich nur eine physikalische Antwort auf diese Frage erwarten.

3 Der entzauberte Himmel oder Wie wird man im Flugzeug schwerelos?

Im Zeitalter von YouTube hat man sich vielleicht schon ein wenig an den Bildern von herumschwebenden Astronauten sattgesehen. Trotzdem ist Schwerelosigkeit in meinen Augen nach wie vor eine extrem faszinierende Sache! Warum sind aber Astronauten schwerelos, zum Beispiel die in der internationalen Raumstation ISS? Manchmal kann man hören, dass in dieser Höhe die Schwerkraft nicht mehr wirkt. Aber das ist ein kolossaler Irrtum. Die ISS befindet

Abb. 5 SCHWERELOS IM FLUGZEUG
Der Astrophysiker Stephen Hawking befindet sich hier in Schwerelosigkeit.

sich im Schnitt etwa 400 km über der Erdoberfläche, und in dieser Höhe ist die Gravitation über den Daumen gepeilt bloß um 10 % gesunken. Außerdem muss man ja nicht einmal ins All, man kann Schwerelosigkeit, zumindest für kurze Zeit, in ausgepolsterten Flugzeugen auch in Erdnähe genießen (Abb. 5). Schwerelosigkeit, obwohl die Schwerkraft wirkt? Ist das nicht ein Widerspruch? Bei der Beantwortung dieser sehr fundamentalen Frage werden uns zwei der größten Physiker ever begegnen, nämlich *Newton* und *Einstein* – und der berühmte Apfel!

Fangen wir mit Newton und dem Apfel an. Die Geschichte wird ja meist so erzählt: Ein Apfel fällt ihm auf den Kopf, und er entdeckt das Gravitationsgesetz. In dieser Version ist die Anekdote aber nicht vollständig, und man unterschlägt die epochemachende Pointe. Der springende Punkt ist nämlich der, dass Newton gleichzeitig den Mond sieht. Und da hat er diese ungeheuer brillante Eingebung: Er versteht in diesem Augenblick die Bewegung des Mondes als ein „Fallen um die Erde". Er kommt zu dem Schluss, dass die Umlaufbahn des Mondes und der Fall des Apfels auf dieselbe Gesetzmäßigkeit zurückzuführen sind, nämlich auf die Gravitation zwischen allen Gegenständen. Wie soll man sich das vorstellen?

Wenn Sie einen Apfel einfach loslassen, dann fällt er vertikal zu Boden. Gravitation eben! Wenn Sie ihn horizontal werfen, fliegt er zusätzlich ein Stück, und zwar umso weiter, je schneller er geworfen wird. Das ist in Abb. 6 bei den Punkten A bis D zu sehen! Der Berg soll so hoch sein, dass er außerhalb der Atmosphäre liegt und der Luftwiderstand keine Rolle mehr spielt. Der Grund, warum der Apfel schließlich doch zu Boden fällt, ist immer noch derselbe: die Gravitation.

Abb. 6
VOM APFEL ZUM SATELLITEN:
FLUGBAHNEN BEI VERSCHIEDENEN
ABWURFGESCHWINDIGKEITEN

Diese Zeichnung basiert auf einer Originalzeichnung Newtons aus dem Jahr 1687.

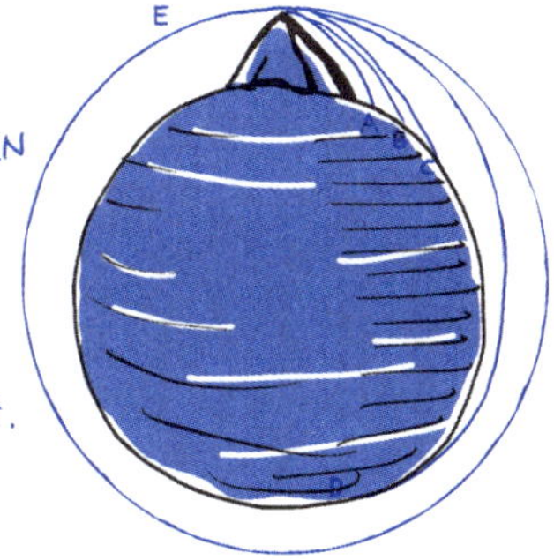

Bei einer horizontalen Abwurfgeschwindigkeit von knapp 8 km/s würde etwas Verblüffendes passieren: Der Apfel würde auf einer Kreisbahn um die Erde fliegen (E). Auch dann ist er noch immer im freien Fall, fliegt aber stets parallel zur Erdoberfläche. Der Apfel wird also in gewisser Weise verarscht. Er will zu Boden fliegen, aber dieser krümmt sich immer und ewig unter seiner Flugbahn weg. Wenn Sie exorbitant stark sind und Sie stehen zufällig auf einem Berg, der über die Atmosphäre ragt, dann könnten Sie einen Apfel tatsächlich um die Welt werfen. Sie müssten allerdings 84 Minuten warten, bis er wieder da ist. Genau dieses Prinzip wird heutzutage genützt. Anstelle eines Wurfarms verwendet man Raketen und statt des Apfels Satelliten.

Ein Satellit befindet sich also immer im freien Fall. Es ist allerdings ein besonderer freier Fall, der niemals endet. Newton dachte dabei an den Mond, aber man kann natürlich auch an die ISS denken oder einen GPS-Satelliten. Newton entzauberte mit seiner Erkenntnis en passant den Himmel. Denn früher trennte man fein säuberlich: auf der Erde die irdischen und am Himmel die himmlischen Gesetze. Newton macht aber klar, dass die Gesetze der Mechanik für Erde und Himmel gelten. *Das* ist der Clou an der Geschichte mit dem Apfel!

Um die Sache mit der Schwerelosigkeit zu verstehen, brauchen wir noch einen zweiten Puzzlestein: die Masse. Diese hat zwei Erscheinungsformen. Da ist einmal der Widerstand jedes Gegenstandes gegenüber Beschleunigungen, der durch die *träge Masse* verursacht wird. Zum Beispiel ein Auto mit der bloßen Hand anzuschieben oder wieder abzubremsen ist aufgrund der trägen Masse mühsam. Auf der anderen Seite werden Objekte durch die Gravitation angezogen, die durch die *schwere Masse* verursacht wird.

Für ein und denselben Gegenstand sind träge und schwere Masse immer exakt gleich groß! Das hat eine wichtige Auswirkung auf den freien Fall. Hat ein Körper die doppelte Masse, so wird er einerseits doppelt so stark von der Erde angezogen – das verursacht die schwere Masse. Er ist aber andererseits auch doppelt so schwer in Bewegung zu setzen – das bewirkt die träge Masse. Beide Effekte gleichen sich wie durch Zauberhand immer perfekt aus, und deshalb fallen unter Vernachlässigung des Luftwiderstandes alle Gegenstände gleich schnell.

Diese Sache war im Prinzip schon seit *Galilei* bekannt. Man nahm diese Äquivalenz aber einfach so hin und interpretierte sie nicht. Dann kam aber der Popstar der Physik, *Albert Einstein*, und er setzte fest: Träge und schwere Masse sind nicht zufällig gleich groß. Sie müssen *grundsätzlich* gleich groß sein, weil sie im Prinzip dasselbe sind. Sie sind zwei Seiten derselben Medaille. Das nennt man das Äquivalenzprinzip, und dieses hat bemerkenswerte Konsequenzen.

Stellen Sie sich vor, Sie befinden sich in einer fensterlosen Rakete und spüren die ganz normale Schwerkraft. Sie können mit keinem Experiment des Universums unterscheiden, ob das daher kommt, weil Ihre Rakete einfach auf der Erde rumsteht (Abb. 7a) oder im Weltall nach oben be-

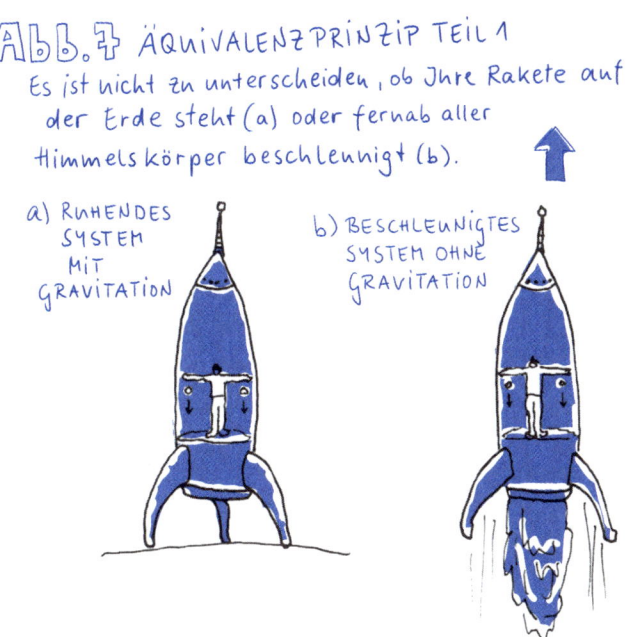

ABB. 7 ÄQUIVALENZPRINZIP TEIL 1
Es ist nicht zu unterscheiden, ob Ihre Rakete auf der Erde steht (a) oder fernab aller Himmelskörper beschleunigt (b).

a) RUHENDES SYSTEM MIT GRAVITATION

b) BESCHLEUNIGTES SYSTEM OHNE GRAVITATION

schleunigt wird (Abb. 7b). Im ersten Fall wird Ihr Gewicht durch die schwere Masse verursacht, im zweiten durch die träge. Die Effekte sind völlig gleich. Durch Beschleunigung kann man daher künstliche Gravitation erzeugen.

Die zweite Anwendung des Äquivalenzprinzips führt uns zur eingangs gestellten Frage zurück: Wie bekommt man Schwerelosigkeit? Eine Möglichkeit ist, sich mit seiner Rakete im dunklen Weltall zu befinden, fernab von jeglichen gravitativen Einflüssen (Abb. 8b). Die zweite Möglichkeit ist, sich mit der Rakete im freien Fall zu befinden (Abb. 8a). Weil alles gleich schnell fällt, verschwindet dadurch in der Rakete die Gravitation.

Abb. 8 Äquivalenzprinzip Teil 2
a) Frei fallendes System mit Gravitation
b) Ruhendes System ohne Gravitation

Es ist nicht zu unterscheiden, ob sich Ihre Rakete im freien Fall befindet (a) oder fernab aller Himmelskörper im All schwebt (b).

Die Astronauten auf der ISS sind schwerelos, weil sie sich im freien Fall um die Erde befinden. Auf dieselbe Weise kann man auch innerhalb eines Flugzeugs Schwerelosigkeit erzeugen. Man muss dazu nur die Maschine gewissermaßen in den freien Fall bekommen. Der Pilot zieht dazu zuerst nach oben. Dadurch wird kurzzeitig eine größere Schwerebeschleunigung erzeugt (Abb. 9). Dann bewegt er das Flugzeug entlang einer Wurfparabel, also so, wie es sich ohne Flügel im freien Fall bewegen würde. Das führt innen zur Schwerelosigkeit.

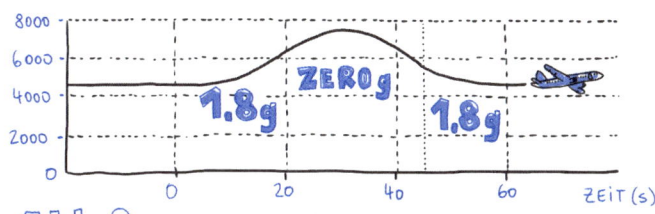

Abb. 9 SCHWERELOS IM FLUGZEUG
Der mittlere Teil der Kurve entspricht einer Wurfparabel – daher auch der Name Parabelflug.

Sie können übrigens Ihren Kindern gratis und ohne Aufwand ein wenig Schwerelosigkeit gönnen. Sie müssen diese nur nach alter Tradition über Ihren Kopf nach oben werfen. Bei diesem „Kinderwurf" befinden sich die Sprösslinge kurze Zeit im freien Fall und sind somit schwerelos. Wenn sie 30 cm nach oben geworfen werden, sind sie immerhin 0,5 s schwerelos.[4] Wenn Sie das als Erwachsener wieder erleben wollen und es ist gerade kein Riese zur Hand, dann müssen Sie in einem Freizeitpark einen Free-Fall-Tower besuchen. Oder Sie blättern ein paar Tausender hin und gönnen sich einen professionellen Parabelflug von NASA oder ESA.

4 Der Mann mit dem Hammer oder Welche Physik steckt im Marathonlauf?

Wir Menschen lieben ja die extremen Dinge. Deshalb ist in der Leichtathletik neben dem Sprint vor allem auch der Marathonlauf populär. Und bei diesem gibt es eine Menge Aspekte, die man physikalisch durchleuchten kann. Ich möchte das Beispiel zum Anlass nehmen und zeigen, dass Physik wirklich allgegenwärtig ist. Wir werden spielerisch ein paar Dinge abschätzen und durchrechnen. Aber keine Angst, es tut nicht wirklich weh! Nehmen wir für unsere Abschätzungen einen Modellathleten mit 70 kg, der den Marathon in 3 Stunden bewältigt.

Wie viel Energie setzt unser Läufer während des Laufes um? Es gibt zum Laufen eine sehr griffige Faustregel, die vom italienischen Physiologen *Rodolfo Margaria* stammt.[5] Sie lautet, dass man pro Kilometer und pro Kilogramm eine Kilokalorie umsetzt. Dieser Energieumsatz ist weitgehend unabhängig von Lauftempo, Alter und Geschlecht, ja sogar vom Trainingszustand. Unsere Person mit 70 kg setzt also pro Kilometer 70 kcal um. Leicht zu merken! In der Physik verwendet man aber die Einheiten Joule und Kilojoule (1 kcal = 4,2 kJ). Leider ist die Faustregel dann nicht mehr ganz so knackig: Der Umsatz beträgt 4,2 kJ pro Kilometer und pro Kilogramm.

Nachdem man beim Marathon 42,2 km bewältigen muss, setzt unser Modellathlet in Summe 12.410 kJ

(2954 kcal) um. Das ist sehr beachtlich, weil man einen durchschnittlichen Tagesumsatz mit 10.000 kJ (2381 kcal) annehmen kann. Unser Läufer darf also an seinem Marathontag unbeschadet mindestens doppelt so viel essen wie der durchschnittliche Zuschauer am Straßenrand. Spannend wird es jetzt, wenn wir die physikalische Leistung ausrechnen. Geben Sie bitte einen Tipp ab, bevor Sie weiterlesen! Mit wie viel Watt läuft unser Held während des Marathons, um 3 Stunden zu erreichen?

Leistung ist als Arbeit pro Zeit definiert und es gilt: 1 Watt ist 1 Joule pro Sekunde. Unsere drei Stunden entsprechen 10.800 s. Weil wir in Joule und nicht in Kilojoule rechnen, müssen Sie beim Umsatz noch drei Nullen dranhängen. Für die Leistung erhalten wir dann 12.410.000 J/10.800 s ≈ 1150 W. Das ist wahrlich beachtlich, denn es entspricht etwa der Heizleistung eines Toasters oder eines Föhns! In der Regel tippt man hier wesentlich weniger! Der Grund ist der, dass man auf Fitnessgeräten stets die Nettoleistung angibt, also den mechanischen Output. Dummerweise wird bei der Übertragung von Energie immer sehr viel Wärme erzeugt. Beim Laufen gehen über den Daumen gepeilt 80 % der Energie sofort als Wärme verloren und können mechanisch nicht genutzt werden. Die oben berechneten 1150 W sind die Bruttoleistung, also das, was der Körper innen drin tatsächlich aufwenden muss. Der mechanische Output beträgt davon 20 % und somit knapp 230 W. Fitnessstudiogängern kommt diese Größenordnung sicher wesentlich gewohnter vor.

Wärme ist der Friedhof der Energie. Auch jene Energie, die zwischenzeitlich in die Bewegung der Muskeln investiert wird, wird schlussendlich ihrer letzten Bestimmung zugeführt. Der Körper unseres Marathonläufers wird also mit 1150 W geheizt. Zu Beginn steigt seine Körpertemperatur um etwa 2 °C an, erreicht aber relativ bald ein Plateau. Klar, sonst würde sich der Sportler während des Marathons selbst durchkochen. Die Temperatur halten zu können, bedeutet natürlich auf der anderen Seite, dass der Körper nach dem Warmlaufen eine Kühlleistung von 1150 W benötigt, damit sich die Effekte die Waage halten.

Der Schweiß spielt dabei eine wichtige Rolle. Um das Wasser zu verdunsten, muss man die elektrischen Kräfte zwischen den Wassermolekülen überwinden. Dazu ist Energie nötig, die das Wasser von der Körperwärme abzwackt. Das ist die Kühlungswirkung von Schweiß. Es ist natürlich sehr wetterabhängig, aber man kann Pi mal Daumen von einem Schweißverlust von 3 l während eines Marathons ausgehen. Jeder Liter Wasser entzieht beim Verdunsten dem Körper 2430 kJ (580 kcal). Gehen wir vereinfacht davon aus, dass tatsächlich der gesamte Schweiß verdunstet. Das ist natürlich nicht der Fall. Der eine oder andere Tropfen fällt sicher ungenutzt von der Nasenspitze zu Boden. 3 l verdunsteter Schweiß in 3 Stunden bedeuten eine Kühlleistung von immerhin 675 W. Das ist etwas über die Hälfte der benötigten Kühlleistung. Die restliche Abkühlung erfolgt gewissermaßen gratis, also passiv ohne Anstrengung des Körpers, über Konvektion der Luft und Wärmestrahlung.

Und nun kommen wir zum „Mann mit dem Hammer". Damit ist im Laufsport nicht die populäre nordische Gottheit Thor gemein, sondern es handelt sich dabei um eine griffige Metapher für den abscheulichen Tempoeinbruch, der aufgrund der Kohlenhydratverarmung des Körpers auftreten kann – Übelkeit und Schwindelgefühl inklusive. Der Mann mit dem Hammer wartet, wenn man das Marathontempo ungünstig erwischt, um den Kilometer 35 herum auf den Läufer. Wie und warum passiert das aber?

Masse des Modellathleten	70 kg
Muskelmasse (40 % der Körpermasse)	28 kg
davon beim Laufen verwendet (50 %)	14 kg
in der Laufmuskulatur gespeicherte Kohlenhydrate (2 % der Muskelmasse)	280 g
in der Leber gespeicherte Kohlenhydrate	75 g
Gesamtbrennwert der verfügbaren Kohlenhydrate in Muskeln und Leber (355 g)	6035 kJ (1437 kcal)
Leistung, wenn diese Kohlenhydrate komplett in 3 Stunden verbrannt werden	560 W

Tab. 3: Schätzwerte der Kohlenhydratspeicher und ihr Beitrag zur Leistung in unserem Beispiel.

Für Ausdauerleistungen stehen unseren Muskeln zwei Energiespeicher zur Verfügung: Kohlenhydrate und Fette. Die Kohlenhydratspeicher sind zwar viel, viel kleiner, aber dafür kann man den Muskel, verglichen mit Fetten, mit der doppelten Leistung betreiben. Wenn man also schnell läuft und eine hohe Leistung benötigt, dann verbrennt man zwangsläufig vor allem Kohlenhydrate. Läuft man langsam, schont der Körper die lebensnotwendigen Kohlenhydratspeicher und verbrennt eher die Fette.

In Tab. 3 habe ich realistische Daten zur Größe der Kohlenhydratspeicher für unseren Marathonisten abgeschätzt. Im Idealfall hat man die Kohlenhydrate genau dann verbraucht, wenn man gerade den Fuß über die Ziellinie gesetzt hat. Wie man das schafft, kann man mithilfe von sportmedizinischen Tests im Vorfeld abschätzen, muss es aber letztlich mithilfe des Trial-and-Error-Prinzips für sich selbst in Erfahrung bringen. Wenn wir diesen günstigsten aller Fälle annehmen, dann liefern die Kohlenhydrate in unserem Beispiel mit 560 W ziemlich genau die Hälfte der benötigten 1150 W. Wenn unser Athlet aber zu Beginn zu schnell wegbrettert, werden die Kohlenhydrate zu schnell verbraucht, gehen leider deutlich vor der Ziellinie zur Neige, und dann macht er die unangenehme Bekanntschaft mit dem gefürchteten Herrn und seiner unangenehmen Gerätschaft. Und nicht nur das. Selbst wenn sich unser Läufer ins Ziel kämpft, wird die Zeit bescheiden sein, weil man im Fettstoffwechsel allein eine viel geringere Leistung erbringen kann. Man verliert also gegen Ende wesentlich mehr Zeit, als man zu Beginn eventuell gewonnen hat.

Wie sehr die Laufökonomie beim Marathon eine Rolle spielt, soll das folgende Beispiel zeigen. Wenn wir uns fortbewegen, dann heben und senken wir dabei unseren Körperschwerpunkt (KSP). Darunter versteht man jenen virtuellen Punkt, an dem man sich die gesamte Masse des Körpers vereinigt denken kann. Diese KSP-Hebung ist notwen-

Masse des Modellathleten	70 kg
Schrittlänge	1,5 m
Schritte pro Marathon	28.133
überflüssige Hebung des Schwerpunkts	1 cm
überflüssige Gesamthebung beim Marathon	281 m
Lauftempo bei Marathon in 3 Stunden	3,9 m/s (14,1 km/h)
Schrittdauer bei 1,5 m Schrittlänge und 3,9 m/s Lauftempo	0,38 s
Nettoarbeit zur Hebung des Schwerpunkts um 1 cm ($W_H = mgh$)	6,9 J
Bruttoarbeit zur Hebung des Schwerpunkts um 1 cm inkl. Wirkungsgrad von 20 %	34,3 J
Leistung zur Hebung des Schwerpunkts ($P = W_H/t$)	90 W
reduzierte Leistung, die dem Vortrieb dient (1150 W – 89 W)	1060 W

Tab. 4: Abschätzung der reduzierten Leistung, wenn der Schwerpunkt pro Schritt um bloß 1 cm zu viel gehoben wird.

dig, weil jeder Schritt beim Laufen quasi zu einem schiefen Wurf des ganzen Körpers führt. Während der Luftfahrt muss man das hintere Bein wieder nach vorne bringen. Diese KSP-Hebung ist kein Selbstzweck, sondern dient letztlich ausschließlich dem Vorwärtskommen.

Was jedoch passiert, wenn man unökonomisch läuft, ist in Tab. 4 exemplarisch gezeigt. Nehmen wir an, unser inzwischen liebgewonnener Athlet hebt den Schwerpunkt unnötigerweise bei jedem Schritt um 1 cm zu viel. Damit meine ich, dass diese Hebung nicht dem Vorwärtskommen dient, sondern wirklich überflüssig ist. Bei einer Schrittlänge von 1,5 m würde sich die zusätzliche Hebung auf 281 m summieren. Es wirkt also in Summe so, als würde das Ziel 281 Höhenmeter über dem Start liegen! Dabei vergeudet er eine Leistung von 90 W, weil diese nicht dem Vorwärtskommen dient. Wenn wir annehmen, dass er beim Marathon mit 1150 W auskommen muss, reduziert sich die Leistung fürs Vorwärtskommen auf 1060 W. Das ergibt aber eine Endzeit von 3 Stunden und 15 Minuten, also einen Zeitverlust von einer Viertelstunde. Das verdeutlicht sehr eindrücklich die Wichtigkeit einer guten Laufökonomie!

5 Beschleunigung geht durch den Magen oder Was macht die Achterbahn so attraktiv?

Achterbahnen oder Hochschaubahnen, wie man sie in Österreich auch nennt, sind unverzichtbare Attraktionen in Vergnügungsparks. Schon als kleines Kind war ich im Wiener Prater von diesen Dingern am meisten begeistert. Natürlich hatte ich damals noch keine Ahnung, welche Physik dahintersteckt. Ich werde Ihnen zum Aufwärmen eine Frage aus dem Alltag stellen, nämlich zum Autofahren. Die Auflösung dieser Frage führt uns dann direkt zur Faszination Achterbahn!

Abb. 10 Mit 80 km/h durch eine Kurve. Ändert sich dabei Ihre Geschwindigkeit?

Stellen Sie sich vor, Sie fahren mit Ihrem Auto durch eine Kurve (Abb. 10). Die Tachonadel soll dabei wie festgenagelt immer genau auf denselben Wert zeigen. Dieser ist für die folgende Fragestellung zwar egal, aber nehmen wir konkret 80 km/h an. Ändert sich während der Kurvenfahrt Ihre Geschwindigkeit oder nicht? Diese Frage kommt harmlos durch die Kurve daher, ist aber heimtückisch gemein und schürft physikalisch sehr tief. Sie werden eventuell denken, ich will Sie verschaukeln?! Ich habe doch ausdrücklich dazugesagt, dass der Tachometer immer denselben Wert zeigt! Also ändert sich die Geschwindigkeit offensichtlich nicht! Die verblüffende Antwort lautet aber: Auch wenn Sie mit konstant 80 km/h durch die Kurve fahren, ändert sich Ihre Geschwindigkeit! Wie das jetzt?!

Die Geschwindigkeit wird in der Physik durch einen Vektor dargestellt, also quasi einen Pfeil. So ein Vektor hat Länge *und* Richtung. Es ist zwingend logisch, dass die Geschwindigkeit auch eine Richtung hat. Wenn Sie mit Ihrem Auto in den Süden nach Italien wollen, dann darf Ihr Geschwindigkeitsvektor klarerweise nicht zur Nordsee zeigen. Der springende Punkt nun ist der: Die Geschwindigkeit ändert sich immer dann, wenn sich *irgendetwas* an diesem Vektor verändert – also Länge und/oder Richtung – und man den Vektor vorher mit dem nachher durch Verschieben nicht zur Deckung bringen kann.

Der Geschwindigkeitsvektor wird zum Beispiel länger, wenn Sie auf gerader Strecke aufs Gas steigen (Abb. 11a), und kürzer, wenn Sie bremsen (Abb. 11b). Der Vektor kann

Abb. 11

FORMEN VON GESCHWINDIGKEITSÄNDERUNGEN BEZIEHUNGSWEISE BESCHLEUNIGUNGEN

Fall c entspricht der Kurvenfahrt aus Abb. 10.

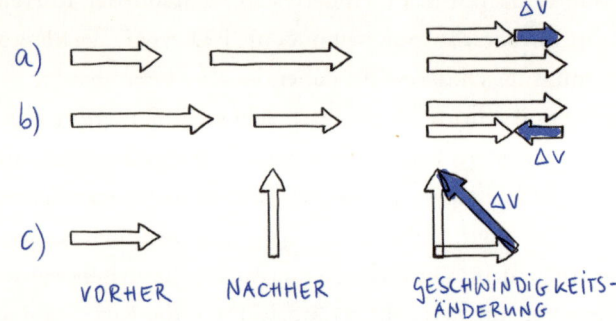

sich aber auch drehen, und zwar, wenn Sie durch eine Kurve fahren (Abb. 11c). Es ist offensichtlich, dass Sie den Vektor von Kurvenein- und -ausfahrt durch Verschieben *nicht* zur Deckung bringen können. Bei einer Kurvenfahrt ändert sich also Ihre Geschwindigkeit, auch wenn der Tacho immer denselben Wert zeigt. Das, was der Tacho anzeigt, könnte man das Tempo nennen, das der Länge des Geschwindigkeitsvektors entspricht – der Tacho zeigt ja keine Richtung an. Sie können also pointiert sagen: Bei einer Kurvenfahrt ändert sich Ihre Geschwindigkeit, ohne dass sich dabei das Tempo ändert. Das müssen Sie erst einmal in Ruhe verdauen!

Geschwindigkeitsänderungen bezeichnet man in der Physik generell mit $\triangle v$ (sprich: Delta v). Als Beschleunigung *a* gilt jede Art der Geschwindigkeitsänderung in einer bestimmten Zeit $\triangle t$. Formelmäßig würde man das so aufschreiben: $a = \triangle v/\triangle t$. Die Beschleunigung ist also immer proportional zur Geschwindigkeitsänderung. Ihr Körper ist in der Lage, Beschleunigungen zu spüren. Nicht nur die Liebe geht durch den Magen, sondern auch die Achterbahn! Wann immer Sie eine Beschleunigung spüren, hat sich in diesem Moment auch Ihre Geschwindigkeit in irgendeiner Form geändert. Genau von diesen Beschleunigungen lebt die Fahrt auf einer Achterbahn, weil das in unserem Körper alle möglichen ungewohnten Empfindungen hervorruft. Mit diesen Körperimpressionen macht der Betreiber sein Geschäft.

Man vergleicht die Größe der auftretenden Beschleunigungen immer mit der Fallbeschleunigung *g* (siehe S. 14, Kap. 1). 1 *g* entspricht der normalen Belastung durch die Schwerkraft, der Sie pausenlos ausgesetzt sind – zum Beispiel jetzt. Wie groß sind die *g*-Kräfte bei einer Achterbahn? Die *Blue Fire* im Vergnügungspark in *Rust* in Deutschland ist ein sogenannter *launched coaster*. Man wird nicht vorher auf einen Hügel gezogen, sondern horizontal beschleunigt, und zwar von 0 auf 100 km/h (27,8 m/s) in nur 2,5 Sekunden. Es ist wie beim Start eines Supersportwagens – ziemlich saftig! Mithilfe der Gleichung oben kann man ausrechnen, dass die Beschleunigung aber nur rund 11 m/s², also etwa 1,1 *g* beträgt. Das klingt enttäuschend wenig, ist für den Magen aber trotzdem ein Erlebnis, weil diese Beschleunigung erstens horizontal und zweitens zusätzlich zum alltäglichen *g* wirkt.

Wenn Sie von der höchsten Stelle einer normalen Achterbahn den *first drop* hinunterrasen, dann wirkt ein ähnlicher Effekt wie bei Parabelflügen und es treten *g*-Werte unter 1 auf. Auch das ist für den Magen sehr interessant. Wenn Sie dann am Fuße der Bahn in die erste Senke fahren, werden Sie extrem in den Sitz gedrückt (Abb. 12). Zusätzlich zur Fallbeschleunigung können dann durch die Geschwindigkeitsänderung fast 4 *g* dazukommen, macht also in Summe 5 *g*. Würden Sie auf einer Waage sitzen, würde diese das Fünffache des gewohnten Werts anzeigen – beziehungsweise wahrscheinlich w.o. geben. Die größten Beschleunigungen, die man auf einem Rollercoaster erzielt, schafft man immer durch Richtungsänderungen! Und das funktioniert nur, weil die Geschwindigkeit ein Vektor ist!

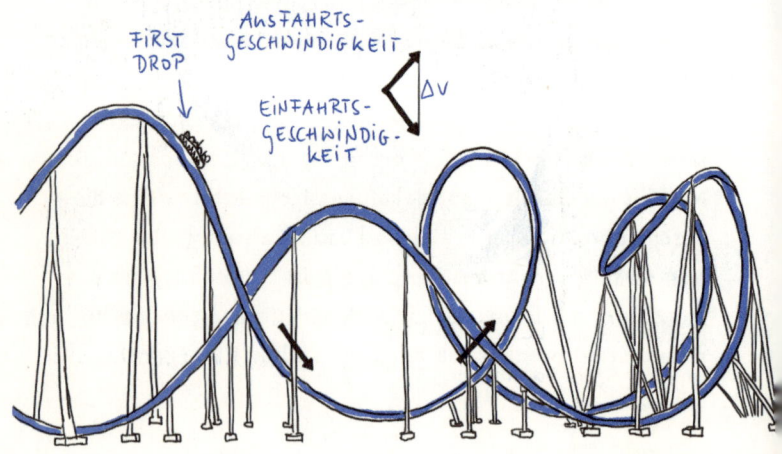

Abb. 12 FIRST DROP AUF EINER ACHTERBAHN
Zusätzliche Belastung, die durch die Geschwindigkeitsänderung am Fuße des Hügels zustande kommt

6 Auf die Fliehkraft wird gepfiffen! oder Wie fährt man mit dem Rad durch einen Looping?

Der Artist *Allo Diavolo* fuhr bereits 1901 als erster Mensch mit dem Rad durch einen Looping (Abb. 13). Bis heute enthusiasmiert dieses flüchtige Kopfstehen die Menschen. Wie kann man aber erklären, dass man am höchsten Punkt nicht runterfällt? Dieser Frage werden wir jetzt nachgehen, wobei ich Sie mit der Antwort ziemlich sicher irritieren werde, weil ich ohne den Begriff Fliehkraft auskomme!

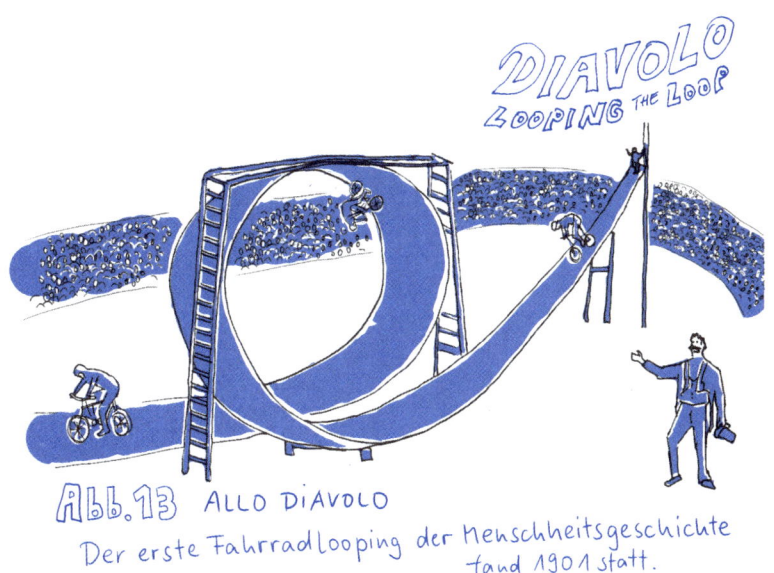

Abb. 13 ALLO DIAVOLO
Der erste Fahrradlooping der Menschheitsgeschichte fand 1901 statt.

In Abbildung 14 sehen Sie ein Zylinderkarussell, mit dem man in so manchen Vergnügungsparks fahren kann. Durch die Rotation fühlen sich die Fahrgäste gegen die Wand gepresst, und man kann sogar den Boden wegklappen. Welche Kräfte wirken *aus Ihrer Sicht* auf den Fahrgast, wenn Sie bequem und ohne Stress das Ganze *von außen* betrachten?

Mit dieser Frage kann man viele Menschen aufs Glatteis führen! Gehen wir es der Reihe nach durch. Klarer Weise wirkt die Gravitationskraft. Weil die Person aber nicht nach unten rutscht, muss diese durch eine gleich große Gegenkraft kompensiert werden. Diese gesuchte Kraft ist die Normalkraft des Bodens oder bei weggeklapptem Boden die Reibungskraft zwischen Wand und Insassen. Beide zeigen senkrecht nach oben. Somit heben sich die vertikalen Kräfte auf, und die Person bleibt brav auf derselben Höhe. Im Fall b) und d) würde sie aber nach unten rutschen. Bleiben als mögliche Lösungen nur mehr a) und c) über! Welche der beiden ist nun richtig?

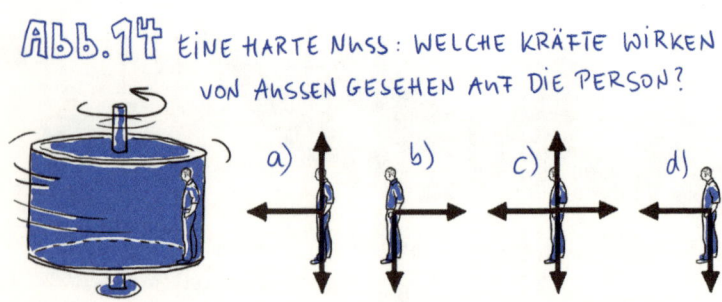

Abb. 14 Eine harte Nuss: Welche Kräfte wirken von aussen gesehen auf die Person?

Damit der Passagier eine Kreisbahn beschreiben kann, muss es eine Kraft geben, die immer zur Kreismitte zeigt. Man nennt diese Zentripetalkraft, was so viel wie *zum Zentrum strebende Kraft* bedeutet. Sie ist keine spezielle Kraft wie etwa die Gravitation. Ihr Name gibt nur an, in welche Richtung sie wirkt. Es kann sich dabei um eine Reibungskraft handeln wie beim Auto in der Kurve, eine Gravitationskraft wie beim Raumschiff im Orbit oder eben die Kraft, mit der die Wand des Karussells auf den Insassen drückt. Antwort c) kann nicht richtig sein, weil sich in diesem Fall alle Kräfte aufheben und die Person immer an derselben Stelle bleiben würde. Daher ist verblüffenderweise a) die richtige Antwort!

Antwort c) wäre aus Sicht des Insassen richtig. Von ihm aus gesehen gibt es zusätzlich noch eine Zentrifugalkraft, also die ominöse Fliehkraft, die nach außen zeigt und vom Betrag her genauso groß ist wie die Zentripetalkraft. Für den Fahrgast heben sich alle Kräfte auf, deshalb bleibt er ja relativ zum Karussell immer genau an derselben Stelle.

Sie sehen, dass die Zentrifugalkraft nur für den mitrotierenden Beobachter existiert. Man nennt sie daher auch eine Scheinkraft. Damit meint man Kräfte, die nur in bestimmten, aber nicht in allen Bezugssystemen existieren, die man also quasi wegtransformieren kann, wenn man seinen Standpunkt ändert. Damit meint man aber *nicht*, dass sie gar nicht existiert. Schließlich kann man sie ja tatsächlich spüren, wenn man zum Beispiel in eine Kurve fährt. Genauer gesagt spürt man sie nicht allein, sondern immer im Doppelpack mit der Zentripetalkraft.

Neben der Fliehkraft tritt in rotierenden Systemen außerdem noch die geheimnisvolle Corioliskraft auf – noch so eine Scheinkraft. Generell sind drehende Systeme viel schwerer zu beschreiben als solche, die schön stillhalten. Deshalb suchen sich die Physiker, wenn sie die Wahl haben, immer den Standpunkt aus, der leichter zu beschreiben ist, nämlich wenn man selbst *nicht* rotiert. Und dann gibt es eben keine Zentrifugalkraft.

Außerdem kann man so argumentieren: Wir betrachten das System ja von außen, zum Beispiel, wenn wir Allo Diavolo in Abb. 13 zusehen. Und dann müssen wir das auch aus der Sicht von außen beschreiben. Es wäre ja ein eigenartiger Spagat, das System gleichzeitig von innen zu beschreiben und von außen darzustellen. Außer man neigt zu mittelschweren schizoiden Schüben oder zu Out-of-body-Erfahrungen. Deshalb mache ich beim Looping jetzt das, was man in der Physik fast immer macht: Wir sehen uns das in Ruhe von außen an und pfeifen auf die Fliehkraft!

Überlegen wir die Sache mit dem Looping zuerst einmal qualitativ. Nehmen wir dazu in Gedanken an, dass die rechte Seite des Loopings fehlt (Abb. 15 oben). Damit Allo Diavolo den vollen Looping schaffen kann, muss seine Geschwindigkeit am höchsten Punkt so groß sein, dass seine Flugparabel beim aufgeschnittenen Looping außerhalb der Bahn liegt (a). Ist die Geschwindigkeit zu klein und liegt die Flugparabel innerhalb des Loopings (b), würde er den Boden über den Rädern verlieren. Es gibt daher eine Minimalgeschwindigkeit, die man natürlich auch berechnen kann.

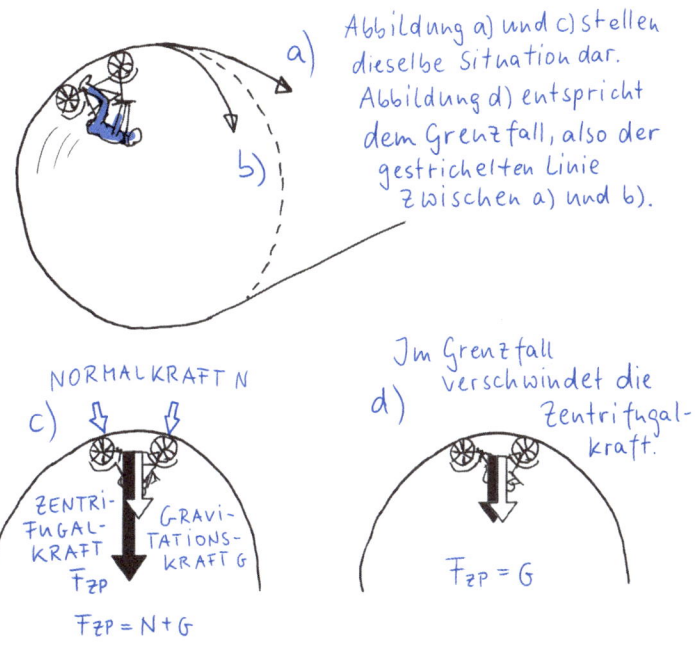

Abb. 15 Wie man einen Looping schafft – oder auch nicht

Abbildung a) und c) stellen dieselbe Situation dar. Abbildung d) entspricht dem Grenzfall, also der gestrichelten Linie zwischen a) und b).

Im Grenzfall verschwindet die Zentrifugalkraft.

Die Zentripetalkraft berechnet man mit der Formel $F_{ZP} = mv^2/r$. m ist die Masse des Objekts, v seine Geschwindigkeit und r der Kurvenradius. Sie setzt sich aus den wirklich am Körper angreifenden Kräften zusammen. Am höchsten Punkt sind das die Gravitationskraft $G = mg$ und die Normalkraft N, die durch den Druck der Loopingbahn auf das Rad zustande kommt. Beide zusammen ergeben die Zentripetalkraft (Abb. 15c).

Im Grenzfall ist die Geschwindigkeit so gering, dass die Normalkraft völlig verschwindet. Der Looping drückt dann am höchsten Punkt gar nicht mehr gegen das Rad (Abb. 15d). Man befindet sich daher im Prinzip einen Tick lang im freien Fall. Die Zentripetalkraft kommt jetzt nur mehr durch G zustande. Deshalb kann man schreiben: $G = F_{ZP}$ beziehungsweise $mg = mv^2/r$. Wenn man wegkürzt und nach v auflöst, bekommt man $v = \sqrt{gr}$. Das ist ganz allgemein die Grenzgeschwindigkeit, die man für das Durchfahren eines Loopings benötigt.

Wie war das also bei Allo Diavolo? Wenn wir annehmen, dass der Radius des Loopings 3 m betrug, dann ergibt das an der höchsten Stelle eine Grenzgeschwindigkeit von 4,5 m/s (knapp 16 km/h).[6] Wenn er langsamer ist, bewegt er sich entlang von Kurve b) in Abb. 15 und der Applaus wird enden wollend sein. Man kann abschätzen, dass bei der Einfahrt am Fuß des Loopings eine Gesamtbeschleunigung von fast 10 g auftritt. Da braucht man auf jeden Fall einen verdammt weichen Sattel, um unangenehme Quetschungen zu vermeiden. Außerdem: Wenn man es nicht schafft, bekommt man zum Höflichkeitsapplaus noch jede Menge blauer Flecken. Das ist wohl der Grund, warum das nicht jeder macht.

Übrigens: Das Rad war gestern! 113 Jahre nach Allo Diavolo *lief* im Frühjahr 2014 der britische Stuntman *Damien Walters* als erster Mensch durch einen Looping. Dieser hatte einen Radius von 1,5 m. Das wäre doch mal was zum Nachmachen? So ein Looping macht sich doch sicher nett hinter dem Wochenendhäuschen?!

7 Ein Kreisel mit Flügeln oder Warum kommt ein Bumerang zurück?

Manchmal kann man hören, der Bumerang sei eine Jagdwaffe der Aborigines, die den Vorteil hat, im Falle des Misslingens wieder zum Werfer zurückzukehren. Das ist einerseits Quatsch, aber andererseits sehr faszinierend, weswegen man diesen Blödsinn auch in Hollywoodfilmen immer wieder sehen kann. In Wirklichkeit ist es aber so: Es gibt *zwei Arten* von Bumerangs, Rückkehrer und Nicht-Rückkehrer. Letztere sind die berühmten Jagdwaffen. Sie haben

Abb. 16 WIE MAN EINEN SPORTBUMERANG RICHTIG WIRFT

STARTWINKEL

Diese Bumerangs werden beim Abwurf – im Gegensatz zum Sportbumerang – fast senkrecht gehalten.

flache Seite außen

manchmal über 2 kg und sind eben so konstruiert, dass sie *nicht* zurückkehren. Sie fliegen stur geradeaus, und geübte Werfer können damit Beute erledigen, die sich bis zu 100 m entfernt befindet. Jagdbumerangs werden so geworfen, dass sie ähnlich wie der Rotor eines Hubschraubers waagerecht wirbeln und deshalb immer knapp über dem Boden bleiben. Das ist auch ihr Vorteil gegenüber einem Speer. Bei diesem muss man Richtung *und* Entfernung genau treffen, bei einem Jagdbumerang nur die Richtung.

Und dann gibt es die Rückkehrer oder Sportbumerangs, die für Spiel und Spaß gedacht sind. Sie sind so konstruiert, dass sie auf einer Kreisbahn zum Werfer zurückkehren (Abb. 16). Gut, manche kehren nur dann zurück, wenn man zufällig einen apportierwilligen Hund dabeihat. Aber der springende Punkt ist der, dass die Kreisbahn zumindest geplant ist. Diese Sportbumerangs sind viel leichter, anders konstruiert und werden hochkant geworfen. Der Bumerang-Mythos verknüpft beide Formen zu einem – leider nicht möglichen – Superbumerang.

Wie ein Rückkehrer funktioniert, ist physikalisch hochinteressant, weil er zwei Effekte kombiniert: Ein Bumerang ist nämlich ein Kreisel mit Flügeln! Fangen wir mal mit den Kreiseln an.

Schon Legionen von Kindern haben mit diesen gespielt und sie begeistert betrachtet. Kreisel verhalten sich kontraintuitiv, und gerade das ruft natürlich die Begeisterung hervor. Wenn man ein beliebiges Objekt schräg hinstellt und auslässt, dann kippt es einfach und unspektakulär

Abb. 17 Der Kreiseleffekt

a) Ein gekippter Kreisel ohne Rotation kippt um.

b) Ein rotierender Kreisel in derselben Position kreiselt.

c) Ein Gyroskop auf einer Spitze kreiselt ebenfalls.

zur Seite (Abb. 17a). Ein schief liegender, rotierender Kreisel kippt aber nicht um, sondern seine obere Spitze bewegt sich entlang einer Kreisbahn (Abb. 17b). Wie kommt das? Physikalisch-semantisch zusammengestaucht kann man sagen: Die Kräfte, die an einem Kreisel angreifen, wirken sich scheinbar um 90° in Rotationsrichtung verdreht aus! Deshalb wird ein rotierender Kreisel nicht senkrecht nach unten, sondern waagerecht nach hinten gezogen. Weil dieses rechtwinkelige Ausweichen pausenlos passiert, entsteht die typische Kreis(el)bewegung der Achse (Abb. 17b), die man in der Physik als Präzessionsbewegung bezeichnet.

Viele Shops in Wissenschaftsmuseen bieten Gyroskope an (Abb. 17c). Wenn Sie so etwas noch nicht besitzen: Unbedingt kaufen! Gyroskope sind im Prinzip Kreisel in einem Käfig, der selbst nicht rotiert. An einem Ende befindet sich eine kleine Vertiefung, mit der man es auf eine Spitze stellen kann. Auf der anderen Seite ist eine Rille, mit der man das Gyroskop auf einer Schnur tanzen lassen kann – das wirkt eventuell noch beeindruckender.

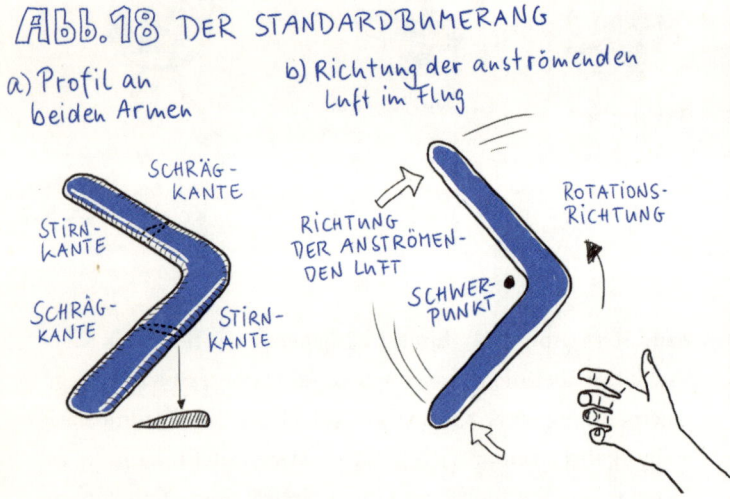

Der zweite Effekt, der beim Kurvenflug des Bumerangs eine Rolle spielt, ist die Aerodynamik. Jeder Arm des Rückkehrers entspricht einer Tragfläche (Abb. 18a). Es wird normalerweise nur die Oberseite bearbeitet, die Unterseite bleibt flach. Man sieht, dass die Stirnkante, also die steilere Kante, bei unserem Modellbumerang am oberen Arm links und am unteren Arm rechts eingearbeitet ist. Wieso? Beim Abwurf wird der Bumerang so gehalten, dass die gewölbte Seite zum Werfer zeigt (Abb. 16 und 18b). Weil das Ding mit Rotation geworfen wird, dreht es sich im Flug so, dass immer die Stirnseiten voran die Luft durchschneiden, wie das eben bei einer Tragfläche sein muss. Ein Linkshänder kann daher mit einem solchen Bumerang nicht werfen – das heißt, er kann ihn zwar werfen, aber dieser kommt nicht zurück. Ein Linkshänderwurfholz muss genau spiegelbildlich profiliert sein.

Verknüpfen wir jetzt beide Effekte, nämlich Aerodynamik und Kreiseleigenschaften. Nehmen wir vereinfacht an, dass der Bumerang beim Abwurf völlig senkrecht gehalten wird, sodass der Startwinkel, der in Abb. 16 eingezeichnet ist, 0° beträgt. Fliegen wir in Gedanken mit dem Bumerang mit. Auch wenn Windstille herrscht, spürt dieser nun einen Gegenwind, der seiner Fluggeschwindigkeit entspricht. Der obere Arm bewegt sich in diesen Wind hinein, der untere aus ihm heraus. Die Anströmgeschwindigkeit der Luft ist somit oben in Summe größer als unten. In Abb. 19a ist diese im Laufe einer vollen Umdrehung eingezeichnet.[7]

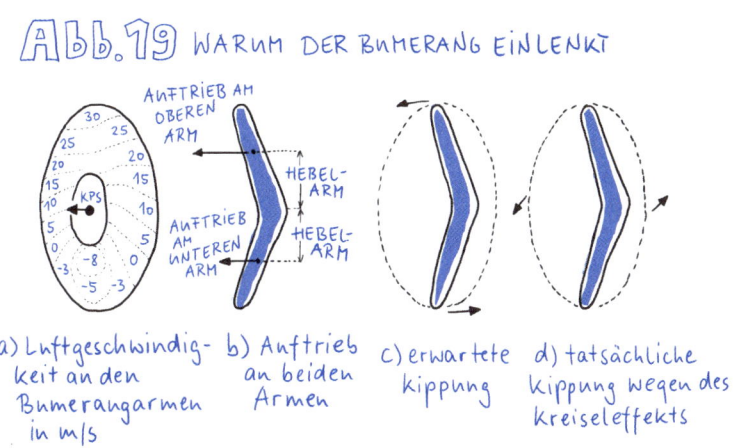

Abb. 19 WARUM DER BUMERANG EINLENKT

a) Luftgeschwindigkeit an den Bumerangarmen in m/s
b) Auftrieb an beiden Armen
c) erwartete Kippung
d) tatsächliche Kippung wegen des Kreiseleffekts

Größere Anströmgeschwindigkeit bedeutet größeren Auftrieb, weshalb dieser am oberen Arm stärker ist als am unteren (Abb. 19b). Man würde daher erwarten, dass der obere Arm nach links kippt und sich der Bumerang mit der Außenseite nach oben legt (Abb. 19c). Man darf aber die Rechnung nie ohne den Wirt machen, in unserem Fall ohne die Präzessionsbewegung. Aufgrund der Rotation wirken sich ja die Auftriebskräfte um 90° verdreht aus! Deshalb lenkt der Bumerang quasi wie der Vorderreifen eines Fahrrads ein und beschreibt brav eine Kreisbahn.

Man kann handgemachte Bumerangs in Spezialgeschäften kaufen oder diese bequem übers Internet bestellen. Wesentlich erlebnisreicher ist es aber, sich diese Bumerangs selbst zu bauen. Anleitungen dazu findet man zuhauf im Internet. Natürlich muss man schon einige Stunden für das Sägen, Raspeln, Schleifen und Lackieren reservieren, und man braucht vielschichtiges Sperrholz, das man in einem Modellbaugeschäft erstehen kann. Aber das Ergebnis lohnt sich allemal. Den ersten geglückten Fang Ihres selbstgebauten Bumerangs werden Sie lange nicht vergessen.

Wenn Sie nicht so lange warten wollen, dann können Sie gleich jetzt losbrettern und einen Zimmerbumerang bauen. Auch dazu finden Sie jede Menge Material im Internet. In Abb. 20 sehen Sie ein Modell, mit dem ich persönlich sehr gute Erfahrungen gemacht habe. Der Bau dauert nur wenige Minuten. Sie brauchen dazu einen Karton mit 300 bis 350 g/m^2, aber im Prinzip können Sie dazu auch eine Müsli- oder Cornflakespackung ausschlachten. Natürlich kann man hier kein Profil einarbeiten. Den Auftrieb erzeugen Sie, indem Sie die Hinterkanten leicht nach unten biegen. Je stärker die Knicke sind, desto größer der Auftrieb und desto kleiner der Flugradius. Dafür verliert der Bumerang durch den erhöhten Luftwiderstand auch schneller an Drehung. Die drei sehr leichten Knicke in der Mitte sind zur Stabilisierung des Fluges.

Der Bahnradius dieses Bumerangs liegt bei etwa 1 m. Sie können also vom Sofa aus bequem um Ihre Yuccapalme herum werfen. Der Wurf muss vor allem aus dem Handgelenk erfolgen. Und dann müssen Sie bei Bedarf noch mit dem Tuning der Knicke ein wenig herumspielen, bis der Wurf perfekt wird. Many happy returns!

Abb. 20 BAUPLAN FÜR EINEN ZIMMERBUMERANG

Linkshänder alle drei Flächen etwa 10-20° nach unten biegen

Zur Stabilisierung an den drei Linien in der Mitte wenige Grad nach oben biegen

Armlänge vom Mittelpunkt bis zum Ende 10-12 cm

Rechtshänder biegen die gegenüberliegenden drei Flächen 10-20° nach unten

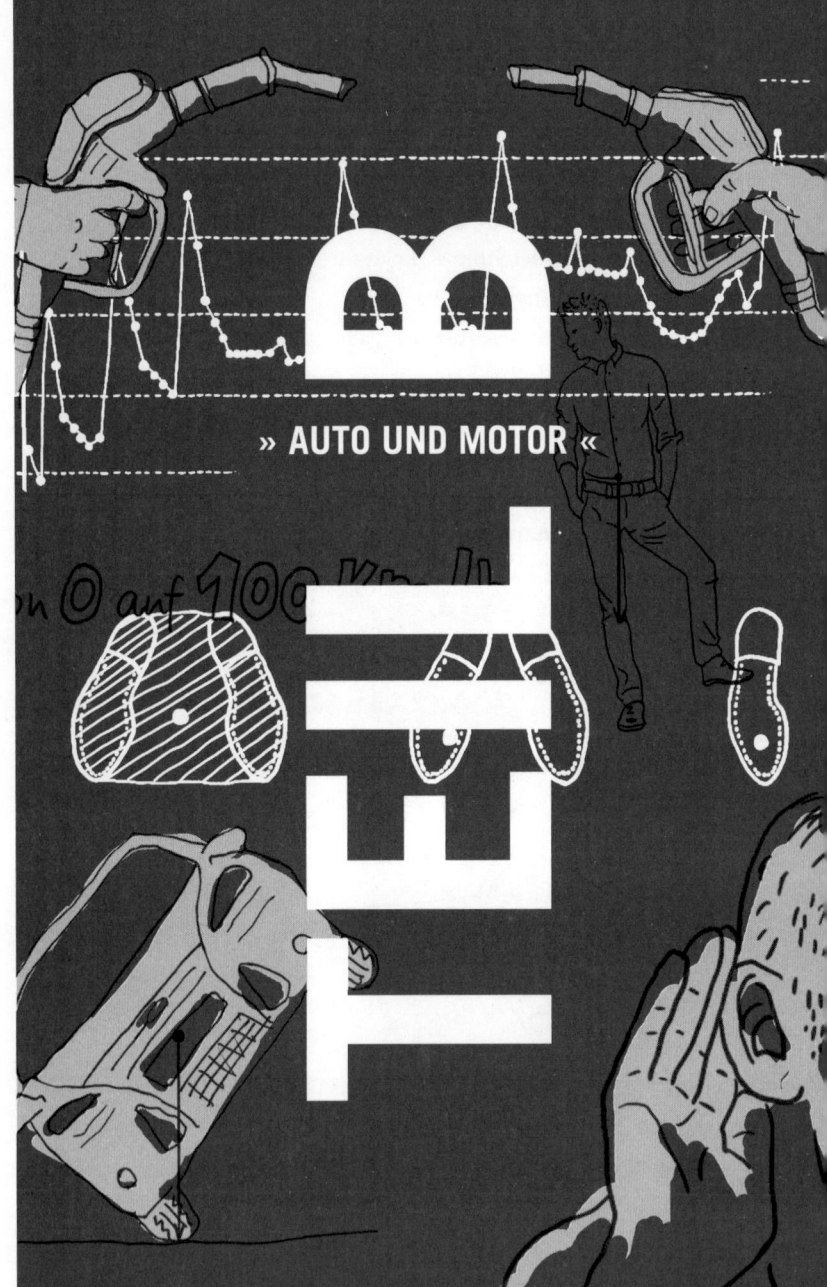

8 Das lauteste Autoradio der Welt oder Röhren zwei Autos doppelt so laut wie eines?

Für diejenigen, denen das stärkste oder schnellste Auto zu haben zu abgelutscht ist, wurde das dB Drag Racing ins Leben gerufen. dB steht für Dezibel! Blechschäden sind bei diesen Wettkämpfen deutlich seltener als Hörschäden, geht es doch schlicht und ergreifend darum, den Besitzer des geräuschvollsten Subwoofers, also salopp gesagt des lautesten Autoradios, zu ermitteln! Wie viel Dezibel können dabei im Extremfall erreicht werden, und vor allem, was zum Teufel soll man sich unter einem Dezibel vorstellen? Warum gießen manche Teilnehmer für diesen Wettkampf extra den Boden ihres Autos mit Beton aus und setzen Panzerglasfenster ein? Und warum sind solche Wettbewerbe musikgourmettechnisch durchaus enttäuschend? Sehen wir mal nach!

Ausnahmslos jede Welle transportiert Energie. Bei einer Monsterwasserwelle oder einem Erdbeben ist das offensichtlich. Dass auch Schallwellen Energie transportieren, merken Sie zum Bespiel dann, wenn ein Presslufthammer direkt neben Ihnen loslegt. Um die Menge der Energie einer Schallwelle zu messen, gibt man an, wie viele Joule pro Sekunde durch einen Quadratmeter fließen. Weil Joule pro Sekunde wiederum Watt sind, beträgt die Einheit der Schallintensität daher Watt pro Quadratmeter. Bereits ab unglaublich winzigen 10^{-12} W/m² sind Sie akustisch dabei (siehe Abb. 21, rechte Achse). Der Wert 10^{-12} entspricht 0,000000000001 oder einem Billionstel! Unsere Ohren sind also in der Lage, im Extremfall den Energiefluss von einem Billionstel Joule pro Sekunde durch einen Quadratmeter wahrzunehmen. Eigentlich ist das komplett unfassbar! Aber halten wir uns nicht mit solchen Peanuts auf und blicken gleich auf das obere Ende der Achse. Ab wann tut's weh? Die Schmerzgrenze ist frequenzabhängig und fängt bei etwa 1 W/m² an. Spätestens bei 100 W/m² schmerzen Ihre Ohren bei allen Frequenzen.

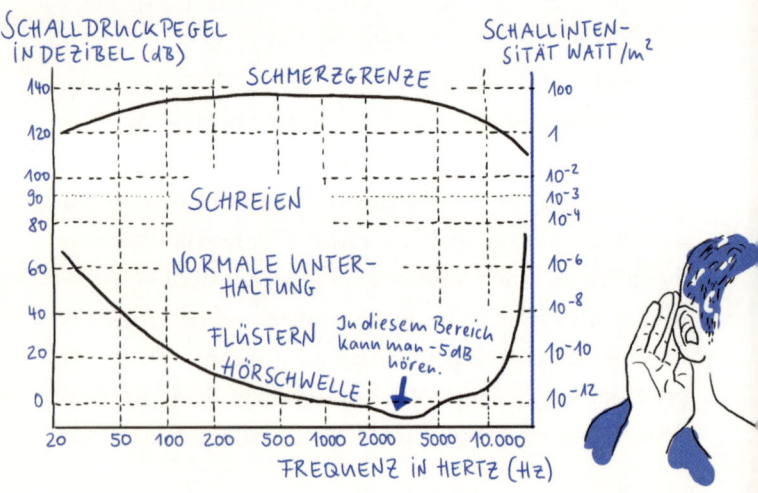

ABB. 21 DER HÖRBEREICH DES MENSCHEN

Plus 10 Dezibel (linke Skala) führen immer zu einer Verzehnfachung der Schallintensität in Watt pro Quadratmetern (rechte Skala).

Nun, die Schallintensität ist ein recht abstrakter Wert und eher was für Diplomphysiker oder Nerds. Beim Flüstern zum Beispiel erreicht man um die 10^{-9} W/m², bei einer normalen Unterhaltung 10^{-6} W/m² und beim Schreien 10^{-3} W/m² (Abb. 21). Liegt alles deutlich unter 1 und klingt alles nach verhältnismäßig wenig. Damit man sich die Lautstärken ein bisschen besser vorstellen kann, ist es günstiger, die Einheit Dezibel zu verwenden.[8] Dabei hat man mehr oder weniger willkürlich angenommen, dass 0 dB einer Schallintensität von 10^{-12} W/m² entspricht. Das bedeutet aber nicht, dass bei 0 dB immer vollkommene Stille herrscht. Gesunde Ohren sind in der Lage, bei etwa 3500 Hz bis zu -5 dB zu hören. Das ist auf den ersten Blick verwirrend, liegt aber eben nur an der Wahl des Bezugspunktes.

Eine Verzehnfachung der Schallintensität (rechte Achse in Abb. 21) entspricht nun immer einer Erhöhung um 10 dB (linke Achse). Die Geräuschsensationen, denen Sie im Alltag normalerweise ausgesetzt sind, liegen also im Wesentlichen zwischen 0 und 140 dB. Flüstern erzeugt nach dieser Skala dann etwa 30 dB, normales Reden bis zu 60 dB und Schreien 90 dB. Die Schmerzgrenze liegt bei 120 bis 140 dB. Sie müssen zugeben, dass diese Zahlen sympathischer rüberkommen als die Zehnhochminusirgendwas.

Und nun die spannende Frage: Wie laut sind die lautesten Subwoofer der Welt? Diese sprengen den Rahmen von Abbildung 21 bei weitem, denn 2014 lag der Weltrekord bereits bei über 180 dB (siehe Tab. 5). Unpackbar! In diesem Auto wollen Sie definitiv nicht sitzen, während die Anlage

Situation bzw. Schallquelle	Entfernung von der Schallquelle	Schalldruckpegel in dB
Weltrekord dB Drag Racing	etwa 1 – 2 m	181,9 dB (Stand 2014)
Düsenflugzeug	30 m	150 dB
Gewehrschuss	1 m	140 dB
Schmerzschwelle	am Ohr	120 – 140 dB
Gehörschäden bei kurzfristiger Einwirkung	am Ohr	120 dB
Kampfflugzeug	100 m	110 – 140 dB
Presslufthammer	1 m	100 dB
Gehörschäden bei langfristiger Einwirkung	am Ohr	85 dB
Schreien	1 m	90 dB
Pkw	10 m	60 – 80 dB
normale Unterhaltung	1 m	bis 60 dB
Flüstern	1 m	30 dB
Blätterrauschen, ruhiges Atmen	am Ohr	10 dB
Hörschwelle bei 2000 Hz	am Ohr	0 dB
Hörschwelle bei 3500 Hz	am Ohr	-5 dB

Tab. 5: Einige Beispiel für Schalldruckpegel. Diese sind als Richtwerte zu sehen. Schreien ist nicht gleich Schreien und Autolärm nicht gleich Autolärm.

voll läuft, denn: Hörsturz gratis inbegriffen! Im Übrigen ist genau das bei den Wettkämpfen sinnvollerweise auch verboten, denn bereits ab 120 dB kann man sich selbst bei kurzen Einwirkungen die Ohren veritabel ruinieren. Aber wie sind die 180 dB einzuschätzen?

Um ein Gefühl für die dB-Skala zu bekommen, nehmen wir mal was Konkretes, und zwar einen Pkw, der 80 dB erzeugt. Wie viele gleiche Pkws brauchen Sie, damit Sie diesen Krach doppelt so laut wahrnehmen? Die Intuition sagt einem da jetzt: zwei Stück! Es ist aber so, dass wir immer eine Erhöhung um 10 dB als Verdopplung der Lautstärke wahrnehmen, völlig egal, ob das jetzt von 3 auf 13 dB ist oder von 80 auf 90 dB. Eine Erhöhung um 10 dB bedeutet aber eine Verzehnfachung der Schallintensität! Um die zehnfache Schallintensität zu bekommen, brauchen Sie aber wiederum 10 Autos. Lange Rede, kurzer Sinn: 10 Autos röhren verblüffenderweise doppelt so laut wie eines (Tab. 6)!

	Schalldruckpegel	Schallintensität	rel. Schallintensität	rel. Lautstärke
10 Pkws	90 dB	10^{-3} W/m^2	10	2
1 Pkw	80 dB	10^{-4} W/m^2	1	1

Tab. 6: Wie die wahrgenommene Lautstärke mit Schallintensität und Schalldruckpegel zusammenhängt. Als Bezugspunkt wurden 80 dB genommen (1 Pkw).

	Schalldruckpegel	Schallintensität	rel. Schallintensität	rel. Lautstärke
Schreien	90 dB	10^{-3} W/m^2	1.000.000	64
	80 dB	10^{-4} W/m^2	100.000	32
	70 dB	10^{-5} W/m^2	10.000	16
Reden	60 dB	10^{-6} W/m^2	1000	8
	50 dB	10^{-7} W/m^2	100	4
	40 dB	10^{-8} W/m^2	10	2
Flüstern	30 dB	10^{-9} W/m^2	1	1

Tab. 7: Wie die wahrgenommene Lautstärke mit Schallintensität und Schalldruckpegel zusammenhängt. Als Bezugspunkt wurden 30 dB genommen (Flüstern).

Ein weiteres Beispiel, wie Dezibel, wahrgenommene Lautstärke und benötigte Leistung zusammenhängen, finden Sie in Tabelle 7. Schreien wirkt für uns 64-mal so laut wie Flüstern. Die Schallintensität ist dabei aber eine Million mal größer! Sie bräuchten also eine Million Flüsterer, damit diese so laut wirken wie ein Schreier. Technisch knifflig umzusetzen, denn die Flüsterer müssten sich alle 1 m von Ihnen entfernt befinden.

Wie sind also die 180 dB beim db Drag Racing einzuschätzen? Als Überdrübermegairrsinn! Nehmen wir einen Gewehrschuss mit 140 dB. Das lauteste Autoradio der Welt liegt 40 dB darüber! Beeindruckende 10.000 Gewehre gleichzeitig abgefeuert sind genauso laut. Absolut gesehen beträgt die Schallintensität eine Million Watt pro Quadratmeter! Wie ist es möglich, eine solche Leistung zu erzielen?

Manche der Autos haben bis zu 40 Batterien im Kofferraum, die kurzfristig über 100.000 W erzeugen können! Da fehlt natürlich noch immer ein Faktor 10. Wie kann man das erklären? Die Schallintensität wird ja in Watt pro Quadratmetern angegeben. Eine Million Watt pro Quadratmeter entsprechen aber quasi runtergerechneten 100.000 Watt pro Zehntelquadratmeter, was über den Daumen gepeilt 30 mal 30 cm entspricht. Man muss es also schaffen, die Schallwellen auf einen möglichst kleinen Raum um den Sensor zu fokussieren, der an der Windschutzscheibe innen angebracht ist, um mit 100.000 W Ausgangsleistung 180 dB zu schaffen. Deshalb sollten die Teilnehmer eine Menge von Physik und Begriffen wie Interferenz, Resonanz, Reflexion und stehenden Wellen verstehen.

Natürlich darf möglichst wenig Energie nach außen verloren gehen. Je mehr man außen hört, desto mehr Joule verkrümeln sich ungenutzt in die Umgebung und desto weniger verbleiben im Auto. Deshalb werden alle Trickregister gezogen, um die Außenwände möglichst starr und schwingungsfrei zu halten. Autoböden werden ausbetoniert und anschließend mit Granit verfliest, Stahlrahmenkonstruktionen werden eingeschraubt, Kohlefaserplatten eingesetzt, Panzerglas ersetzt die Fenster, und die Türen werden vor der Messung zugeschraubt.

Auf die Hits der 80er und 90er wartet man bei diesen Wettkämpfen aber vergeblich. Beim dB Drag Racing zählen nur die Bässe! Als „Musik" dient eine offizielle CD, die vor allem Sinus-Töne im Bereich zwischen 20 und 80 Hz enthält. Das hört sich im Wesentlichen wie Baulärm an und ist akustisch wenig erhebend. Aber darum geht es ja auch nicht. Die auftretenden Vibrationen sind auf jeden Fall so stark, dass schon mal die Fahrzeugsäulen brechen können. Aber was nimmt man nicht alles für sein Hobby in Kauf!

9 Auf Fermis Spuren oder Wie hoch ist eine Gummispur?

Wer kennt sie nicht: die schwarzen Streifen auf der Fahrbahn, die durch den Gummiabrieb der Autoreifen zustande kommen. Diese entstehen zum Beispiel beim scharfen Bremsen, und zwar in der Regel dann, wenn die Bremsverzögerung größer ist als 6 m/s². Dazu muss man schon ordentlich in die Eisen steigen. Manche Autos schaffen das gar nicht, denn gesetzlich sind nur 5 m/s² vorgeschrieben. Auch nach einem Kavalierstart können Gummispuren gesichtet werden – oder nach einem Burn-out bei einem GTI-Treffen. Na ja, Geschmäcker und Hobbys sind bekanntermaßen verschieden!

Es gibt aber auch einen nicht sichtbaren Gummiabrieb, der durch das stinknormale Fahren zustande kommt. Es muss ihn deshalb geben, weil die Reifen sich ja mit der Zeit verdünnisieren, auch wenn man niemals eine sichtbare Gummispur zieht. Wie dick ist diese Kautschukschicht, die pro Umdrehung verloren geht? Das ist eine meiner absoluten Lieblingsabschätzungen. Es klingt aufs Erste so, als könnte man diese Frage unmöglich beantworten, ohne hochspezifische technische Details zu kennen. Es geht aber! Und hier kommen die sogenannten Fermi-Rechnungen ins Spiel, die für mich ein unverzichtbarer Bestandteil meiner Herangehensweise an die Physik sind. Was versteht man darunter?

Die Bezeichnung geht auf den Physiker und Nobelpreisträger *Enrico Fermi* zurück, der unter anderem eine wichtige Rolle beim Bau der ersten Atombombe spielte. Bei den Fermi-Rechnungen handelt es sich um größenordnungsmäßige Abschätzungen – das war eine seiner Spezialitäten. Man setzt diese dann ein, wenn keine oder wenige Daten vorliegen oder wenn das, was vorliegt, keine exakte Berechnung zulässt. Wichtiger als genaue Daten sind der gesunde Menschenverstand und etwas Improvisationstalent. Natürlich erhält man damit auch keine exakten Ergebnisse, aber das ist auch nicht das Ziel der Übung. Ohne Abschätzung würde man ja komplett im Dunklen tappen. Mithilfe einer Fermi-Rechnung bekommt man aber eine Größenordnung, von der man abbeißen kann.

Wie stark ist also der Gummiabrieb, der durch normales Fahren entsteht? Überlegen wir uns dazu, was wir aus dem Alltag über Reifen wissen. Wie viele Kilometer halten diese zum Beispiel durch? Das hängt natürlich von vielen Faktoren ab: ob man Smart fährt oder Bugatti, ob man eher der phlegmatische oder der stets hektische Fahrer ist, ob man in der Stadt fährt oder übers Land, ob die Reifen brav aufgepumpt sind und so weiter und so fort. Wir wollen aber auch nur eine Größenordnung herausbekommen, und deshalb lassen uns solche Details kalt. Pi mal Daumen halten Reifen auf jeden Fall einige Zehntausend Kilometer, wie Sie aus eigener Erfahrung wissen. Ich entscheide mich für 40.000 km, und zwar deshalb, weil die Zahl nicht nur schön rund und vernünftig ist, sondern auch dem Erdumfang entspricht. Sie können also, bildlich gesprochen, mit einem Satz Reifen einmal um die ganze Welt fahren. Und dieser Gedanke hat schon was!

Wie viele Umdrehungen schafft daher ein Reifen, bevor er k. o. geht? Als Referenzwert habe ich dazu einfach den Durchmesser meiner Autoreifen vermessen. Der liegt bei 52 cm. Ich verallgemeinere jetzt schamlos und gönne uns wieder den Luxus einer runden Zahl: Rechnen wir mit 0,5 m! Daraus kann man ableiten, dass sich der Reifen pro Kilometer rund 640-mal und im Laufe seines Lebens über 25 Millionen Mal dreht! Die genaueren Daten zu dieser Abschätzung finden Sie in Tabelle 8.

Wie viel wird während dieser 25 Millionen Umdrehungen vom Reifen abgefahren? Das könnte man jetzt einfach grob mit einem Zentimeter abschätzen. Wenn man es genauer wissen will, muss man ein bisschen googeln. Neue Reifen haben 8 mm Profiltiefe. Das gesetzliche Minimum sind 1,6 mm. Demnach dürfte man 6,4 mm abfahren. Ich nehme aber lieber wieder die schönere Zahl, nämlich 5 mm.

Jetzt haben wir alles beisammen, was wir brauchen. Wenn man bei 25 Millionen Umdrehungen 5 mm abfährt, sind das pro Umdrehung $2 \cdot 10^{-10}$ m, also 0,2 Milliardstel Meter. Das ist auf jeden Fall seeeehr wenig! Was kann man sich darunter vorstellen?

So richtig kann man sich unter extrem kleinen oder großen Zahlen meiner Meinung nach niemals etwas vorstellen. Ich versuche es trotzdem mit folgender Analogie: Wir blähen den Reifen in Gedanken auf die Größe der Erde auf.

Fahrstrecke bis Reifenwechsel	40.000 km
Reifendurchmesser (d)	0,5 m
Reifenumfang	1,57 m
Umdrehungen pro Kilometer	637
Gesamtumdrehungen bei 40.000 km	25,4 Millionen
Abnutzung bei 40.000 km	5 mm = 0,005 m
Abnutzung pro Umdrehung	$2 \cdot 10^{-10}$ m = 0,0000000002 m

Tab. 8: Fermi-Rechnung zur Reifenabnutzung. Die grau unterlegten Werte sind die Grundannahmen für unsere Abschätzung, die anderen Werte sind daraus abgeleitet.

Selbst dann würde die abgefahrene Schicht pro Umdrehung, wenn wir die Proportionen gleich lassen, bloß 5 mm dick sein. Daran sieht man zumindest: Der Gummiabrieb muss bei normaler Reifengröße wirklich lächerlich gering sein!

Womit kann man diese $2 \cdot 10^{-10}$ m vergleichen? Wie groß sind zum Beispiel Atome? In Abb. 22 sehen Sie die Atomdurchmesser aller natürlich vorkommenden Elemente von Wasserstoff bis Uran. Gummi besteht aus Wasserstoff, Kohlenstoff und Sauerstoff. Und man kann erkennen, dass der Durchmesser dieser drei Atomsorten mit etwa 1 bis knapp $2 \cdot 10^{-10}$ m in der Größenordnung des Gummiabriebs pro Umdrehung liegt. Das ist doch wirklich eine sehr nette Sache!

Natürlich dürfen wir nicht vergessen, dass wir nur eine Abschätzung durchgeführt haben, und dass unser Ergebnis nach oben und unten, sagen wir, um einen Faktor 2 unscharf ist. Und natürlich ist der Abrieb beim Anfahren und Bremsen und auch in der Kurve stärker – wir haben ja nur den Durchschnitt abgeschätzt. Und der abgelöste Gummi

Abb. 22 Wie hoch ist eine Gummispur?

Dargestellt ist der Durchmesser der Elemente von Wasserstoff bis Uran. Der Gummiabrieb pro Reifendrehung entspricht ziemlich genau dem Durchmesser der Atome im Kautschuk.

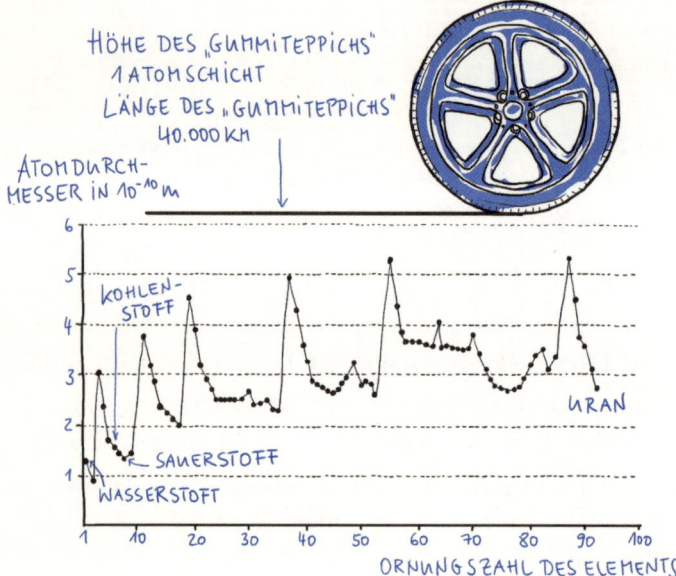

HÖHE DES „GUMMITEPPICHS"
1 ATOMSCHICHT
LÄNGE DES „GUMMITEPPICHS"
40.000 KM

ATOMDURCHMESSER IN 10^{-10} m

KOHLENSTOFF
URAN
SAUERSTOFF
WASSERSTOFF

ORDNUNGSZAHL DES ELEMENTS

bleibt womöglich gar nicht oder nicht lange liegen, weil auf unseren Straßen ja sonst ein ständiger Gummibelag vorhanden sein müsste, der immer höher und höher wächst. Und natürlich werden wahrscheinlich nicht nur einzelne Atome abgelöst, sondern wohl auch ganze Molekülgruppen. Aber trotzdem! Trotzdem gefällt mir die romantische Vorstellung, dass beim Fahren die Reifen quasi wie ein Gummiteppich abgerollt werden, der einmal um die Erde reicht und eine Atomschichte dick ist!

10 Diesel versus Benziner oder Wer kommt schneller aus den Socken?

Wenn Sie schon mal mit einem Dieselauto gefahren sind, dann wissen Sie, dass diese Dinger bei niedrigen Drehzahlen wesentlich besser wegziehen als Benziner mit vergleichbarer Leistung. Warum ist das so? Zählen die Kilowatt beim Diesel irgendwie mehr, wie man manchmal lesen kann? Und welche Rolle spielt das ominöse Drehmoment?

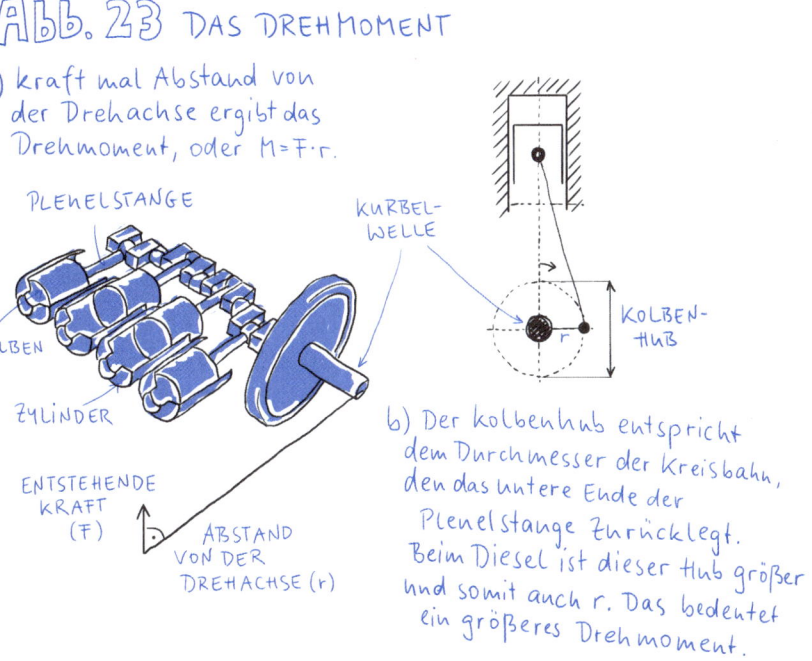

Abb. 23 DAS DREHMOMENT

a) Kraft mal Abstand von der Drehachse ergibt das Drehmoment, oder $M = F \cdot r$.

PLEUELSTANGE
KURBELWELLE
KOLBEN
ZYLINDER
KOLBENHUB
ENTSTEHENDE KRAFT (F)
ABSTAND VON DER DREHACHSE (r)

b) Der Kolbenhub entspricht dem Durchmesser der Kreisbahn, den das untere Ende der Pleuelstange zurücklegt. Beim Diesel ist dieser Hub größer und somit auch r. Das bedeutet ein größeres Drehmoment.

Drehmoment, Drehzahl und Leistung eines Autos liefern das bissfeste Zahlenmaterial, um Motoren objektiv miteinander vergleichen zu können. Und wenn etwas wirklich bulletproof ist, freut man sich als Physiker. Fangen wir mit dem etwas bockigen Drehmoment an. Es ist quasi das rotatorische Äquivalent zur Kraft. Eine Kraft setzt etwas in geradlinige Bewegung, ein Drehmoment versetzt etwas in Rotation. Die Kraft wird in Newton (N) angegeben, das Drehmoment in Newton mal Meter oder kurz Newtonmeter (Nm). Wie kommt es zu dieser Einheit?

An der Kurbelwelle wird die Auf- und Abbewegung der Kolben in eine Drehbewegung umgesetzt (Abb. 23). Schweißen wir in Gedanken eine Stange im rechten Winkel an die Kurbelwelle. Nehmen wir an, der Motor Ihres Autos erzeugt gerade in diesem Augenblick ein Drehmoment von 100 Nm. Es gilt: Drehmoment ist Kraft mal Abstand zur Drehachse oder $M = F \cdot r$. Wenn unsere angeschweißte Stange 1 m lang ist, dann würde also in diesem Moment an ihrem Ende eine Kraft von 100 N wirken. Wenn die Stange nur 0,5 m lang wäre, dann würde das Ende mit einer Kraft von 200 N drücken, weil 200 N mal 0,5 m eben auch 100 Nm sind. Sie sehen das Prinzip! Je näher Sie an die Drehachse kommen, desto größer wird bei gleichem Drehmoment die erzeugte Kraft. Und weil nicht nur die Kraft, sondern auch deren Abstand zur Drehachse eine Rolle spielt, hat das Drehmoment die Einheit Nm. Das Drehmoment an der Kurbelwelle ist natürlich sehr wichtig, weil dieses dann weiter auf die Räder übertragen wird, wodurch die

„Kraft auf die Straße kommt". Je größer das Drehmoment, desto größer also letztlich die Kraft, die das Auto anschiebt.

Die Drehzahl ist handzahmer und daher schneller zu erklären. Das, was am Drehzahlmesser eines Autos angegeben ist, entspricht den Umdrehungen der Kurbelwelle pro Minute (U/min). In Abb. 24a sehen Sie exemplarisch den Zusammenhang zwischen Drehzahl und Drehmoment für Diesel und Benziner mit praktisch gleicher Leistung.[9] Dabei fällt dreierlei auf.

Erstens hängt das Drehmoment sehr stark von der Drehzahl ab. Man kann also beim Auto nicht von *dem* Drehmo-

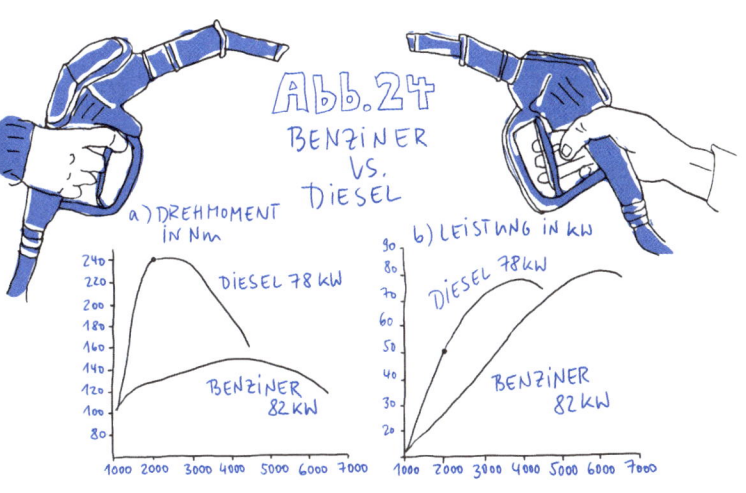

Vergleich der realen Daten eines benzin- und dieselbetriebenen Autos mit annähernd gleicher Leistung

ment sprechen. Das, was im Hochglanzkatalog angegeben ist, ist immer das maximal erreichbare Drehmoment.

Zweitens steigt beim Diesel das Drehmoment sehr schnell an und das Maximum liegt auch viel höher. Das liegt unter anderem daran, dass der Dieselmotor einen höheren Verbrennungsdruck erzeugt, der den Kolben mit höherer Kraft hinunterdrückt. Außerdem hat ein Diesel höhere und schmalere Zylinder, wodurch der Hub des Kolbens größer wird (Abb. 23b). Beides zusammen erzeugt ein höheres Drehmoment an der Kurbelwelle.

Drittens sind die maximalen Drehzahlbereiche bei einem Diesel um einiges geringer als beim Benziner und reichen in der Regel bis etwa 5500 U/min. Das liegt vereinfacht gesagt daran, dass das Diesel-Luft-Gemisch gemütlicher verbrennt und es daher länger dauert, bis dieses den Druck auf den Kolben entwickeln kann. Das ist gewissermaßen das Nadelöhr, das keine höheren Drehzahlen zulässt.

Welcher Zusammenhang besteht nun zwischen Drehmoment, Drehzahl und Leistung? Ohne in die Details zu gehen, kann ich Ihnen eine halbwegs knackige Faustregel anbieten, die bloß 5 % zu tief schätzt. Sie kommen auf die Leistung in Kilowatt, indem Sie das Drehmoment mit der Umdrehungszahl multiplizieren und dann durch 10.000 dividieren. Am einfachsten macht man das, indem man schon vor dem Multiplizieren von der Drehzahl drei Stellen wegnimmt und vom Drehmoment eine. Ein Beispiel: Unser Diesel in Abb. 24a erreicht bei 2000 U/min ein Drehmoment von 240 Nm. Das sind also vom Zahlenwert her 2·24 = 48 kW. Wenn man es genau rechnet, kommen 50,3 kW raus.[10]

Aus Drehzahl und Drehmoment kann man also ganz exakt die Leistung ermitteln, so wie in Abb. 24b dargestellt. Sie sehen, dass die Leistung mit der Drehzahl ansteigt. Wie beim Drehmoment gilt daher auch hier, dass es nicht *die* Leistung eines Autos gibt, auch wenn einem das immer wieder vorgegaukelt wird. Die angegebenen Kilowatt werden nur bei einer ganz bestimmten Drehzahl erreicht.

Was aber jetzt unsere einleitende Fragestellung betrifft: Beim Diesel ist eben schon bei niedrigen Drehzahlen das Drehmoment sehr hoch und somit auch die Leistung. Letztlich ist es aber immer die Leistung, die die Beschleunigung bestimmt. Wenn wir annehmen, dass beide Autos die gleiche Masse haben, dann kommt der Diesel vom Stand weg besser aus den Socken. Bei 2000 Touren hat er bereits eine Leistung von 50 kW, während der Benziner noch bei 27 kW herumgurkt. Dieser Startvorteil ist aber schnell vorbei. Zum Beispiel muss man mit dem Diesel früher schalten, weil einem gewissermaßen die Drehzahl ausgeht. Welches Auto man daher bevorzugt, ist letzten Endes immer Geschmackssache und führt erfahrungsgemäß zu quasireligiösen Diskussionen.

11 Von 0 auf 100 km/h in 2,5 s oder Was treibt eigentlich ein Auto an?

Eine Sache, die mich an Physik besonders fasziniert, sind die Zusammenhänge hinter den Kulissen, wie also bestimmte Phänomene auf unterster Ebene miteinander verbunden sind. Zum Beispiel hängen die maximale Beschleunigung von Autos und Motorrädern und die maximale Kurvenlage, die ein Motorrad erreichen kann, auf physikalische Weise untrennbar zusammen, obwohl das auf den ersten Blick ja gar nichts miteinander zu tun hat.

Leistung	Masse	relative Leistung	0 auf 100 km/h
Suzuki Hayabusa 1300 (Motorrad)			
129 kW 175 PS	260 kg	0,5 kW/kg 0,67 PS/kg	2,5 s
Hennessey Venom GT			
895 kW 1217 PS	1244 kg	0,72 kW/kg 0,98 PS/kg	2,5 s
Bugatti Veyron Super Sport			
883 kW 1200 PS	1888 kg	0,46 kW/kg 0,64 PS/kg	2,5 s
Bugatti Veyron Standard			
736 kW 1001 PS	1888 kg	0,39 kW/kg 0,53 PS/kg	2,5 s

Tab. 9: Einige Daten zu leistungsstarken Motorrädern und Autos. Die Angaben zu Masse und Leistung variieren in den Medien ein wenig, aber es geht hier vor allem ums Prinzip.

In Tabelle 9 sehen Sie einige relevante Daten zu einem Motorrad und drei Autos – vier in der Tat außergewöhnliche Fahrzeuge. Es sind die leistungsstärksten motorisierten straßentauglichen Teile, die man im Jahr 2014 auch als Privatperson (!) erstehen konnte. Natürlich ist es komplett idiotisch, an solche Geschosse ohne Waffenschein heranzukommen, aber das ist eine andere Geschichte.

Richten Sie bitte Ihr Augenmerk zunächst auf die vierte Spalte. Alle diese Vehikel sind in der Lage, von 0 auf 100 km/h in 2,5 Sekunden zu beschleunigen. Für maximale Beschleunigung ist die relative Leistung relevant, also wie viele Kilowatt das Fahrzeug pro Kilogramm erzeugen kann. Das ist logisch. Wenn Sie Ihr Auto voll beladen und die Gesamtmasse dadurch wächst, dann beschleunigen Sie bei Vollgas natürlich langsamer, weil sich die Kilowatt dann quasi auf mehr Kilogramm aufteilen müssen.

Sie können nun aber in der Tabelle in der dritten Spalte sehen, dass die relativen Leistungen unserer vier Gefährte sehr stark variieren. Trotzdem brauchen alle dieselbe Zeit, um auf 100 km/h zu beschleunigen. Das ist doch ein wenig eigenartig, oder? Besonders fällt dieser Umstand bei den beiden Bugattis auf, die – abgesehen von der Motorleistung – im Prinzip völlig baugleich sind. Trotz der Leistungsdifferenz von fast 150 kW ist aber kein Unterschied in der Beschleunigung von 0 auf 100 km/h festzustellen! Warum?

Bei normalen Autos, die für Sie und mich erschwinglich sind, ist für die Beschleunigung in der Tat die relative Leistung ausschlaggebend. Je mehr Kilowatt oder PS pro Kilogramm, desto schneller geht die Post ab. Aber wenn man die Leistung immer weiter hinaufschraubt, stößt man irgendwann an eine Barriere, die eine noch höhere Beschleunigung in die Schranken weist. Natürlich erreicht man nur mit einem Supersupersportwagen oder -motorrad diese Grenze. Dieses obere Limit, das auch mit noch so vielen zusätzlichen Pferden unter der Haube nicht überschritten werden kann, ist durch die Reibung zwischen Reifen und Straße festgelegt.

Ohne Reibung läuft klarerweise nichts! Wenn Sie schon einmal auf blankem Eis mit Ihrem Auto anfahren wollten, dann wissen Sie, wovon ich spreche. Die größte Reibung,

ABB. 25 WAS TREIBT IHR AUTO AN?
Durch die Kraft Auto-Straße entsteht eine gleichgroße Gegenkraft Straße-Auto, die Ihr Auto antreibt. Die maximal mögliche Beschleunigung hängt von der Reibung ab.

KRAFT AUTO-STRASSE
GEGENKRAFT STRASSE-AUTO

Reibungskoeffizient
$a_{max} = \mu \cdot g = 11{,}1 \, m/s^2 \stackrel{\wedge}{=} 2{,}5 \, s$ von 0 auf 100 Km/h
← Fallbeschleunigung

die man zwischen Reifen und Straße erzeugen kann, führt zu besagten 2,5 Sekunden beim Sprint von 0 auf 100 km/h. Wenn man die relative Leistung noch weiter steigert, kann die Beschleunigung trotzdem nicht größer werden, weil die Räder zu rutschen beginnen und durchdrehen. Die zusätzliche Leistung würde dann einfach ungenutzt verpuffen.

Bevor wir uns diverse Zahlen dazu genauer zur Brust nehmen, möchte ich noch auf etwas sehr Verblüffendes hinweisen. Was treibt eigentlich Ihren fahrbaren Untersatz an? Sie denken, dass diese Frage banal ist? Man sagt ja, der Motor „bringt die Kraft auf die Straße". Treibt diese Kraft aber das Auto an? Nein, zumindest nicht direkt! Diese Kraft wirkt ja nicht auf das Auto, sondern auf die Straße. Wenn Sie so wollen, treibt diese Kraft des Autos die Straße beziehungsweise die ganze Erde an und schiebt diese nach hinten weg. Weil der Globus aber eine so große Masse hat, merken wir Gott sei Dank nichts davon. Stellen Sie sich das chaotische Herumgeschiebe der Erde im Stoßverkehr vor!

Was schiebt aber nun das Auto an? Nach dem dritten Newton'schen Grundgesetz führt jede Kraft zu einer gleich großen Gegenkraft. Actio est reactio! Die Kraft Auto-Straße führt deswegen zu einer gleich großen Gegenkraft Straße-Auto, die durch kleinste Verformungen der Straße zustande kommt. Und es ist diese Gegenkraft, die letztlich Ihr Auto zum Fahren bringt (Abb. 25). Kurz gesagt: Die Straße treibt Ihr Auto an! Ich finde das verdammt cool! Sie sehen, dass unser Alltag in physikalischer Hinsicht viele Überraschungen zu bieten hat.

Gut, die maximale Kraft, die Ihr Auto antreibt, kann also nicht größer werden als die Reibungskraft zwischen Auto und Straße. Um diese zu beschreiben, verwendet man den Reibungskoeffizienten μ („mü"), der von den Eigenschaften der beteiligten Materialien abhängt. Je größer μ, desto größer die Reibung.

Man kann nun aus fundamentalen Überlegungen ableiten, dass die maximale Beschleunigung bei Autos oder Motorrädern niemals größer sein kann als das Produkt von Fallbeschleunigung und Reibungskoeffizient, oder mathematisch formuliert: $a_{max} = \mu \cdot g$. Weil der größtmögliche Reibungskoeffizient der besten Rennreifen im Bereich zwischen 1,1 und 1,15 liegt, ergeben sich daraus 2,46 bis 2,58 Sekunden für die ersten 100 km/h.[11] Man kann weiters abschätzen, dass man ab einer relativen Leistung von etwa 0,3 kW/kg schön langsam in diesen Bereich vordringt.[12] Leistungen, die sehr viel darüber liegen, sind zumindest für diesen Anfangssprint nicht relevant.

Hat man von einer größeren Leistung dann gar nichts? Doch, natürlich! Erstens kann man besser angeben, denn 1200 PS klingen noch viel besser als 1001 PS. Und zweitens bringt die höhere PS-Zahl zwar bei den ersten 100 km/h nichts, aber zum Beispiel bei der Beschleunigung von 0 auf 300 km/h. Der Standard-Bugatti braucht dazu 16,7 s, während sein großer Bruder nur 14,6 s benötigt. Deshalb scheint der Kaufpreis von 2,3 Millionen Euro für den *Super Sport* eigentlich ein Schnäppchen zu sein!

Kratzen wir jetzt aber die Kurve zur Kurve und sehen uns die maximale Schräglage eines Motorrades an. Aus Erfahrung wissen Sie: Egal, worauf Sie sitzen, wenn Sie auf zwei Rädern um eine Kurve wollen, müssen Sie sich schräg legen. Bei der maximalen Schräglage hat die Reibung ebenfalls wieder ihre Finger im Spiel. Sehen wir uns die Kräfte an, die dabei zum Tragen kommen.

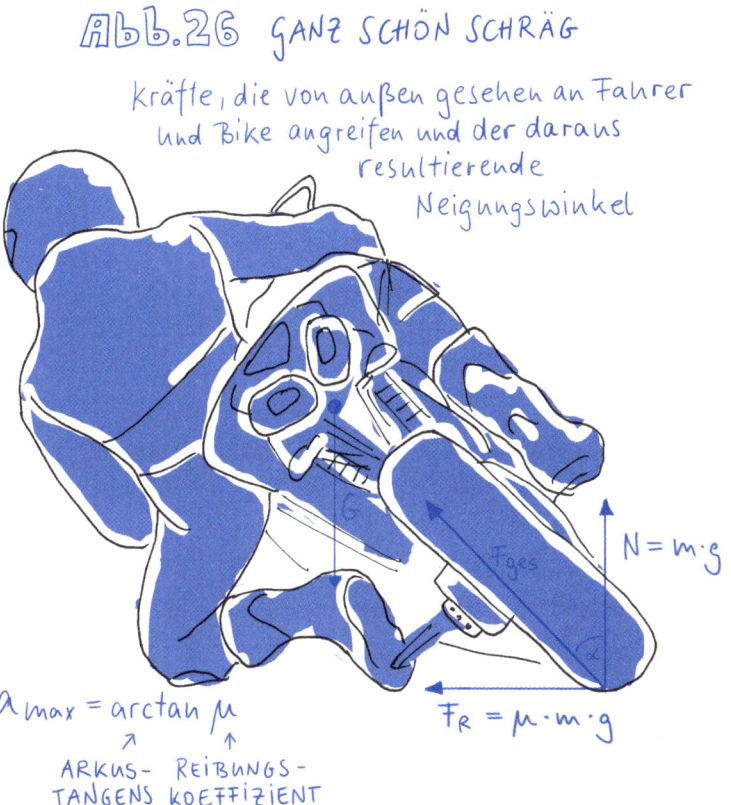

ABB. 26 GANZ SCHÖN SCHRÄG

Kräfte, die von außen gesehen an Fahrer und Bike angreifen und der daraus resultierende Neigungswinkel

$N = m \cdot g$

$F_R = \mu \cdot m \cdot g$

$\alpha_{max} = \arctan \mu$

ARKUS-TANGENS   REIBUNGSKOEFFIZIENT

Bei einer Kurvenfahrt wirken von außen gesehen drei Kräfte. Zunächst einmal die Gewichtskraft G, die am gemeinsamen Körperschwerpunkt (KSP) von Bike und Fahrer ansetzt (Abb. 26). Am Reifen wirkt senkrecht die Normalkraft des Bodens (N), die als Reaktion auf die Gewichtskraft verursacht wird. Es gilt hier: Actio est reactio! Horizontal nach innen wirkt die Zentripetalkraft (siehe auch S. 47), die in diesem Fall von der Reibungskraft (F_R) zwischen Reifen und Straße herrührt. Auch hier ist das dritte Newton'sche Grundgesetz mit von der Partie. Das Bike drückt horizontal gegen die Straße, in unserem Fall nach rechts. Die Straße antwortet mit einer Gegenkraft, die dann die Zentripetalkraft bildet.

Aus den beiden Kräften am Reifen kann man nun den maximalen Neigungswinkel mit a_{max} = arctan (μ) berechnen[13], also den Arkustangens des Reibungskoeffizienten, wodurch man etwa 48° zur Senkrechten erhält.

In Summe zeigen beide Reifenkräfte zusammen (F_{ges}) genau durch den Schwerpunkt von Bike und Fahrer. Die Kraft wirkt aber vom Auflagepunkt weg und nicht vom Mittelpunkt der Lauffläche. Deshalb liegt das Bike selbst noch ein wenig flacher als berechnet (siehe Abb. 26). Die Schieflage ist natürlich kein Selbstzweck. Je schneller man durch die Kurve will, desto größer die benötigte Zentripetalkraft. Das ist der eigentliche Sinn der Übung, aber dazu muss man sich eben mehr in die Kurve legen.

In Tab. 10 sind Beschleunigung und Kurvenlage noch einmal zusammengefasst. Beide hängen vom Reibungskoeffizienten ab, die Beschleunigung von 0 auf 100 km/h zusätzlich noch von der Fallbeschleunigung. Sollte man einmal ein Material für die Reifen finden, das eine höhere Reibung besitzt, kann der Bugatti schneller auf 100 km/h beschleunigen und ein Motorrad in der Kurve flacher liegen.

	limitiert durch	bei $\mu = 1{,}1 - 1{,}15$
maximale Beschleunigung	$a_{max} = \mu \cdot g$	0 auf 100 km/ in 2,46 – 2,58 s
maximale Kurvenneigung	$a_{max} = \arctan(\mu)$	47,7 – 49°

Tab. 10: Wie der Reibungskoeffizient sowohl maximale Beschleunigung als auch maximale Kurveninnenlage bestimmt.

12 James Bond und Captain Impossible oder Kann man mit einem normalen Auto auf zwei Rädern fahren?

Im Kino klappt das immer mühelos: Der Held überwindet die brenzlige Lage, indem er das Auto mit Schwung auf zwei Seitenräder stellt und damit durch die kleine Lücke abhaut. Und weil das letztlich auch schon ein sehr alter Hut ist, den zum Beispiel *James Bond* in *Diamantenfieber* bereits 1971 vorgeführt hat, versucht man diesen Stunt immer wieder zu toppen. 2013 verbreitete sich ein Clip einiger offenbar etwas gelangweilter Männer unter der Leitung eines selbsternannten *Captain Impossible*. In diesem Video konnte man sehen, wie das Grüppchen die beiden in der Luft befindlichen Räder sogar ab- und später wieder anmontierte. Quasi ein Reifenwechsel auf zwei Rädern. Der Weltrekord mit einem Lkw liegt bei diesem Zirkusakt übrigens bei über 16 km – am Stück natürlich! Was steckt physikalisch hinter diesem Kunststückchen? Und geht so was auch mit Ihrem Auto?

Um den wesentlichen Gleichgewichtsaspekt herauszudestillieren, fangen wir mal ohne Auto an. Ich lade Sie zu folgendem Selbstversuch ein. Stellen Sie sich mit Ihrer rechten Körperseite so an eine Wand, dass Schulter und Fußaußenkante diese berühren (Abb. 27a). Nun versuchen Sie, den linken Fuß hochzuheben. Nicht mal Captain Impossible würde das jetzt schaffen! Wenn Sie in dieser Position den linken Fuß heben, fallen Sie unweigerlich um. Warum kann man aber gewissermaßen im Freien auf einem Bein stehen, an der Wand jedoch nicht?

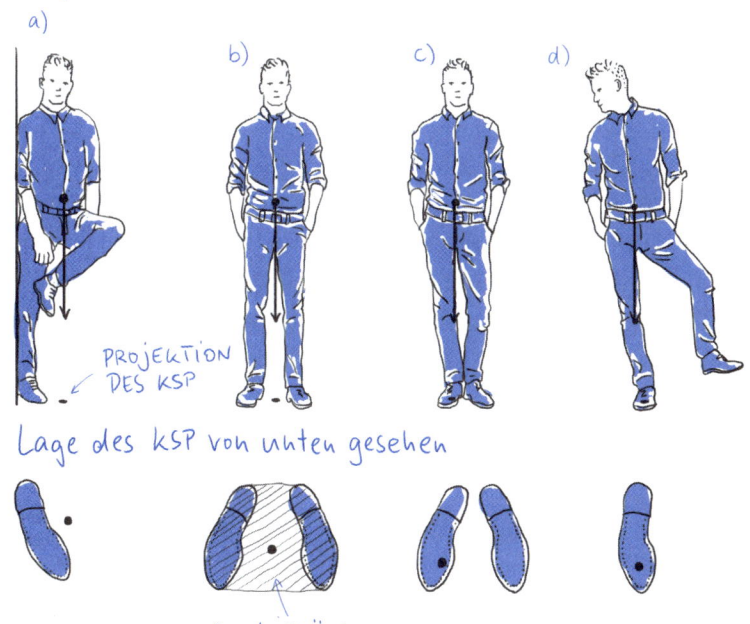

Abb. 27 KÖRPERSCHWERPUNKT (KSP) UND GLEICHGEWICHT

Lage des KSP bei verschiedenen Positionen
a) b) c) d)
PROJEKTION DES KSP

Lage des KSP von unten gesehen

STANDFLÄCHE

Damit ich Ihnen den physikalischen Grund in voller epischer Breite erklären kann, muss ich vorher noch ein paar Begriffe einstreuen. .Da wäre mal der Körperschwerpunkt (KSP), den ich schon ein paarmal angesprochen habe. Dabei handelt es sich um einen gedachten Punkt, an dem sich die gesamte Masse eines Gegenstandes befinden soll.

Was macht diesen Punkt so besonders? Wenn man ein Objekt genau unter dem KSP unterstützt, dann befindet es sich im Gleichgewicht, kippt also nicht auf irgendeine Seite. Wo befindet sich der KSP bei einem Menschen? Wenn Sie normal stehen, etwa auf Nabelhöhe im Inneren Ihres Körpers. Bei vielen Problemen der Physik kann man mit dem KSP arbeiten und somit stark vereinfachen, ohne dabei an Aussagekraft zu verlieren. Im Gegenteil, oft kann man diese sogar erhöhen, weil die Probleme und deren Lösungen dadurch wesentlich offensichtlicher werden, wie sie im Folgenden gleich sehen werden.

Was wir weiters brauchen, ist die Auflagefläche eines Objekts. Dieser Begriff ist eigentlich selbsterklärend. Es handelt sich um die Kontaktfläche eines Gegenstandes mit dem Untergrund. Wenn Sie stehen und flache Schuhe anhaben, dann entspricht die Auflagefläche den Sohlen Ihrer Schuhe.

Und dann gibt es noch die Standfläche. Diese bekommen Sie, wenn Sie eine imaginäre Gummischnur um alle Auflageflächen spannen (siehe Abb. 27b). Wenn Sie nur auf einem Bein stehen, sind Auflagefläche und Standfläche deckungsgleich. Wenn Sie aber auf beiden Beinen stehen, gehört auch die Fläche zwischen den Füßen zur Standfläche.

Mit den Begriffen KSP und Standfläche können wir nun eine ganz einfache Gesetzmäßigkeit für den statischen Fall formulieren: Ein Ding fällt dann nicht um, wenn das Lot seines KSP durch seine Standfläche zeigt.

Wenn Sie beidbeinig stehen, dann liegt die Projektion Ihres KSP irgendwo zwischen Ihren Füßen und daher mit viel Spielraum innerhalb der Standfläche (Abb. 27 b). Wenn Sie sich auf einen Fuß stellen wollen, müssen Sie vorher den KSP über das künftige Standbein bringen (Abb. 27 c), Sie müssen also Ihren Körper zunächst zur Seite neigen. Erst dann können sie das Spielbein vom Boden abheben (Abb. 27 d). Probieren Sie das mal aus! Normalerweise achtet man auf solch scheinbare Banalitäten des Alltags gar nicht und nimmt Gleichgewicht als irgendwie gegeben hin.

Beobachten Sie sich selbst auch mal beim Schlendern. Selbst ohne vorher in der Bar gewesen zu sein, müssen Sie dabei zwangsläufig ein wenig von einer zur anderen Seite hin und her schwanken. Die Physik verlangt nämlich von Ihnen, dass Sie bei jedem Schritt den KSP über den Standfuß bringen müssen, daher die alternierende Schlagseite. Beim schnellen Gehen ist das nicht zwangsläufig notwendig, weil man schon wieder den anderen Fuß aufgesetzt hat, bevor man zu stark kippt.

Wenn Sie nun an der Wand stehen – und damit kommen wir nach einer ausgiebigen Kurve wieder zum ersten Selbstversuch zurück –, dann können Sie sich vorher *nicht* auf die Seite lehnen und somit auch Ihren KSP nicht über die Standfläche bringen. Deshalb können Sie auch nicht das äußere Bein heben, ohne dabei umzufallen (Abb. 27a).

Wie ist das jetzt mit dem Zweirad-Stunt? Dabei muss es Ihnen gelingen, den KSP immer über der Standfläche zu halten. Dazu müssen Sie das Auto vorher gewaltig kippen (Abb. 28a). Meistens wird das mithilfe einer Rampe bewerkstelligt. Es gibt aber auch Fahrer, die einleitend einfach eine scharfe Kurve fahren.

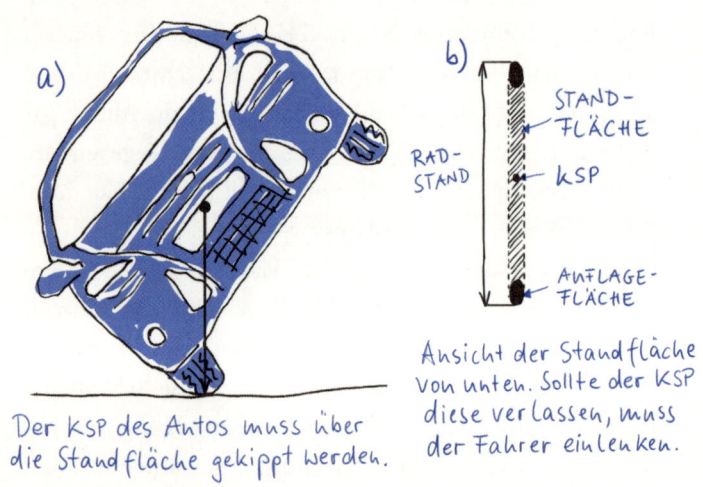

Abb. 28 WIE FUNKTIONIERT DER AUTOSTUNT?

a) Der KSP des Autos muss über die Standfläche gekippt werden.

b) Ansicht der Standfläche von unten. Sollte der KSP diese verlassen, muss der Fahrer einlenken.

Die Standfläche ergibt sich aus dem Radstand und der Breite der Auflageflächen (Abb. 28b). Diese hängen vom Reifendruck ab und sind über den Daumen gepeilt 10 cm breit. Ihre Aufgabe ist es nun, in gekippter Position den KSP während der Fahrt immer genau über dieser Fläche zu halten. Das ist natürlich nicht einfach, weil die Fläche ziemlich schmal ist. Ein Auto auf zwei Rädern verhält sich daher genauso wie ein Fahrrad oder Motorbike. Auch dabei fährt man permanente kleine Schlangenlinien, auch wenn einem das nicht bewusst ist. Droht das Ding zum Beispiel nach rechts zu kippen, fährt man eine leichte Rechtskurve und kann somit die Standfläche wieder unter den KSP bringen. In der Theorie ist also alles recht easy!

Bevor Sie jetzt gleich zu Ihrem Auto stürzen, um das in die Praxis umzusetzen: Es gibt da noch ein technisches Problem zu lösen, das mit dem Differential zu tun hat. Wenn Sie mit Ihrem Auto durch eine Kurve fahren, dann muss ja der äußere Reifen einen längeren Weg zurücklegen. Würden sich beide Reifen gleich schnell drehen, würde für den einen die Geschwindigkeit nicht passen und er begänne zu rutschen. Deshalb hat man das Differentialgetriebe erfunden, das dieses Problem entspannt ausgleicht. Eine Handvoll zusätzlicher Zahnräder in der Mitte erlaubt es, dass sich die angetriebenen Räder unterschiedlich schnell drehen. Im Extremfall, wenn ein Rad komplett die Bodenhaftung verliert, dreht sich dieses doppelt so schnell, als es eigentlich sollte, das andere dafür gar nicht mehr. Das kann passieren, wenn eine Autoseite auf Eis steht – oder wenn man den Zweirad-Stunt durchführt.

Das in der Luft befindliche Rad würde dann quasi durchdrehen, und das gegenüberliegende am Boden hätte keinen Antrieb mehr. Damit würden Sie in der Kippposition sofort antriebslos ausrollen und wie mit einem stehenden Fahrrad umkippen – ein kurzer Spaß! Sie brauchen für diesen Trick daher nicht nur Lenkradgefühl, sondern auch ein Auto mit Differentialsperre. Oder Sie machen mit einem alten Auto eine Bastelorgie und schweißen die Zahnräder des Differentials einfach zusammen. Damit haben Sie eine starre Achse, und der Stunt kann beginnen. Ein altes Auto ist zum Üben überdies auch viel besser geeignet als ein sündteurer Jeep mit Differentialsperre.

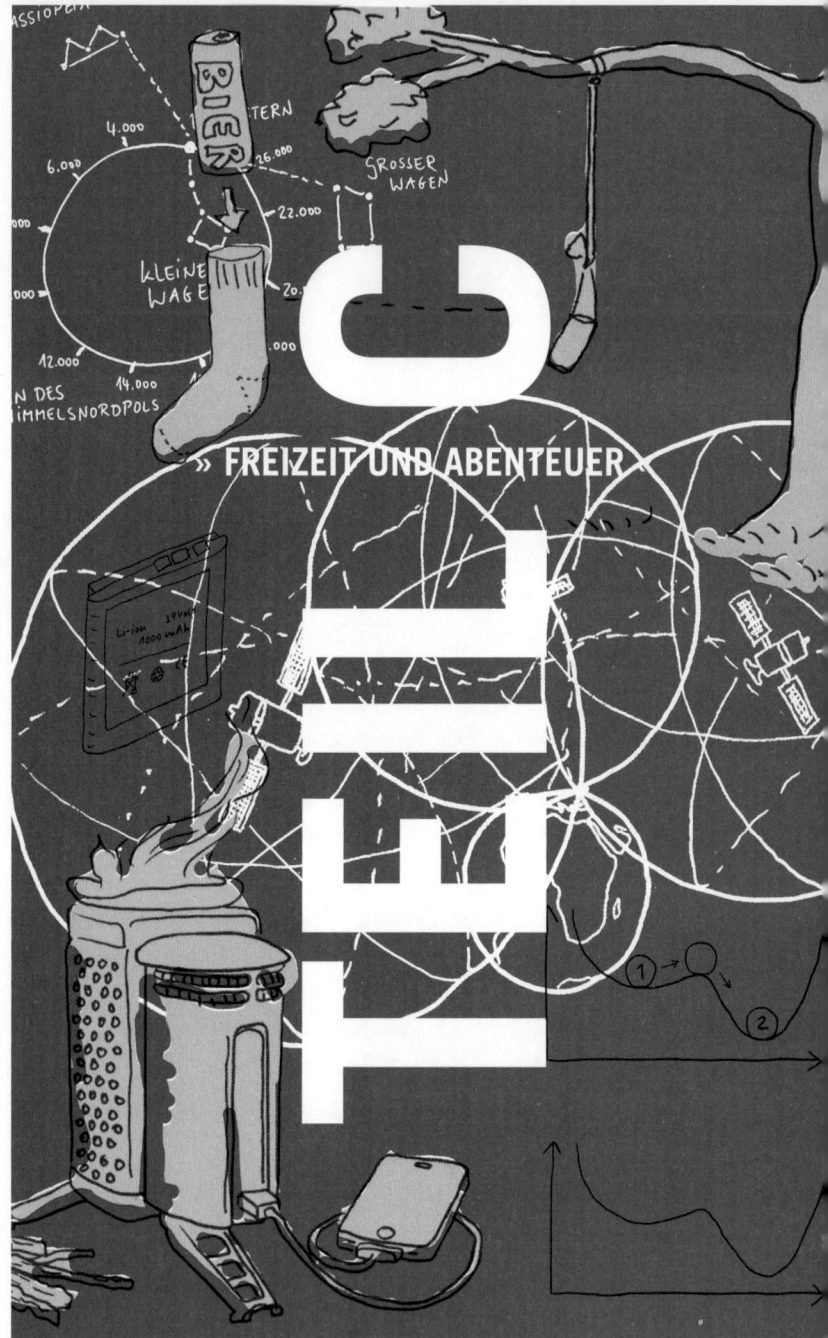

TEIL C
» FREIZEIT UND ABENTEUER

13 Geocaching mit Einstein oder Wie funktioniert das GPS?

Geocaching bedeutet, mithilfe von GPS-Empfängern versteckte Tupperware- oder Filmdosen aufzustöbern, in denen sich diverse Schätze befinden: Münzen, Figuren aus Überraschungseiern, Schlüsselanhänger, Matchbox-Autos und ähnlicher Krimskrams. Was in den Anfängen eher als Zeitvertreib für Nerds durchging, ist inzwischen dank Smartphones zum Trendsport geworden. Und das kann durchaus als Glück angesehen werden, denn die elektronische Schnitzeljagd ist nämlich ideal, um selbst lauffaule Kinder vor die Tür zu bekommen.

Begonnen hat die Sache im Jahr 2000, und der erste Cache war ein alter Eimer mit diversen Tauschobjekten, den der Amerikaner *Dave Ulmer* in der Nähe seines Hauses versteckte. *Bill Clinton* hatte nämlich gerade eben das vom US-Militär entwickelte Ortungssystem *Navstar GPS* für die Allgemeinheit freigegeben. Die künstliche Signalverschlechterung wurde deaktiviert und die Genauigkeit für private Anwender somit von 100 m auf weniger als 10 m verbessert. Und das wollte Ulmer doch gleich mal ausprobieren. Die Eimer-Koordinaten postete er mit der Aufforderung „Get some stuff, leave some stuff" in einem Forum, und binnen kurzer Zeit pilgerten die Leute zu Ulmers abgeschiedener Hütte, um die Kostbarkeiten zu heben. Das war die Geburtsstunde des Geocachings.

Im Jahr 2014 existierten bereits über 2 Millionen Caches. Im Schnitt wurden also in 14 Jahren Tag für Tag weltweit rund 400 neue Caches versteckt. Es gibt sie inmitten großer Städte, in naher und entlegener Natur und auch am Arsch der Welt, zum Beispiel in der Antarktis! Aus physikalischer Sicht ist die bei der Suche verwendete GPS-Technik höchst interessant. Diese ist inzwischen nicht nur das wichtigste Ortungsverfahren der Welt, sondern auch die einzige Alltagstechnik, bei der sowohl Einsteins Allgemeine als auch Spezielle Relativitätstheorie eine Rolle spielen.

ABB. 29 WIE FUNKTIONIERT DAS GPS?

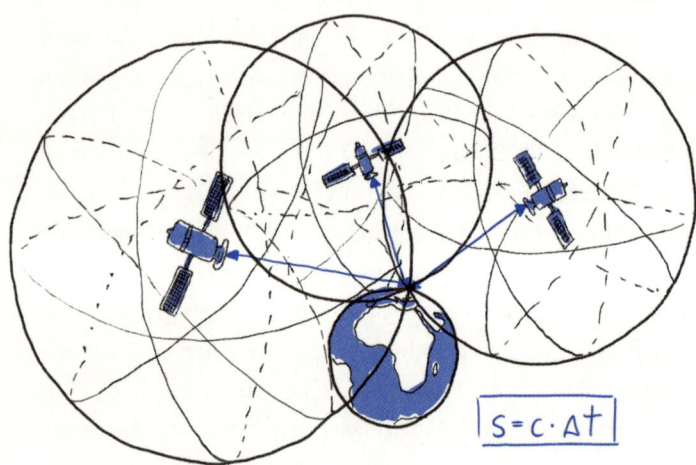

$s = c \cdot \Delta t$

Die genaue Position jedes GPS-Satelliten im Raum ist bekannt. Mithilfe von drei Satelliten kann die genaue Position bestimmt werden.

Aber fangen wir einmal am Anfang an. GPS steht für Global Positioning System. Für dieses braucht man jede Menge Satelliten – über 30 davon umkreisen die Erde in rund 20.000 km Höhe. Eine große Besonderheit sind die mitgeführten Atomuhren, die alle auf exakt dieselbe Zeit eingestellt sind. 1000-mal pro Sekunde senden diese Dinger aus dem Orbit ihre Position und Uhrzeit. Zum GPS-Empfänger in Ihrer Hand braucht dieses Signal von einem entfernteren Satelliten etwas länger als von dem gleich ums Eck. Deshalb laufen in Ihrem Gerät zum Zeitpunkt X unterschiedliche Zeitangaben zusammen.

Die GPS-Signale gehören zu den Mikrowellen und somit wie Licht, Radar oder Radiowellen zur großen Familie der elektromagnetischen Wellen. Alle Verwandten dieser Sippschaft breiten sich mit Lichtgeschwindigkeit aus, also mit rund 300.000 km/s. Diese Wellen könnten, wären sie zur Kurve fähig, fast 8-mal pro Sekunde um die Erde rasen! Die Lichtgeschwindigkeit ist die Maximalgeschwindigkeit im Universum, und man hat ihr den Buchstaben c verpasst.

Nehmen wir mal an, dass die Uhr in Ihrem Smartphone absolut genau geht. Aus der Zeitdifferenz $\triangle t$ zwischen empfangener Zeit und der in Ihrem Gerät können Sie über $s = c \cdot \triangle t$ die genaue Entfernung zum Satelliten bestimmen. Wenn das Signal zum Beispiel eine Verzögerung von 0,07 s hat, dann ist der Satellit 21.000 km von Ihnen entfernt. s entspricht aber auch dem Radius einer Kugel rund um den Satelliten. Wenn Sie das Signal von drei Satelliten haben, dann ergeben sich daraus drei Kugeloberflächen, die nur einen einzigen Schnittpunkt haben können (Abb. 29). Und dort stehen dann Sie mit Ihrem Handy rum! Das ist das Prinzip der Positionsermittlung mit GPS.

Es gibt aber noch einen Haken: Die Uhr Ihres Smartphones ist viel zu ungenau! Nehmen wir an, die Ortungs-Genauigkeit soll 3 m betragen. Das Signal braucht für diese Strecke bloß 10^{-8} s, also 10 Milliardstel Sekunden. Der Zeitmesser in Ihrem Handy müsste also mindestens mit dieser Präzision funktionieren, um die 3 m später richtig zu rekonstruieren. Dazu müssten Sie aber eine Atomuhr mitschleppen, was Geocaching mit ziemlicher Sicherheit zu einem Hobby für Multimillionäre und deren Butler machen würde.

Gott sei Dank sind Wissenschaftler findige Menschen. Man muss ja letztlich vier Unbekannte rekonstruieren, nämlich die drei Raumkoordinaten Ihrer Position *und* die exakte Zeit der Satelliten. Wenn man die Daten eines vierten Satelliten mitverwurstet, dann kann man auch die genaue Zeit rekonstruieren, weil man dann nämlich ein System mit vier Gleichungen und vier Unbekannten aufstellen kann, und das geht sich mathematisch perfekt aus. Wenn Sie mehr als vier Satelliten empfangen können – umso besser.

Wie kommt aber jetzt der gute alte Albert mit ins Spiel? Atomuhren hat man ja deshalb erfunden, damit diese wahnsinnig exakt laufen – in 20 Millionen Jahren würden sie nur um eine Sekunde falsch gehen! Sie sind mit großem Abstand die genauesten Zeitmesser der Welt. Bei den Uhren in den Satelliten müssen daher zwei relativistische Effekte berücksichtigt werden, die zwar im Prinzip extrem winzig sind, bei so einer genauen Uhr aber trotzdem beachtet werden müssen. Da ist zunächst einmal ein Effekt, den Einstein 1905 im Rahmen seiner Speziellen Relativitätstheorie (SRT) beschrieben hat, und der als Zeitdehnung oder Zeitdilatation bekannt ist. Darunter versteht man, dass für bewegte Objekte die Zeit langsamer vergeht!

v	Objekt	t_r/t_b
130 km/h	Auto	$1{,}00000000000001 = 1 + 10^{-14}$
900 km/h	Flugzeug	$1{,}00000000000035 = 1 + 3{,}5 \cdot 10^{-13}$
3,9 km/s	GPS-Satellit	$1{,}00000000008 = 1 + 8 \cdot 10^{-11}$
7,9 km/s	internationale Raumstation ISS	$1{,}0000000003472 = 1 + 3{,}5 \cdot 10^{-10}$
$0{,}1\,c$		1,0050
$0{,}5\,c$		1,1547
$0{,}9\,c$		2,2942
$0{,}999999991\,c$	Protonen am CERN	7500

Tab. 11: Wie viel Zeit für einen ruhenden Beobachter vergeht (t_r), wenn für den bewegten eine Sekunde vergangen ist (t_b).[14]

Mich hat das immer wahnsinnig fasziniert, weil es so viel von Science Fiction hat, obwohl es harte Realität ist! Wenn Sie also viel auf der Autobahn unterwegs sind, altern Sie tatsächlich langsamer als die Menschen im Büro. So cool das auch klingt – und der Effekt ist absolut real und messbar –, Sie werden das im Alltag leider nicht bemerken. Die Wirkung ist stark von der Geschwindigkeit abhängig, und in unserer Lebenswelt ist diese einfach viel zu klein. Wenn

Sie zum Beispiel 24 Stunden auf der Autobahn durchfahren, dann sind Sie nur 10^{-9} s weniger gealtert als der Kellner in der Raststation.[15] Sie hätten nur eine Milliardstel Sekunden gewonnen! Autobahnfahren ist keine brauchbare Anti-Aging-Maßnahme!

Bei sehr hohen Geschwindigkeiten wirkt sich der Effekt allerdings sehr stark aus, etwa bei den Protonen, die man am berüchtigten Teilchenbeschleuniger LHC in Genf aufeinanderprallen lässt. Die flinken Protonen altern etwa um den Faktor 7500 langsamer als ruhende Dinge. Während die Forscher am PC etwas über zwei Stunden älter geworden sind, sind die Teilchen erst eine Sekunde gealtert. Natürlich ist es den Protonen völlig schnuppe, dass sie langsamer älter werden. In ferner Zukunft ist es aber vielleicht möglich, dass ein Astronaut in einem sauschnellen Raumschiff mit fast Lichtgeschwindigkeit in den Tiefen des Alls unterwegs ist und bei der Rückkehr feststellen kann, dass sein Zwillingsbruder inzwischen ziemlich alt geworden ist.

Obwohl sich die GPS-Satelliten mit etwa 3,9 km/s bewegen, ist der Effekt der Zeitdehnung trotzdem extrem klein (Tab. 11). Aber bei den außergewöhnlich exakten Atomuhren wirkt sich das bereits bemerkbar aus. Und es kommt sogar noch schlimmer! Es gibt nämlich einen zweiten Effekt, der den Gang der Uhren verändert. Diesen hat Einstein im Rahmen seiner Allgemeinen Relativitätstheorie (ART) im Jahr 1915 beschrieben.

Er besagt, dass Uhren in der Nähe von Massen langsamer gehen. Daraus folgt zum Beispiel, dass Ihre Füße langsamer altern als Ihr Kopf, weil diese etwas näher bei der Erde sind. Der Zeitunterschied liegt aber über ein ganzes Leben gesehen nur in der Größenordnung von weniger als einer Mikrosekunde.[16] Es lohnt sich daher nicht, ständig im Handstand zu stehen, um der Faltenbildung im Gesicht entgegenzuwirken. Aber beim GPS muss dieser Effekt natürlich berücksichtigt werden. Er ist etwa 6-mal so groß wie der der Zeitdehnung, wirkt aber in die andere Richtung (siehe Tab. 12). Wenn man beide Effekte berücksichtigt, dann gehen die Atomuhren im Orbit einen Tick zu schnell.

	$t_{Erde}/t_{Satellit}$
Effekt durch hohe Geschwindigkeit (erklärt durch SRT)	$1{,}00000000008 = 1 + 8{,}4 \cdot 10^{-11}$
Effekt durch Entfernung von der Erdmasse (erklärt durch ART)	$0{,}99999999947 = 1 - 5{,}3 \cdot 10^{-10}$
Summe beider Effekte	**$0{,}99999999955 = 1 - 4{,}5 \cdot 10^{-10}$**

Tab. 12: Gerundete Größen der beiden Effekte aus den Relativitätstheorien von der Erde aus gesehen.[17] Die Satellitenuhren gehen in Summe etwas schneller. Wenn für diese eine Sekunde vergangen ist, zeigen die Uhren auf der Erde um rund eine halbe Milliardstel Sekunde weniger.

Nun sind die Techniker auf einen genial einfachen Trick gekommen: Die Satellitenuhren werden vor dem Abschuss auf der Erde so eingestellt, dass sie um den errechneten Faktor *zu langsam* gehen. Man drosselt sie salopp gesagt absichtlich ein wenig. Sie werden auf der Erde auf eine Frequenz von 10,229999995453 MHz eingestellt. Wenn man sie dann in den Orbit schießt, gehen sie den oben erwähnten Hauch schneller und haben dann eine Eigenfrequenz von exakt 10,23 MHz, ganz so, wie es sein sollte! Und so hat Einstein, zumindest indirekt, auch beim Geocaching seine Finger mit im Spiel.

14 Back to the roots oder Wie bestimmt man die Himmelsrichtung ohne Kompass?

Es ist im Leben immer günstig zu wissen, wie man von A nach B kommt – auch im metaphorischen Sinne. Um bei der physischen Fortbewegung die korrekte Richtung einzuschlagen, ist das Wissen um die Himmelsrichtungen meist kein Nachteil. Heutzutage startet man zu diesem Behufe mit einem lässigen Fingerzucken eine schlaue App auf seinem Smartphone. Dann hat man einen elektronischen Kompass oder gleich eine Satellitenkarte mit angezeigter Gehrichtung. Aber gehen wir mal back to the roots! Wie bestimmen Sie die Himmelsrichtung, wenn Sie kein Smartphone und keinen Kompass zur Verfügung haben? Da gibt es einige *MacGyver*-Methoden[18], für die man nur wenig Zubehör benötigt und die überdies auch physikalisch interessant sind. Im Folgenden beschreibe ich immer die Vorgehensweise auf der Nordhalbkugel.

Die vermutlich bekannteste Art, die Himmelsrichtungen ohne Kompass zu bestimmen, ist der Trick mit der Zeigeruhr. Sie richten dazu den Stundenzeiger auf die Sonne. Im halben Winkel zwischen Zeiger und 12 h befindet sich dann Süden (Abb. 30). Bei Sommerzeit müssen Sie 13 h nehmen.

Warum den Winkel halbieren? Sie wollen ja rekonstruieren, wo die Sonne um 12 h sein wird beziehungsweise gewesen ist, weil diese genau zu Mittag nicht nur am höchsten steht, sondern auch im Süden. Nun macht aber die Sonne in 24 Stunden *eine* Umdrehung, während der Stundenzeiger in dieser Zeit *zwei* schafft. Die Sonne kriecht also halb so schnell über den Himmel wie der Stundenzeiger über das Zifferblatt. Deshalb halbieren!

Und warum muss man bei Sommerzeit den Winkel zum 1er halbieren und nicht den zum 12er? Weil durch diese vieldiskutierte Stundenverschiebung die Sonne um 13 h den Höchststand im Süden erreicht!

Abb. 30 WIE MAN MIT EINER ZEIGERUHR SÜDEN BESTIMMT

HÖCHSTE STELLE = SÜDEN

Sommerzeit: 13h
Winterzeit: 12h

S ↑

Diese Methode setzt vereinfacht voraus, dass sich die Sonne um 12h bzw. um 13h am höchsten Punkt der Bahn befindet.

Wenn man es jetzt genau nimmt, und das sollte man als Physiker stets tun, dann stimmt es eigentlich gar nicht, dass Süden dort ist, wo die Sonne den höchsten Punkt erreicht. Da spielen einige Effekte eine Rolle. Jener mit der stärksten Auswirkung hat mit den Zeitzonen zu tun. Nachdem es 24 Zeitzonen gibt, ist idealisiert gerechnet jede davon eine Stunde breit. Im schlimmsten Fall machen Sie also an den Rändern dieser Zonen einen Fehler von plus/minus einer halben Stunde. Die Zeitzonen sind aber aus geografisch-politischen Gründen nicht wie Orangenspalten angeordnet, sondern teilweise ziemlich verbogen und verbeult. Runden wir daher großzügig auf eine Stunde Ungenauigkeit in beide Richtungen auf.

Um wie viel Grad dreht sich die Sonne in einer Stunde? Um 360°/24 h = 15°/h. Sie sind mit dieser äußerst simplen Methode trotz der Vereinfachung beim Sonnenhöchststand also in der Lage, die Südrichtung auf 15° genau zu treffen – eine halbwegs genaue Uhr vorausgesetzt. Diese Ungenauigkeit zu beklagen wäre in meinen Augen Jammern auf ziemlich hohem Niveau. Besser so, als Sie messen gar nicht und latschen prompt in völlig falscher Richtung davon.

Was aber, wenn Sie nur digitale Zeit zur Verfügung haben? Dann zeichnen Sie am besten die Uhrzeit in Zeigerform auf. Dabei müssen Sie aber bei der Positionierung des Stundenzeigers ein bisschen Hirnschmalz aufwenden, was andererseits aber den Reiz an der Sache erhöht.

Was machen Sie bei bewölktem Himmel? Auch dann kann man mit etwas Glück feststellen, in welcher Richtung die Sonne zu finden ist. Dazu stellen Sie einen Stift senkrecht auf ein weißes Blatt Papier. Trotz des bewölkten Himmels können Sie dann öfters einen schwachen Schatten erkennen und somit den Uhrzeiger auf die Sonne ausrichten. Wenn das Licht zu diffus ist und kein Schatten zu erkennen ist, dann machen Sie es sich im Zelt bequem und warten auf den nächsten Sonnenschein.

Die eben beschriebene Methode funktioniert natürlich nur, wenn Sie halbwegs genau die Uhrzeit wissen. Was aber, wenn Sie diesbezüglich so wirklich komplett im Dunkeln tappen? Selbst dann können Sie die Himmelsrichtungen bestimmen! Und das ist noch ein bisschen abenteuerlicher und riecht noch mehr nach *MacGyver*! Sie brauchen dazu wiederum die Sonne und einige Stunden Wartezeit. Um Verzerrungseffekte zu vermeiden, benötigen Sie ein Stück ebenen Boden. Stecken Sie einen Stab in die Erde und markieren Sie die Spitze des Schattens mit einem Stein (Abb. 31a). Dann warten Sie einige Stunden und markieren die Schattenspitze mit einem zweiten Stein. Weil die Sonne von Osten nach Westen wandert, wandert die Schattenspitze von West nach Ost. Wenn Sie eine Linie durch die beiden Steine legen, haben Sie nicht nur Osten und Westen, sondern auch Norden und Süden.

Dieses Vorgehen ist aber nur eine Grobmethode, weil die Schattenspitze nur genau zu Frühlings- und Herbstbeginn entlang einer Geraden wandert, sonst jedoch eine Hyperbel beschreibt. Aber auch hier können Sie sich aus der Patsche helfen, Sie brauchen aber etwas mehr Geduld dafür.

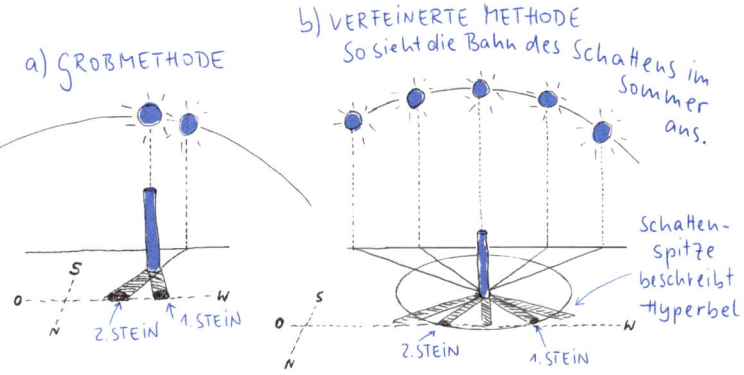

Abb. 31 Wie man mit einem Stab Süden bestimmt

Sie müssen den ersten Stein am Vormittag und den zweiten am Nachmittag legen. Nachdem Sie den ersten Stein platziert haben, ziehen Sie mithilfe einer Schnur einen Kreis (Abb. 31b). Dann warten Sie so lange, bis die Spitze des Schattens wieder genau auf dem Kreis liegt. Voilà – jetzt haben Sie unabhängig von der Jahreszeit eine nahezu perfekte West-Ost-Linie.

Was machen Sie, wenn es Nacht ist und die Sonne sich schon vor geraumer Zeit verkrümelt hat? Wenn zufällig genau Vollmond ist, könnten Sie exakt dieselbe Methode verwenden, die in Abb. 30 dargestellt ist. Warum? Bei Vollmond steht der Mond genau gegenüber der Sonne. Und weil der Stundenzeiger doppelt so schnell rotiert wie der Himmel, liegen nun dieselben Verhältnisse vor wie untertags, nur dass der Mond die Sonne ersetzt. Dieser steht im Winter zu Beginn der Geisterstunde an der höchsten Stelle und somit im Süden.

Bei allen anderen Mondphasen wird das Ablesen der Himmelsrichtung aber zu einer Bastelarbeit, weil Sie pro Zwölftelmond vorher eine Stundenkorrektur an Ihrer Uhr durchführen müssten. Das ist nicht nur sehr ungenau – wie wollen Sie zum Bespiel exakt einen 5/12-Mond abschätzen –, sondern auch eher unelegant. Wenn schon Nacht ist, dann sollte man die Sache gleich stilvoll anlegen und die Bestimmung der Himmelsrichtungen mithilfe der Sterne durchführen. Denn es gibt kaum etwas Schöneres in der Nacht, als den Sternhimmel zu betrachten – zumindest, wenn man nicht grad frisch verliebt ist.

Wenn Sie auf der Nordhalbkugel unterwegs sind, ist der Polarstern zur Orientierung Ihre erste Wahl. Er befindet sich nahezu exakt dort, wo die Erdachse die gedachte Himmelskugel durchstößt und ist deshalb der einzige Stern, der sich in der Nacht praktisch nicht bewegt. Haben Sie den Polarstern, dann haben Sie die Nord-Richtung bis auf 1° genau! Der Nordstern befindet sich im Kleinen Wagen (auch Kleiner Bär genannt). Wenn man nicht so geübt ist und ihn nicht gleich auf Anhieb findet, kann man sich mit zwei auffälligen Sternbildern helfen: dem Großen Wagen (Großer Bär) und der Cassiopeia, die wie ein W aussieht (Abb. 32).

Beim Großen Wagen verlängern Sie die Verbindung der vorderen beiden Kastensterne 5-mal und schon sind Sie da. Ist die Sicht auf den Großen Wagen nicht möglich, dafür aber auf Cassiopeia, dann denken Sie sich eine Linie über ihre beiden äußeren Sterne. Vom W aus gesehen gehen Sie

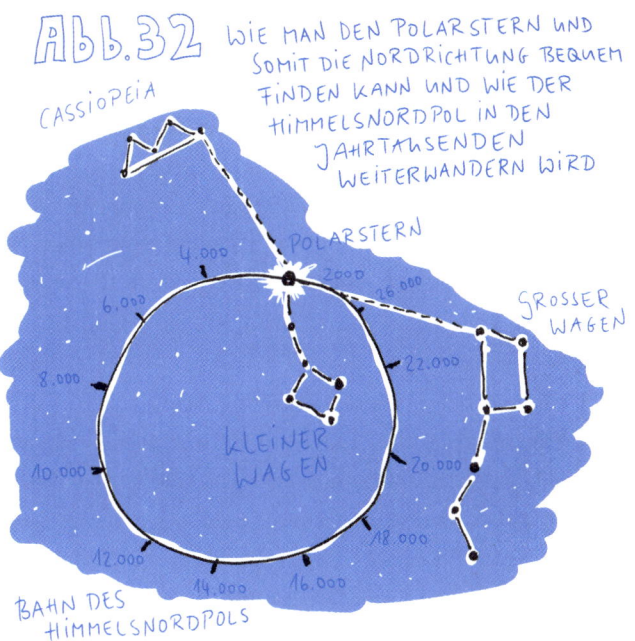

dann vom linken Stern nach oben. Der Abstand zum Polarstern ist etwa doppelt so weit wie der zwischen den äußeren Sternen.

Dass der Polarstern fast genau im Norden steht, ist übrigens absoluter Zufall. Die Erde ist ja in gewisser Weise ein großer Kreisel. Und weil sie etwas abgeplattet ist, zerrt die Sonne an den Äquatorwülsten. Dadurch entsteht eine Präzessionsbewegung (siehe auch S. 53), und die Erdachse beschreibt eine Kreisbahn. Deswegen wandert der Himmelsnordpol über das Firmament – allerdings sehr gemächlich. In Abb. 32 ist diese Bahn eingezeichnet. Etwa im Jahr 28.000 hat die Erdachse eine ganze Drehung geschafft, und der Polarstern kann sich wieder seiner prominenten Position erfreuen. Ich hoffe, dass in dieser Zeit überhaupt noch Menschen leben!

Falls Sie mal in der Großstadtwildnis unterwegs sind und sich auf die Schnelle ohne Hilfsmittel orientieren wollen, dann suchen Sie sich eine Satellitenschüssel. Diese zeigen nämlich immer annähernd nach Süden. Warum? Ein Fernsehsatellit muss von der Erde aus gesehen natürlich immer an derselben Stelle stehen. Wäre das nicht der Fall, müssten Sie während des Finales der Champions League aufs Dach steigen und weiterkurbeln, was Ihre Fernsehlaune wohl etwas trüben würde. Damit die Position eines Satelliten unverändert bleibt, muss sich dieser in 36.000 km Höhe befinden – dann braucht er für die Umrundung genau einen Tag – und außerdem über dem Äquator kreisen. Deshalb liegen Fernsehsatelliten von uns aus gesehen in südlicher Richtung. Die Rundfunksatelliten, die wir in Europa verwenden, befinden sich im Wesentlichen zwischen 5° und 32° östlicher Breite über dem Äquator. Wenn Sie also eine Satschüssel sehen, dann haben Sie etwa die Richtung Süd bis Süd-Süd-Ost und das sollte als Anhaltspunkt genügen, damit Sie Ihren Stadtplan richtig ausrichten.

15 Verzweifelt in der Pampa oder Wie lädt man ein Handy ohne Steckdose?

Was machen Sie, wenn Sie in der Wildnis unterwegs sind, der Akku Ihres Handys ist leer und es ist weit und breit keine Steckdose, in welcher Form auch immer, greifbar? Sie könnten schlicht aufs Smartphone pfeifen! Wenn Sie das aber aus bestimmten Gründen nicht wollen, vielleicht weil Sie einen wichtigen Anruf aus Hollywood erwarten oder sich genötigt fühlen zu zocken, gibt es inzwischen einige raffinierte Lösungen, wie Sie wieder an frischen Saft kommen. Diese haben leider alle den Nachteil, dass Sie schon vorher daran hätten denken müssen, weil eine reine *MacGyver*-Technik mit Büroklammern, Alufolie, Drähtchen und Kaugummi hier leider nicht geht. Bevor wir uns die alternativen Methoden zum simplen Steckdosen-Plug-in ansehen, sollten wir kurz einen Blick auf die Kenngrößen eines Akkus werfen.

Auf diesen ist prinzipiell die Spannung angeschrieben und zusätzlich entweder die Ladung in Milliamperestunden (mAh) und/oder die gespeicherte Energie in Wattstunden (Wh). Wie hängen diese Werte zusammen? Nehmen wir der schönen Zahlen wegen an, dass am Akku 1000 mAh angegeben sind, was 1 Ah entspricht (Abb. 33 und Tab. 13). Dieser Wert bezeichnet die gespeicherte Ladungsmenge. Was besagt er? Rein rechnerisch ist der Akku damit in der

Type und Jahr	Spannung	Ladung	gespeicherte Energie (Ah·V)
Nokia 1100 (2003)	3,7 V	1000 mAh	3,7 Wh
iPhone 6 plus (2014)	3,82 V	2915 mAh	11,1 Wh
Samsung Galaxy S5 (2014)	3,85 V	2800 mAh	10,78 Wh
Super-Powerbank (2014)	3,7 V	22.000 mAh	81,4 Wh
Lithium Varta Professional Typ AA (2014)	1,5 V	2900 mAh	4,35 Wh

Tab. 13: Eckdaten diverser Akkus vom einfachen Uralt-Nokia bis zu den aktuellen Hightech-Smartphones, weiters einer Super-Powerbank und einer gängigen AA-Batterie.

Lage, eine Stunde lang ein Ampere zu liefern oder 10 Stunden lang 0,1 Ampere und so weiter. Je mehr mAh der Akku besitzt, desto besser ist das natürlich. Highend-Handys hatten zum Beispiel im Jahr 2014 so um die 3000 mAh (Tab. 13).

Diese sind aber nur die halbe Miete. Um die Energie zu bekommen, und auf diese kommt es letztlich an, müssen Sie die Amperestunden mit den Volt des Akkus multiplizieren. Dann bekommen Sie die gespeicherte Energie in Wattstunden.[19] 1 Wh bedeutet, dass der Akku eine Stunde lang ein Watt leisten kann, 10 Stunden lang 0,1 W und so weiter. Ein modernes Hightech-Handy hat eine Energie von mehr als 10 Wh. Ein Computer-USB liefert zum Beispiel 2,5 W, und das Handy müsste dann 4 Stunden lang aufgeladen werden (2,5 W · 4 h = 10 Wh). Wo bekommen Sie aber diese fehlende Energie her, wenn Sie verzweifelt in der Pampa sitzen?

Die langweiligste und am wenigsten abenteuerliche Methode zum Aufladen Ihres Handys ist die sogenannte Powerbank. Dabei handelt es sich wiederum selbst um einen Akku, den Sie natürlich vorher aufgeladen haben müssen. Sie saugen also die Energie von einem Akku in den anderen! Was soll das Ganze dann? Der Vorteil liegt darin, dass in einer fetten Powerbank so viel Energie gespeichert ist, dass Sie damit sogar die besten Smartphones viele Male hintereinander aufladen können (Tab. 13). Es gibt auch Ladegeräte, die mit stinknormalen AA-Batterien funktionieren. Allerdings haben selbst die besten Batterien dieses Typs nur etwa 4 Wh gespeichert (Tab. 13), und der Batterieverschleiß wäre daher enorm. Beide Methoden sind aber outdoortechnisch gesehen ohnehin uncool! Wie können Sie sich aber von Akkuvorräten völlig unabhängig machen?

Dazu gibt es immer wieder fantasievolle Ideen, die aber oft nicht bis zur Serienreife durchhalten. So gab es mal das kuriose Gummistiefel-Ladegerät, das aus der Temperatur-

Abb. 33 Ein kleiner Handyakku

Meist werden Lithium-Ionen (Li-Ion) verwendet, weil man damit 3,7 V oder mehr erzeugen kann.
Die Milliamperestunden (mAh) sind ein Indikator für die Anzahl der gespeicherten Ladungen.

differenz zwischen heißen Füßen und kaltem Boden Strom generierte, den Blasebalg-Generator, den man mittels Fußpumpe betreiben konnte, oder den Atemmaskengenerator, den man im Schlaf überstülpte. Diese Geräte konnten wohl nicht richtig überzeugen und existierten nur als Prototypen. Ich habe mir im Folgenden einige Gadgets ausgesucht, die sich offenbar einerseits bewährt haben, weil man sie problemlos bei Großanbietern im Internet bestellen kann, die aber andererseits sehr nette Spielereien sind und Ihnen einen Hauch von Abenteuer bieten.

Da gibt es zum Beispiel die Solar-Ladegeräte, die die Energie gewissermaßen direkt aus der Sonne ziehen. Dabei ist die Fläche des Panels aber der entscheidende Faktor, wie eine kleine Abschätzung zeigt! Die Sonne strahlt ja zunächst ungebremst mit rund 1370 W/m² auf die Atmosphäre. Im besten Fall, also im Sommer bei klarem Himmel, bleiben immerhin geschätzte 1000 W/m² bis zum Boden über. Wenn die Solarzelle einen Wirkungsgrad von gut angenommenen 20 % aufweist, können Sie davon wiederum 200 W/m² abzapfen. Natürlich ist es eher unkomfortabel,

	am Boden ankommende Strahlungsleistung	bei 20 % Wirkungsgrad
Sommer, Sonnenschein und klarer Himmel	1000 W/m²	2 W/dm²
Winter, stark bewölkt	50 W/m²	0,1 W/dm²

Tab. 14: Grobe Richtwerte für die Strahlungsleistung der Sonne unter den angegebenen Bedingungen in Deutschland und Österreich und wie viel davon ein Quadratdezimeter Solarzelle generieren kann.

wenn Sie einen ganzen Quadratmeter Solarzelle durch die Wildnis schleppen. Rechnen wir deshalb auf die Ausbeute pro Quadratdezimeter um (Tab. 14, letzte Spalte).

2 Watt pro Quadratdezimeter ist ein sehr schmächtiger Wert, zumal wir mit den besten Bedingungen gerechnet haben. Bei Bewölkung im Winter sieht es überhaupt recht düster aus. Viele Solar-Ladegeräte, die man heutzutage erstehen kann, sind nicht größer als ein Smartphone und daher pseudomäßiges, sinnloses Spielzeug. Es gibt aber Geräte, die man auf 10 dm^2 ausfalten kann (Abb. 34b).[20] Um auf die im Produkt versprochenen 5 W für einen USB-Ausgang zu kommen, muss dann 1 dm^2 nur mehr 0,5 W liefern, und das ist auch bei nicht ganz tollem Wetter durchaus realistisch. Damit dauert eine volle Handy-Ladung theoretisch nur etwa zwei Stunden – doppelt so schnell wie über Computer-USB! Und nebenbei ein kleines Sonnenbad, während man laden lässt – das hat schon was!

Bei starker Bewölkung oder in der Nacht bringt dieses Tool aber natürlich nichts. Dann kann es jedoch sehr romantisch sein, sein Smartphone mit dem Campingkocher aufzuladen, während man dabei sein Süppchen kocht (Abb. 34a).[21] Dieses sehr praktische Kombigerät kann mit Zweigen oder Tannenzapfen beheizt werden – Hauptsache trocken. Es arbeitet mit einem thermoelektrischen Generator, der mithilfe einer Temperaturdifferenz elektrischen Strom erzeugen kann. Und die hohe Temperatur, die man zur Stromerzeugung benötigt, können Sie gleich zum Kochen verwenden. Sehr praktisch! Die Ladeleistung liegt in einer ähnlichen

Größenordnung wie bei der faltbaren Solarzelle – und zwar unabhängig davon, ob die Sonne scheint oder nicht. Ein kleiner Wermutstropfen: Man hat ständig was zu tun, weil man alle paar Minuten Holz nachlegen muss! Allerdings hat man das Rohmaterial relativ leicht zur Hand.

Ausnahmen bestätigen die Regel, etwa wenn Sie gerade in der Antarktis auf der Suche nach dem entlegensten Geocache ever sind. Dann ist es mit trockenem Holz natürlich Essig. Abhilfe schafft hier eine tragbare Wasserstoff-Sauerstoff-Brennstoffzelle (Abb. 34d).[22] Das Prinzip ist einfach. Man schraubt die Wasserstoffpatrone in das Gerät. Der Wasserstoff reagiert mit dem Sauerstoff der Luft zu reinem Wasser, und dabei wird Energie frei. Bei der Zusammenführung der beiden Elemente leitet man salopp gesagt die Elektronen aber vorher um. Diese bilden dann den Strom, den man für das Handy abzapfen kann.

Das Gerät zischt beschaulich im Betrieb und es steigt Wasserdampf auf. Das kann sich im Zelt ja ganz idyllisch machen. Das Manko ist natürlich, dass Sie die Patronen von Beginn an mitschleppen müssen und die Leistung des Geräts nicht berauschend hoch ist. Für das Aufladen eines Superphones brauchen Sie überdies mehr als eine Patrone, weil diese nur je 9000 mAh liefern. Aber dafür kommen Sie ohne Sonne und ohne Zweige aus – man kann eben nicht alles haben.

Wenn alle Stricke reißen, die Sonne ausbleibt, das Holz ausgeht und die Wasserstoffpatronen alle sind, dann hilft nur noch ein Handkurbelgenerator (Abb. 34c).[23] Dieser funktioniert nach dem Prinzip eines Fahrraddynamos und kann

Bewegung in Strom umwandeln. Damit Sie 2,5 Watt wie ein USB erzeugen, müssen Sie allerdings 150 Umdrehungen pro Minute schaffen. Um ein Gerät mit 10 Wh voll aufzuladen, müssten Sie daher 4 Stunden kurbeln. Das ist sicher ein enden wollender Spaß. Aber für den Ernstfall, wenn man nur einen Notruf absetzen muss, reichen auch ein paar Minuten kurbeln.

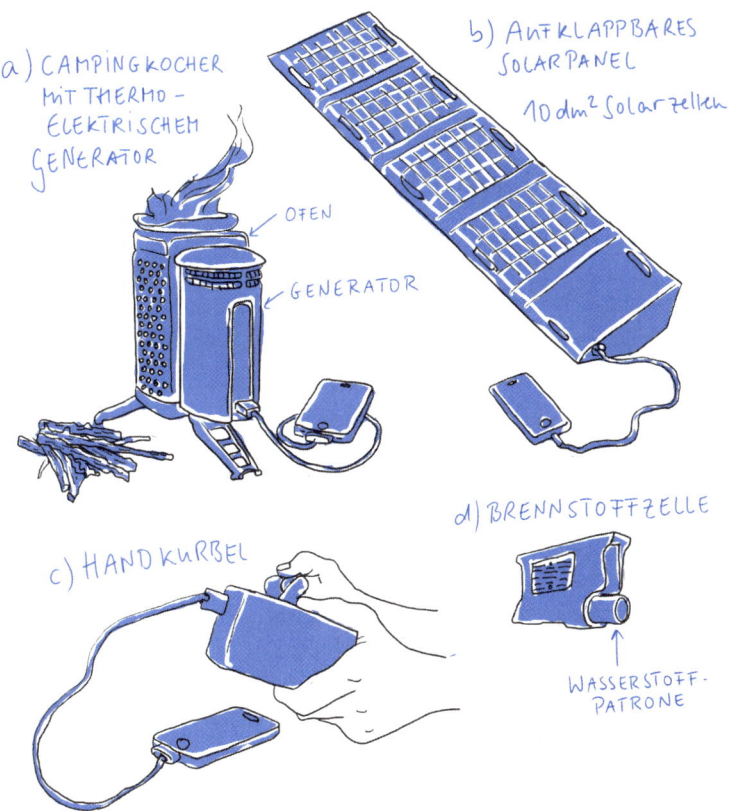

Abb. 34 WIE MAN DAS HANDY OHNE STECKDOSE WIEDER AUFLADEN KANN

a) CAMPINGKOCHER MIT THERMOELEKTRISCHEM GENERATOR — OFEN, GENERATOR

b) AUFKLAPPBARES SOLARPANEL — 10 dm² Solarzellen

c) HANDKURBEL

d) BRENNSTOFFZELLE — WASSERSTOFFPATRONE

16 Fahrenheit 451 oder Wie macht man ohne Streichholz oder Feuerzeug ein Feuer?

Feuer! Die Mutter aller Kulturtechniken! Seine Domestizierung hat die rasante Entwicklung der Menschheit erst möglich gemacht und ist eine unserer größten Errungenschaften. Aber es ist nicht nur extrem praktisch, ein Feuer zu haben, es ist auch wunderschön anzusehen. An einem Lagerfeuer zu sitzen und verträumt in die Glut zu schauen, ist gewissermaßen was für Pyromantiker.[24] Aber wie funktioniert so ein Feuer eigentlich und was passiert beim Brennen? Wieso brennt ein Holzscheit nur ganz schlecht, während Zunder – na ja – eben wie Zunder brennt? Und wie schaffen Sie das Anzünden ohne konventionelle Tools wie Streichholz oder Feuerzeug, wenn Sie mal wieder ein Abenteuer erleben wollen?

Klar, ein Feuer setzt Wärme frei, das ist ja auch sein Sinn und Zweck. So etwas nennt man in der Chemie eine exotherme Reaktion. Diese führt dazu, dass Sie Ihre Finger wärmen oder die Wurst am Stöckchen grillen können. Wärme ist eine Form der Energie. Mit der Affenhitze fließen also pausenlos Joule vom Feuer weg. Aber wo kommen diese auf einmal her? Wieso kann ein Stück Holz jahrzehntelang unspektakulär rumliegen, auf der anderen Seite plötzlich beim Brennen so viel Energie freisetzen? An dieser Stelle beginnt es physikalisch hochinteressant zu werden, weil der Begriff Metastabilität ins Spiel kommt. Den kann man am besten mit einer Kugel begreiflich machen.

Nehmen Sie an, diese liegt wie in Abb. 35a in einer Mulde (1), neben der sich eine noch tiefere befindet (2). Die Murmel links ist bis zu einem gewissen Grad stabil. Wenn Sie diese mit dem Finger ein bisschen anstupsen, wird sie zwar ein wenig hin und her rollen, aber letztlich wieder bei 1 zu liegen kommen. Wenn Sie aber so viel Energie zuführen, dass die Kugel über den rechten Rand rollen kann, dann wird Sie in Position 2 landen. Diese ist viel stabiler, weil Sie wesentlich mehr Energie benötigen, um die Kugel dort rauszubekommen. Deshalb nennt man Position 2 stabil und Position 1 metastabil. Damit meint man gewissermaßen eine schwache Form der Stabilität und dass es für dieses System einen noch stabileren Zustand gibt.

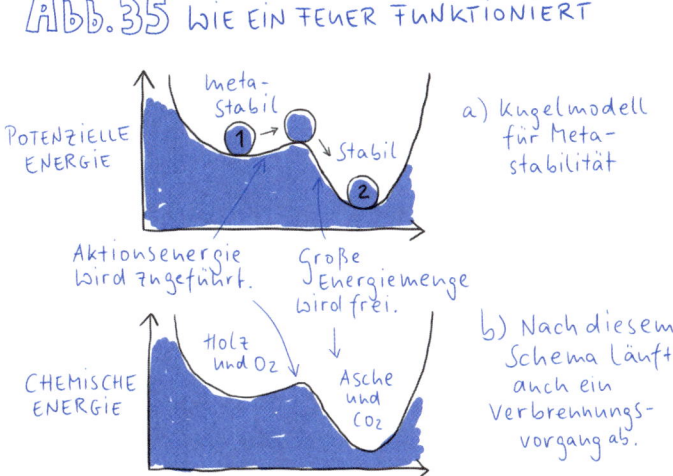

ABB. 35 WIE EIN FEUER FUNKTIONIERT

a) Kugelmodell für Metastabilität

b) Nach diesem Schema läuft auch ein Verbrennungsvorgang ab.

Aber es gibt noch eine wichtige Sache. Wenn die Kugel auf Position 2 rollt, wird Energie frei. Warum? Immer dann, wenn etwas eine niedrigere Lage einnimmt, ist das der Fall. Ein Speicherkraftwerk basiert auf diesem Prinzip: bei Stromüberschuss in der Nacht das Wasser raufpumpen, bei Stromengpass untertags ablassen und Energie freisetzen. Am plakativsten merken Sie das Prinzip aber, wenn Ihnen ein schwerer Gegenstand auf den Fuß fällt. Dann können Sie die freigewordene Energie sogar schmerzhaft spüren. Im Fall unserer Kugel wird ganz unspektakulär ein bisschen Wärme frei, während diese in der unteren Mulde auspendelt. Der springende Punkt ist aber nun der: Wenn ein System im metastabilen Zustand ist, kann man durch das Investieren einer gewissen Energie zu Beginn, der sogenannten Aktivierungsenergie, einen Batzen Energie freisetzen. Im Falle der Kugel wäre es das Anstupsen mit dem Finger.

Das System Holz und Sauerstoff (O_2) verhält sich ähnlich, auch wenn die Situation natürlich wesentlich komplexer ist (Abb. 35b). Hier spielt nicht wie bei der Murmel die potenzielle mechanische Energie eine Rolle, sondern die chemische Bindungsenergie. Bei normalen Temperaturen befinden sich Holz und Sauerstoff im metastabilen Zustand. Der Zustand Asche und Kohlenstoffdioxid (CO_2) besitzt eine wesentlich kleinere chemische Energie. Die Energiedifferenz würde bei der Umwandlung freigesetzt werden. Aber man muss sich keine Sorgen machen. Zur Umwandlung braucht es Gott sei Dank eine relativ große

Aktivierungsenergie, und die ist im Normalfall nicht vorhanden.

Praktikabler ist es, nicht die Aktivierungsenergie anzugeben, sondern die Zündtemperatur (Tab. 15). Bei Materialien, deren Zusammensetzung variieren kann, lässt sich keine einzelne Zahl, sondern nur ein Temperaturbereich angeben. Der berühmte Titel des Romans *Fahrenheit 451* von *Ray Bradbury*, in dem es unter anderem um die Verbrennung von Büchern geht, spielt auf die Zündtemperatur von Papier an. 451 Grad Fahrenheit entsprechen etwa 233 °C. Natürlich wäre es wissenschaftlicher, einen Bereich anzugeben. Aber der Titel *Fahrenheit 428 bis 482* klingt zugegebenermaßen bei weitem nicht so knackig wie das Original (Tab. 15).

Bei den meisten Stoffen ist die Zündtemperatur auf jeden Fall so beruhigend hoch, dass weder dieses Buch noch Ihre Sockenlade im Zuge einer spontanen Selbstentzündung auf einmal beginnen, munter vor sich hin zu kokeln. Weißen Phosphor sollten Sie in der Wohnung allerdings nicht offen rumliegen haben!

Damit Sie ein Feuerchen erzeugen können, müssen also drei Bedingungen erfüllt sein: Es müssen Brennstoff und Sauerstoff da sein und die Aktivierungsenergie, um quasi über den Energieberg zu Beginn zu kommen. Damit das Feuerchen aber auch dauerhaft brennt, brauchen Sie eine Kettenreaktion. Ein Teil der freigesetzten Energie muss wieder als neue Aktivierungsenergie wirken können, bevor er in der Umgebung verpufft (Tab. 16).

Feststoff	Zündtemperatur in °C
Holz	280 – 340
Heu	260 – 310
Kohle	240 – 280
Papier	220 – 250
Zündholzkopf	80
weißer Phosphor	34

Tab. 15: Richtwerte für die Zündtemperatur bei einigen Materialien. Die 220 bis 250 °C von Papier entsprechen 428 bis 482 Grad Fahrenheit.

Diese drei Voraussetzungen brauchen Sie zum Entzünden:	brennbarer Stoff (z. B. Holz)	Diese vier Voraussetzungen brauchen Sie für ein dauerhaftes Brennen:
	Sauerstoff	
	Aktivierungsenergie (z. B. Wärme, Funken, Elektrizität)	
	Kettenreaktion	

Tab. 16: Welche Bedingungen zum Entzünden und dauerhaften Brennen erfüllt sein müssen.

Aus Erfahrung wissen Sie: Wenn ein Feuer einmal brennt, dann brennt es. Das In-Schwung-Setzen kann sich aber mitunter mühsam gestalten. Eine große Hilfe ist dabei der Zunder. Früher stellte man diesen aus dem Zunderschwamm her, einem Baumschwamm, den auch der berühmte Eismensch *Ötzi* bereits vor über 5000 Jahren mitführte. Heutzutage versteht man unter Zunder ganz allgemein Materialien, die sich leicht entzünden. Das können zum Beispiel Watte oder Stoffe sein, die trockenen

Samen diverser Pflanzen, Sägespäne, Birkenrinde und so weiter. Warum brennt Zunder so gut? Natürlich ist es kein Schaden, wenn dessen Zündtemperatur niedrig ist. Das wesentlich wichtigere Kriterium ist aber sein günstiges Oberflächen-Volumen-Verhältnis. Was soll man sich darunter vorstellen?

Nehmen wir dazu als konkretes Beispiel ein Holzscheit. Dieses entzündet sich erfahrungsgemäß in eher phlegmatischem Tempo. Das liegt daran, dass die exotherme Reaktion ja nur an der Oberfläche ablaufen kann, weil sie auf den Sauerstoffnachschub angewiesen ist. Wenn Sie das Scheit jetzt aber komplett zu Sägespänen verarbeiten, erhöht sich bei gleicher Materialmenge die Oberfläche um einen Faktor, der irgendwo zwischen 100 und 1000 liegt.[25] Damit haben Sie den perfekten Zunder. Die Zündtemperatur bleibt gleich, aber die wärmeerzeugende Reaktion kann nun auf einer viel, viel größeren Fläche gleichzeitig ablaufen. Außerdem erwärmen sich die Partikel gegenseitig, und die Kettenreaktion wird somit besser am Laufen gehalten.

Sogar Stahlwolle brennt aufgrund ihrer großen Oberfläche überraschend gut, wobei sie sich als klassischer Zunder in den meisten Fällen nicht so rasend eignet, weil man sehr hohe Temperaturen für das Anzünden braucht. Auch Staubexplosionen folgen demselben Muster: große Oberfläche, schnelle Kettenreaktion. Weil der Staub eine noch viel größere Oberfläche hat als etwa Sägespäne, läuft dieser Vorgang so schnell ab, dass es nicht brennt, sondern ordentlich rummst!

Gut, die Sache mit dem Zunder wäre geklärt. Wie sieht aber nun der allererste Schritt aus? Wie setzen Sie den Zunder in Brand? Da gibt es natürlich ein Spektrum an Möglichkeiten, von denen ich mir ein paar ausgesucht habe. Der Klassiker ist natürlich das Feuerbohren (Abb. 36a), wobei man mit einer Schnur auf einer Art Bogen einen Rundstab in Drehung versetzt. Dabei wird Bewegungsenergie durch Reibung in Wärme umgewandelt, bis man den Sprung über die Zündtemperatur schafft. Das setzt aber recht viel Übung und Geduld voraus und ist auch nicht so rasend praktikabel.

Eine sehr nette Spielerei ist das Entzünden mithilfe einer Sammellinse, also etwa einer Lupe (Abb. 36b). Paralleles Licht wird von dieser im Brennpunkt gesammelt, wo sich natürlich dann der Zunder befinden sollte. Dort entsteht ein kleines Bild der Sonne, das je nach Brennweite etwa einen Millimeter groß ist.[26] Sie müssen also mit der Linse so lange hin und her fahren, bis Sie die Position gefunden haben, bei der dieser Lichtpunkt am kleinsten ist. Dann entsteht eine sehr hohe Energiedichte, wodurch die Zündtemperatur relativ leicht geknackt werden kann. So nett diese Methode auch ist, sie hat natürlich den Nachteil, dass die Sonne ordentlich scheinen muss.

Falls Sie zufällig ein 9-V-Batterie und Stahlwolle in der Tasche haben – damit können Sie ebenfalls den Zunder zum Brennen bringen. Sie schließen mit der Stahlwolle einfach die Batterie kurz, indem Sie beide Pole verbinden (Abb. 36c). Dabei können über 2 Ampere fließen, wodurch die Stahlwolle stark erhitzt wird und zu brennen beginnt. Wenn die Batterie voll aufgeladen und die Stahlwolle fein ist, dann können Sie diese in einer Kettenreaktion richtiggehend abfackeln und in diesem speziellen Fall sogar selbst als Zunder verwenden.

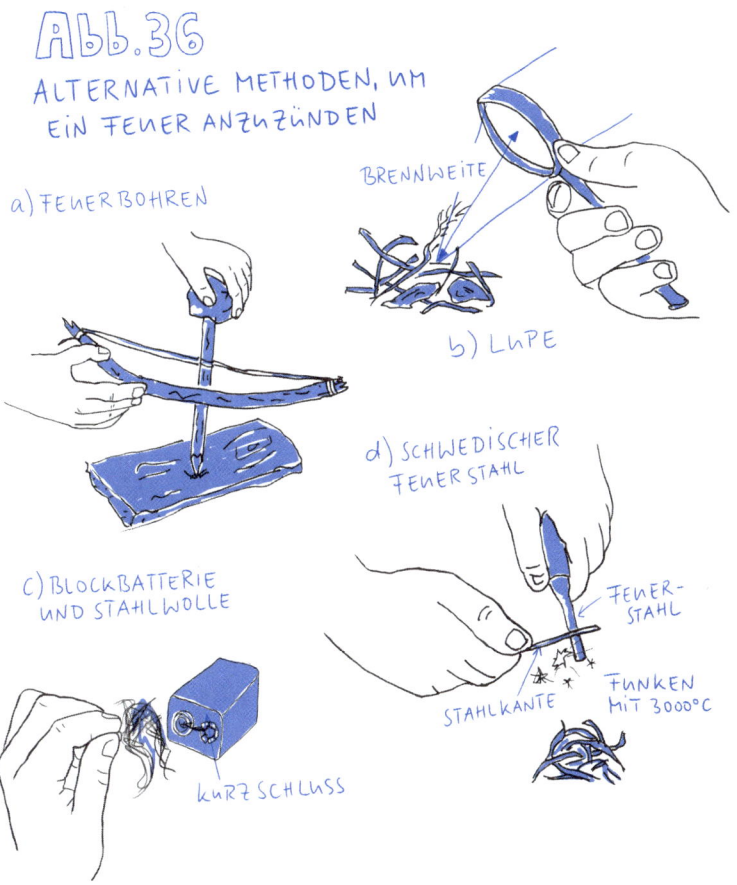

Abb. 36
ALTERNATIVE METHODEN, UM EIN FEUER ANZUZÜNDEN

a) FEUERBOHREN

BRENNWEITE

b) LUPE

c) BLOCKBATTERIE UND STAHLWOLLE

KURZSCHLUSS

d) SCHWEDISCHER FEUERSTAHL

FEUERSTAHL
STAHLKANTE
FUNKEN MIT 3000°C

Die wahrscheinlich eleganteste und coolste Methode ist der schwedische Feuerstahl (Abb. 36d). Dieser wurde ursprünglich für das schwedische Verteidigungsministerium entwickelt, wird aber heutzutage auch von Survival-Experten und Campern gern genutzt. Der Anzünder besteht aus zwei Komponenten. Einerseits aus einem Stab, der aus einer exotherm wirkenden Legierung gemacht ist, in der unter anderem Magnesium, Eisen und Cer enthalten sind. Andererseits aus einem scharfkantigen Schaber aus Stahl. Mit der Stahlkante kratzen Sie möglichst fest über den Stab und können damit Funken mit rund 3000 °C erzeugen, die den Zunder sofort in Brand setzen. Diese Methode funktioniert zuverlässig bei jedem Wetter, auch wenn es Schusterbuben regnet. Das Problem ist dann natürlich, trockenes Brennmaterial zu finden.

17 Die trinkende Ente oder Wie funktioniert ein Sockenkühlschrank?

Sie haben Ihren Geocache gefunden, sind mithilfe von Zeigeruhr und Sonne wieder zu Ihrem Zelt zurückgekehrt und laden nun gerade mit Ihrem thermoelektrischen Campingkocher, den Sie mit der 9-V-Batterie und Stahlwolle in Gang gebracht haben, Ihr Handy auf, während Sie gleichzeitig Ihr Abendessen zubereiten. Ein nahezu makelloser Tag. Eines fehlt allerdings eindeutig noch, um den Tag perfekt abzurunden: ein kühles Bier!

Es gibt einige Methoden, um in der freien Wildbahn ohne Strom Getränke zu kühlen, aber einige davon sind aufwendig und Sie bräuchten einiges Material dazu, das man normalerweise in der Wildnis nicht spontan zur Hand hat. Die Methode, die ich hier vorstellen möchte, ist ganz einfach. Sie brauchen neben Ihrer Dose Bier nämlich nur einen Socken, Wind, ein bisschen Wasser und ein wenig Geduld. Sie feuchten den Socken an, stecken die Dose hinein und hängen das Ganze so in den Schatten, dass es im Idealfall ein bisschen Wind abbekommt. Sie müssen darauf achten, dass der Socken immer nass bleibt. Auf diese Weise können Sie das Bier in relativ kurzer Zeit zumindest um ein paar Grad herunterkühlen. Die physikalischen Zauberworte dahinter lauten: Verdunstung und Verdunstungskühlung!

Wasser kann nicht nur bei 100 °C in Wasserdampf übergehen, sondern im Prinzip bei jeder beliebigen Temperatur über 0 °C. Das ist für den Alltag sehr wichtig, weil sonst würde Ihre Wäsche auf der Leine niemals trocknen und Regenlacken würden für immer und ewig auf unseren Straßen stehen. Wieso kann aber Wasser bei jeder Temperatur verdunsten? Die Moleküle im Wasser sind in ständiger Bewegung und wuseln pausenlos herum. Aber nicht alle haben dabei dieselbe Geschwindigkeit, sondern sie weisen das auf, was man in der Physik eine Geschwindigkeitsverteilung nennt (Abb. 37b). Die meisten haben dabei mittleres

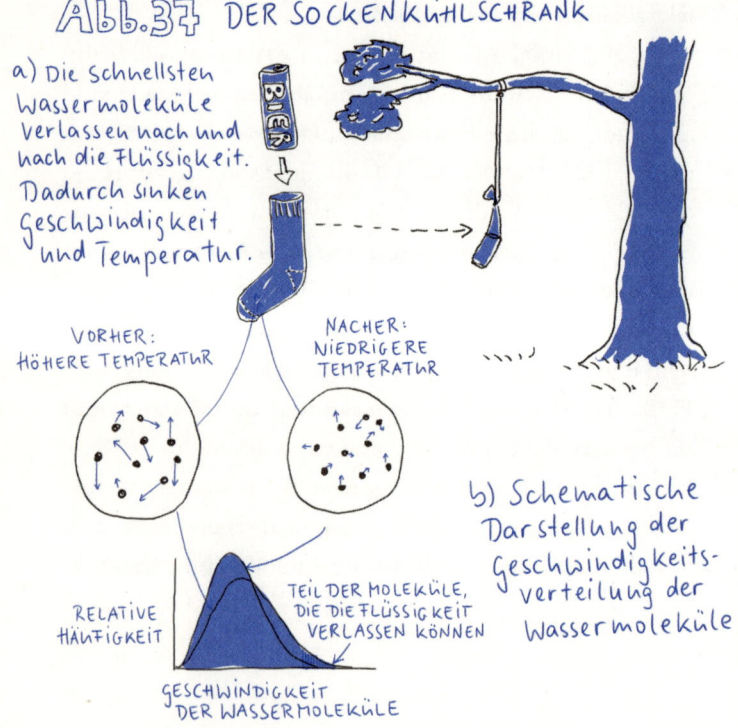

Abb. 37 DER SOCKENKÜHLSCHRANK

a) Die schnellsten Wassermoleküle verlassen nach und nach die Flüssigkeit. Dadurch sinken Geschwindigkeit und Temperatur.

VORHER: HÖHERE TEMPERATUR

NACHER: NIEDRIGERE TEMPERATUR

b) Schematische Darstellung der Geschwindigkeitsverteilung der Wassermoleküle

RELATIVE HÄUFIGKEIT

TEIL DER MOLEKÜLE, DIE DIE FLÜSSIGKEIT VERLASSEN KÖNNEN

GESCHWINDIGKEIT DER WASSERMOLEKÜLE

Tempo, aber es gibt auch ziemlich langsame und ziemlich schnelle Moleküle. Manche davon sind so schnell, dass sie die anziehenden Kräfte der Nachbarteilchen überwinden und das Wasser verlassen können. Dazu müssen sie sich natürlich am Rand der Flüssigkeit befinden.

Wenn die schnellsten Moleküle nach und nach die Flüssigkeit verlassen, wird diese immer weniger. Deshalb trocknen Pfützen auf und die Wäsche auf der Leine. Es sinkt aber auch die durchschnittliche Geschwindigkeit der verbleibenden Moleküle. Dadurch sinkt aber wiederum die Temperatur, denn diese ist ein indirektes Maß für das Tempo, mit der sich die Moleküle bewegen. Deshalb führt Verdunstung zur Abkühlung. Das ist auch der Effekt des Schwitzens (siehe S. 35).

Der nasse Socken gibt also ständig Wärme ab und kühlt dadurch die Dose im Inneren. Wenn zusätzlich noch ein Lüftchen weht, kann der Effekt verstärkt werden. Dann kann sich über der Flüssigkeit keine Dampfschicht bilden, die den Effekt nach einer gewissen Zeit stoppen oder ihn zumindest bremsen würde. Deshalb wäre es günstig, dass Ihr Sockenkühlschrank wenn möglich immer in einer steifen Brise hängt.

Abb. 38 DIE TRINKENDE ENTE
Auch hier wird die Verdunstungskälte ausgenutzt.

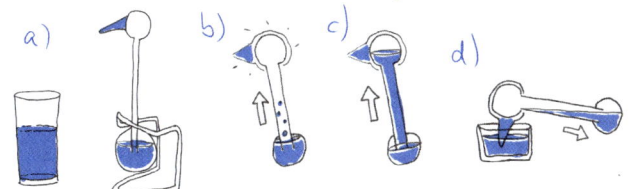

Es gibt ein bekanntes physikalisches Spielzeug, das ebenfalls mit Verdunstungskälte funktioniert: die trinkende Ente. Diese besteht aus zwei Glaskugeln, die durch ein Rohr verbunden sind (Abb. 38a). In der unteren Glaskugel befindet sich Methylalkohol, der bei Zimmertemperatur schnell verdunstet. Die obere Kugel ist beim Schnabel mit Filz überzogen, und dieser wird zu Beginn kurz ins Wasserglas getaucht. Das Wasser verdunstet nun und die obere Kugel kühlt sich dadurch ab (Abb. 38b). Der Dampf des Alkohols in der oberen Kugel kondensiert. Dadurch entsteht ein Unterdruck und als Folge davon steigt der Alkohol hoch (Abb. 38c). Irgendwann wird die Ente kopflastig und kippt (Abb. 38d). In dieser Position läuft die Flüssigkeit wieder in die untere Kugel, und das Ganze beginnt von vorne. Wirkt wie ein Perpetuum Mobile, wird aber letztlich von der Wärme der Umgebung betrieben.

18 Coffee is the fuel of science oder Wie funktioniert eine Espressomaschine?

Ich habe irgendwo mal den großartigen Spruch „coffee is the fuel of science" aufgeschnappt. Aber es ist offensichtlich nicht nur die Wissenschaft, die auf diesen Treibstoff angewiesen ist. Wenn man den Statistiken trauen darf, dann werden weltweit pro Jahr fast eine Billion Tassen Kaffee getrunken, das sind also rund 30.000 neue Tassen pro Sekunde! Schwer zu sagen, welche der beiden Zahlen beeindruckender ist. Natürlich kann man dieses Heißgetränk so und so zubereiten. Was manchmal noch als angeblicher Kaffee durchgehen soll, ist schon bemerkenswert. Am besten schmeckt Kaffee aus der Espressomaschine – zumindest mir. Außerdem sind diese zischenden Ungetüme aus Chrom mit ihren Druckanzeigen, Rädchen, Düsen und Ventilen auch ein zusätzlicher Augenschmaus.

Keine andere Brühmethode ist so komplex. Die richtige Zubereitung dieses konzentriertesten Kaffees von allen ist eine Wissenschaft für sich, und große Maschinen liegen in der Preislage von Mittelklassewagen. Trotz eines richtiggehenden Begriffsdschungels rund um diese Geräte gibt es einige Dinge, die bei allen Espressomaschinen ziemlich gleich sind. Ich beziehe mich bei meiner folgenden Beschreibung vor allem auf diese großen Dinger, die in Kaffeehäusern rumstehen.

Damit Sie Ihren perfekten Espresso mit Crema bekommen, braucht es folgende Rahmenbedingungen: Für den kleinen Espresso sollten es 7 Gramm Kaffeemehl sein. Das Wasser sollte mit 88 bis 94 °C und unter einem Druck von 9 bis 10 bar durch das Kaffeepulver gedrückt werden. Die Tasse muss unbedingt vorgewärmt sein, damit der Kaffee nicht sofort auskühlt. Um zu verhindern, dass das Pulver aufgewirbelt wird und der Espresso damit zu schwach würde, muss es vorher mit dem Tamper, einem Kaffeestampfer, gepresst werden.

So ein kleiner Espresso sollte 25 Milliliter haben. Das ist also ein bisschen mehr, als in ein kleines Schnapsglas geht (2 cl = 20 ml). Diese Wassermenge sollte in 20 bis 30 Sekunden durchgedrückt werden. Das macht also rund 1 ml pro Sekunde. Wie schafft es aber die Maschine, Temperatur, Druck und Wassermenge im gewünschten Bereich zu halten? Und wie wird das Wasser so schnell aufgewärmt?

Das, was Espressomaschinen so voluminös macht, ist ihr Boiler (Abb. 39), der ungefähr zur Hälfte mit Wasser gefüllt ist. Dieses wird mit einem Heizelement im Innern auf etwa 110 bis 130 °C erhitzt. Wieso kann das Wasser wärmer als 100 °C werden? Weil es wie in einem Druckkochtopf unter einem Überdruck von etwa 1,1 bis 1,5 bar steht. Deshalb haben Espressomaschinen auch oft diese so nett anzusehenden Druckanzeigen (Manometer), an denen man ablesen kann, ob innen eh alles in Ordnung ist. Der Dampf im Boiler ist nebenbei sehr praktisch, weil er zum Milchschäumen für die Melange verwendet werden kann.

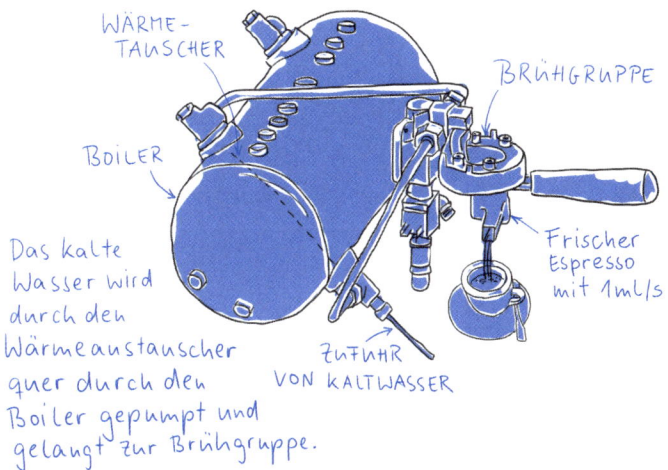

Abb. 39 Aufbau Espressomaschine

WÄRME-TAUSCHER

BRÜHGRUPPE

BOILER

Das kalte Wasser wird durch den Wärmeaustauscher quer durch den Boiler gepumpt und gelangt zur Brühgruppe.

ZUFUHR VON KALTWASSER

Frischer Espresso mit 1 mL/s

Das Wasser ist für den Espresso aber nun um einiges zu heiß. Deshalb haben sich die Ingenieure einen Trick ausgedacht, und zwar waren es italienische Ingenieure im Jahr 1961. Die berühmte Maschine der Firma Faema hieß E61. Das war die Abkürzung für Eclisse 1961 und eine Anspielung auf die im gleichen Jahr stattgefundene Sonnenfinsternis (ital. *eclisse* = Sonnenfinsternis). Eine Espressomaschine, die nach einer Sonnenfinsternis benannt ist – ist das nicht wunderbar!?

Der Trick war, frisches kaltes Wasser mit einer Pumpe durch ein Rohr zu befördern, das quer durch den Boiler verläuft. Dieses Rohr wirkt dann als Wärmeaustauscher. Das kalte Wasser wird vom heißen im Boiler umspült und dabei aufgewärmt. Die Pumpgeschwindigkeit ist mit 1 ml pro

Sekunde sehr gemächlich. Um diese Menge von 15 °C auf 90 °C zu erwärmen, ist eine Heizleistung von etwas über 300 W notwendig.[27] Diese muss man aber nicht mehr extra bereitstellen, weil die Erwärmung ja quasi von selbst im Wärmeaustauscher abläuft. Die kleinen Kapsel-Maschinen im Haushalt haben keinen Boiler, sondern das Wasser wird in einem elektrischen Durchlauferhitzer auf Temperatur gebracht.

Das heiße Wasser kommt dann zu einem Teil, der etwas unromantisch und nüchtern Brühgruppe genannt wird. Diese ist die Seele der Maschine, weil sich dort drin der Kaffee befindet. Das ist der Teil, der im Kaffeehaus manuell befüllt und dann mit einer lockeren Drehung wieder an die Maschine angeschraubt wird. Die Konstruktion dieses Dings ist das Mirakel jeder Espressomaschine, und hier wird auch der größte Konstruktionsaufwand betrieben. Die Brühgruppe muss das Wasser bei möglichst gleichbleibender Temperatur möglichst gleichmäßig über den Kaffee verteilen. Da das Wasser aus dem Kessel oft noch etwas zu heiß ist, haben viele Brühgruppen extra Kühlmechanismen eingebaut.

Und damit kommen wir zur berühmten Crema, der charakteristischen goldbraunen Schaumkrone. Neben dem Geschmack ist diese das wichtigste Merkmal für einen gelungenen Espresso. Crema entsteht nur, wenn das Wasser mit genügend hohem Druck durch den Kaffee gepresst wird. Diese Aufgabe übernimmt die Pumpe, die das Frischwasser in die Maschine befördert. Auch das ist eine der Errungenschaften der E61. Bis dahin wurde nämlich per Hand gepumpt. Damit dieser nötige Druck aufgebaut werden kann, muss das Kaffeemehl den richtigen Mahlgrad aufweisen.

Auf manchen Maschinen für den Hausgebrauch wird ja mit 15, 17 oder sogar 19 bar geworben. Das fällt unter Angeberei. Dieser Wert bezieht sich nämlich nur auf den theoretischen Maximaldruck der Pumpe, der nur dann erreicht wird, wenn das Wasser nicht abfließen kann. Für den normalen Betrieb spielt das gar keine Rolle, im Gegenteil, es wäre für den Geschmack des Kaffees sogar fatal.

Wieso schäumt es aber? In den Kaffeebohnen ist Kohlenstoffdioxid (CO_2) enthalten, und dieses löst sich bei hohem Druck wesentlich besser im Wasser. Für einen ganz kurzen Zeitraum ist also Kohlensäure im Kaffee. Wenn dieser dann aber in die Tasse rinnt, wird das grad eben gelöste CO_2 wieder frei und bildet einen Schaum, der aus Kaffeebohnenöl, Proteinen und Zuckern besteht. Mjam!

Manche Billigsdorfer-Maschinen für zu Hause produzieren über Düsen unter der Brühgruppe eine Art Fake-Crema. Man erkennt sie an ihren groben Bläschen, während die bei echter Crema mit bloßem Auge kaum zu erkennen sind. Sie können dazu einen ganz einfachen Schnelltest machen. Ein Kaffeelöffel Kristallzucker bleibt bei echter Crema ein paar Sekunden obenauf, bevor er absinkt, bei der gefakten säuft er presto ab.

19 Wenn das Tonic Water flasht oder Wie macht man fluoreszierende Eiswürfel?

Ich möchte Ihnen hier eine wunderbare Spielerei vorstellen, mit der Sie wahlweise bei einem romantischen Dinner oder einem Kindergeburtstag Punkte sammeln können. Ich spreche von im Dunkeln selbstleuchtenden Eiswürfeln (Abb. 40). Die Herstellung ist denkbar simpel. Sie brauchen dazu nur Tonic Water und ein sogenanntes Schwarzlicht, um damit gewissermaßen diesen schwarzmagischen Trick durchzuführen. Ein Schwarzlicht gehört sowieso zur Grundausstattung jedes verspielten Menschen. Und für uns ergibt sich im Zuge dessen die günstige Gelegenheit, ein bisschen über das Wesen des Lichts zu philosophieren.

ABB. 40 IM DUNKELN LEUCHTENDE EISWÜRFEL

Diese lassen sich ganz einfach aus Tonic Water herstellen.

SCHWARZLICHT-LAMPE

Im Leben ist es doch fast immer so: Phänomene, die uns aus dem Alltag sehr gut vertraut sind, bereiten uns meistens gar kein Kopfzerbrechen, sie werden einfach so hingenommen. Das Handy, das Auto, der PC, das Internet. Details interessieren uns meistens nicht, solange alles in Ordnung ist. Auch das Licht und die Farben nehmen wir mit stoischer Gelassenheit zur Kenntnis, ohne pausenlos entzückt in philosophische Grübeleien zu verfallen. Aber was ist eigentlich dieses Licht? Woraus besteht es? Was ist der Unterschied zwischen Rot, Blau oder Grün und was ist dieses merkwürdige Schwarzlicht?

Sie können ein Ding generell nur dann sehen, wenn dieses pausenlos Energie abgibt oder reflektiert. Sie wird in klitzekleinen Portionen ausgesendet, und man nennt diese Portiönchen auch Lichtteilchen oder Photonen. Die Begründung, dass man Licht nicht nur als Welle, sondern auch als Teilchen beschreiben kann, geht auf niemand Geringeren als wieder einmal Albert Einstein zurück, der darüber 1905 einen berühmten Aufsatz geschrieben hat, für den er 1921 mit dem Nobelpreis für Physik ausgezeichnet wurde.

Die Energie, die so ein winziges Lichtteilchen besitzt, kann mit der schlanken Formel $E = h \cdot f$ berechnet werden. Dabei ist f die Frequenz des Lichtteilchens und h die sogenannte Planck-Konstante. Hierbei handelt es sich um eine sagenhaft absurd winzige Zahl, die den Rahmen der Alltagsgrößenbezeichnungen bei weitem sprengt (siehe Tab. 17).

Lichtart	relative Energie	Energie in 10^{-19} J in 10^{14} Hz	Frequenz
IR-A	< 1	< 2,6	< 4
rot	1	2,6	4
grün	1,4	3,7	5,6
blau	1,8	4,8	7,2
UV-A (Schwarzlicht)	> 1,8	> 4,8	> 7,2

Tab. 17: Welche Energie diverse Photonen besitzen. Genau genommen erstrecken sich die Farben über Bereiche. Um die Lesbarkeit der Tabelle zu erhöhen, habe ich gemittelte Werte angegeben. Die Energien sind mit $E = h \cdot f$ berechnet. Die Planck-Konstante h hat den unfassbar kleinen Wert von $6{,}6 \cdot 10^{-34}$ J, das sind ausgeschrieben 0,00000000000000000000000000000000066 J.

Wenn man die Frequenz der einzelnen Farben kennt, kann man sofort die Energie der Photonen ausrechnen. Und die Tabelle zeigt, dass diese Photonenenergie mit weniger als einem Trillionstel Joule (10^{-18} J) unfassbar klein ist. Eine Lampe, die mit einem läppischen Watt strahlt, sendet also pro Sekunde mehr als eine Trillion Photonen aus.[28]

Für uns ist aber vor allem die relative Energie interessant. Ein blaues Photon hat zum Beispiel ganz grob gesagt etwa doppelt so viel wie ein rotes. Diese unterschiedliche Energie ist der einzige Unterschied, der zwischen den Farben besteht. Statt „Farben" können Sie also auch „Photonen mit unterschiedlicher Energie" oder letztendlich „unterschiedlich große Energiepakete" sagen. Wo entsteht aber der Farbeindruck? Ausschließlich in Ihrem Gehirn! Dieses ist in der Lage, elektrische Signale zu interpretieren, die von unseren Sinnesorganen kommen. Rein theoretisch könnte man den Sehnerv am Hörzentrum montieren, dann würden Sie die Farben hören. Der springende Punkt ist der, dass Farben keine physische Existenz haben, sondern letztlich eine Interpretation Ihres Gehirns für die unterschiedlich großen Energiepakete sind, die in Form von Photonen auf Ihre Netzhaut treffen. Daran sehen Sie mal wieder, was unser Hirn auf dem Kasten hat!

Und falls Ihnen irgendwann langweilig ist, können Sie überlegen, ob alle Menschen die Farben gleich sehen, ob Ihr „Rot" und das von jemand anderem eigentlich gleich aussehen. Vielleicht ist Ihr „Rot" so wie das „Grün" von Tante Erna oder das „Blau" von Onkel Herbert. Natürlich würden Tante Erna und Onkel Herbert ebenfalls „Rot" dazu sagen, weil sie das ja einmal so gelernt haben. Aber wie diese Farbe in deren Kopf aussieht, kann man nicht wissen, außer es gelingt der Wissenschaft einmal, sich eins zu eins in ein fremdes Gehirn einzuhacken. Ich hoffe allerdings sehr, dass das niemals passieren wird!

Was hat es nun mit dem Schwarzlicht auf sich? Der Ausdruck ist ein didaktischer Supergau. Schwarz ist ja keine Farbe, sondern das Fehlen jeglichen Lichts. Schwarz ist das optische Pendant zur Stille. Deswegen ist der Begriff Schwarzlicht so wie „alter Knabe" ein Oxymoron. Aber genug genörgelt. Mit Schwarzlicht bezeichnet man eben umgangssprachlich das ultraviolette Licht, das direkt an den sichtbaren Bereich anschließt. In der Physik spricht man von UV-A-Licht (Tab. 17).

Weil die Schwarzlicht-Lampen auch noch ein bisschen in den sichtbaren Bereich hinein strahlen, sehen wir diese violett. Ihr besonderer Effekt ist, dass sie fluoreszierende Stoffe zum Leuchten bringen. Und wenn man helles Licht vermeidet und den Raum abdunkelt, wirken sich die Leuchteffekte besonders beeindruckend aus. Fluoreszenz tritt zum Beispiel bei weißem Papier auf und bei den Sicherheitsmerkmalen der Geldscheine. Auch die in unseren Waschmitteln enthaltenen „Weißmacher" wandeln das UV-Licht in sichtbares Licht um, damit die Wäsche noch sauberer erscheint. Deshalb leuchten weiße Textilien unter dem Schwarzlicht besonders hell. So schamlos nutzt die Waschmittelindustrie die Physik aus!

Wie funktioniert aber Fluoreszenz? Um das zu erklären, muss ich kurz den Begriff Quantensprung streifen, der auf dem heiklen Terrain der Quantenmechanik liegt. Vereinfacht kann man so sagen: Die Elektronen, die sich in den Hüllen der Atome befinden, können unterschiedliche Energieniveaus einnehmen. Das können Sie damit vergleichen, dass Sie beim Klettern auf den Sprossen einer Leiter verschiedene Höhen und somit auch unterschiedliche Energieniveaus einnehmen können. Wenn nun sichtbares Licht auf so ein Atom trifft, dann kann dieses Photon absorbiert werden (Abb. 41a). Das Elektron verleibt sich dessen Energie ein und „springt" dadurch auf ein höheres Energieniveau, also quasi auf eine höhere Sprosse. Das nennt man einen Quantensprung. Einen Tick später fällt das Elektron mit einem weiteren Quantensprung auf das Ursprungsniveau zurück, und das Photon wird wieder abgestrahlt (Abb. 41b). Das ist dann das Licht, das Sie vom Objekt sehen. Es hat die Frequenz $f = E/h$. Die Frequenz und somit auch die Farbe hängen also von der Energiedifferenz ab.

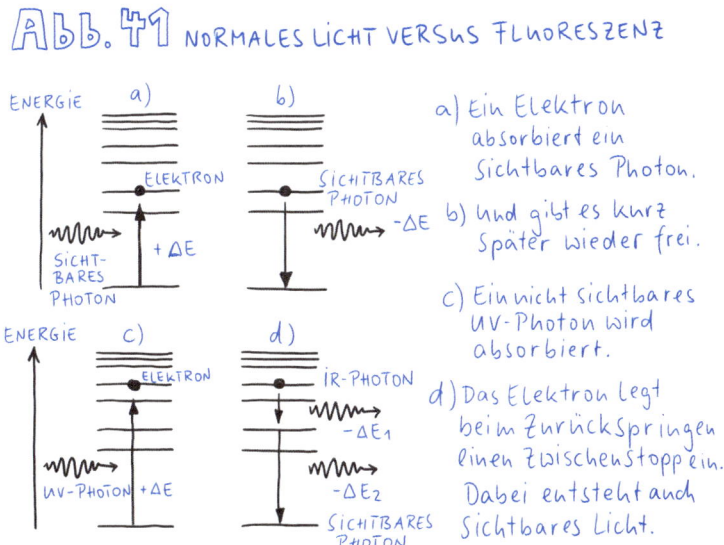

Abb. 41 NORMALES LICHT VERSUS FLUORESZENZ

a) Ein Elektron absorbiert ein sichtbares Photon.
b) Und gibt es kurz später wieder frei.
c) Ein nicht sichtbares UV-Photon wird absorbiert.
d) Das Elektron legt beim Zurückspringen einen Zwischenstopp ein. Dabei entsteht auch sichtbares Licht.

Bei Fluoreszenz passiert im Prinzip etwas Ähnliches, aber es ist doch ein bisschen anders. In diesem Fall kommt ein UV-Photon mit höherer Energie daher, das Sie mit freiem Auge nicht sehen können, und wird zunächst ebenfalls absorbiert (Abb. 41c). Dann fällt aber das Elektron nicht sofort direkt auf das Ursprungsniveau zurück, sondern legt quasi einen Zwischenstopp ein (Abb. 41d). Dabei wird auf der ersten Etappe meistens ein infrarotes und auf der zweiten ein sichtbares Photon abgestrahlt. Fluoreszierende Stoffe sind also in der Lage, energiereichere nicht sichtbare Photonen aufzunehmen und energieärmere sichtbare Photonen abzugeben. Kurz, sie machen aus UV-Licht sichtbares Licht.

Chinin ist einer der Stoffe, die diesen Trick auf Lager haben. Und Chinin ist wiederum in Limonaden wie Bitter Lemon, Bitter Orange oder Tonic Water enthalten. Während in den ersten beiden rund 30 mg Chinin pro Liter drin sind, ist es bei Letzterem mehr als das Doppelte. Deshalb sollten Sie auf jeden Fall Tonic Water verwenden, weil das am flashigsten leuchtet. Chininhaltige Limonaden leuchten natürlich bereits selbst unter dem Schwarzlicht, ohne dass Sie irgendetwas machen müssen. Auch damit können Sie bereits angeben. Wenn Sie aber Eiswürfel daraus machen, dann sieht das irgendwie noch beeindruckender aus. Bei einer Kinder-Geburtstagsfeier sollten Sie hier auch haltmachen. Wenn Sie aber einen romantischen Abend verbringen, dann können Sie die Eiswürfel auch gleich für einen Gin Tonic weiternutzen!

20 Der Bernhardiner mit dem Schnapsfässchen oder Kann man sich mit Alkohol aufwärmen?

Auf Weihnachtsmärkten und in Skihütten wird ja ritueller Weise sehr oft Hochprozentiges gezecht, häufig mit der frommen Ausrede, dass man seinen Körper jetzt unbedingt ganz dringend aufwärmen muss. Legionen von Menschen frönen diesem Brauch in der kalten Jahreszeit, also kann's doch nicht so falsch sein, oder? Und dann gibt es da ja auch noch den Bernhardiner, der dem halb erfrorenen Wanderer in Schneenot mit einem um den Hals gebundenen Schnapsfässchen zu Hilfe eilt. Barry wird schon wissen, was er tut! Um die Frage wissenschaftlich zu klären, ob man sich durch den Genuss von Alkohol aufwärmen kann oder nicht, müssen wir den Mechanismus der Wärmeregulation beim Menschen etwas unter die Lupe nehmen. Dieses Thema liegt im faszinierenden Überlappungsbereich von Medizin und Physik.

Der Mensch gehört zu den gleichwarmen Lebewesen und ist damit in bester Gesellschaft mit Gorilla, Blauwal oder Papagei. Die Körperkerntemperatur eines gesunden Erwachsenen liegt tageszeitabhängig so zwischen 36,2 und 37,5 °C. Auch ohne Medizinstudium kann man daher schlussfolgern, dass dieser Temperaturkorridor für uns offenbar sehr günstig ist, denn unser Körper versucht mit allen ihm zu Verfügung stehenden Mitteln dort drinzubleiben. Wie macht er das? Indem er mit den physikalischen Gesetzen spielt! Das Prinzip ist so: Auf der einen Seite erzeugt Ihr Körper Wärme, auf der anderen gibt er sie wieder ab. Wenn sich beide Mechanismen die Waage halten, dann bleibt auch Ihre Kerntemperatur konstant. Sehen wir uns die beiden Seiten der Medaille mal an und beginnen wir bei der Wärmeproduktion.

Betrachten wir dazu den Menschen im Stand-by-Modus, den die Mediziner Grundumsatz nennen. Wie schon in Kapitel 4 erwähnt, ist Wärme der Friedhof der Energie. Der Mensch erzeugt in diesem Zustand die benötigte Wärme also nicht extra, sondern sie ist gewissermaßen der Abfall, der durch die normale und lebensnotwendige Funktionsweise der Organe entsteht (Tab. 18). Es gilt daher generell: Umsatz = Heizleistung. Der Grundumsatz wird in der Medizin in soundso viel Kilokalorien oder Kilojoule pro Tag angegeben. Energie pro Zeit ist aber eine Leistung, und diese geben Physiker stets in Watt an. Ein Grundumsatz von 6000 kJ (1430 kcal) pro Tag entspricht zum Beispiel einer Leistung von knapp 70 Watt.[29]

Nun gibt es eine sehr knackige Faustregel für den Grundumsatz, die für unsere Belange vollkommen ausreicht. Pi mal Daumen kann man nämlich sagen, dass die Leistung des Körpers in Ruhe rund 1 Watt pro Kilogramm ausmacht. Die oben berechneten 70 W entsprechen also dem Grundumsatz einer Person mit 70 kg. Wenn der Grundumsatz 70 W beträgt, dann beträgt automatisch die

Heizleistung des Körpers ebenfalls 70 W. Das entspricht der Leistung einer guten alten und inzwischen EU-verbotenen Mittelklasse-Lampe.

Leber	26 %
Skelettmuskulatur	26 %
Gehirn	18 %
Herz	9 %
Nieren	7 %
übrige Organe	14 %

Tab. 18: Richtwerte für die Anteile am Energieumsatz in Ruhe (= Grundumsatz) und somit an der Wärmeerzeugung.

Die andere Seite der Medaille ist die Wärmeabgabe. Hier gibt es vier Mechanismen, die sich auch Ihr Körper bei der Wärmeregulation zunutze macht. Da ist einmal die Wärmestrahlung. Dabei handelt es sich um elektromagnetische Wellen, und deshalb ist kein Medium zur Übertragung nötig. Das beste Beispiel ist die Sonne, die ihre ungeheure Wärme quer durch den praktisch völlig leeren Weltraum zu uns auf die Erde strahlt. Auch Ihre Haut gibt ständig über diesen Mechanismus Wärme ab. Sie könnten deshalb prima erfrieren, wenn Sie zufällig grad nackt im Weltall sind – obwohl dort von Materie keine Spur ist.

Dann gibt es die Wärmeleitung. Für diesen Mechanismus ist direkter Kontakt der beteiligten Materialien notwendig. Ein plakatives Beispiel ist die berühmte Hand auf der heißen Herdplatte oder ein Steak, das in der Pfanne brutzelt. Aber auch der Kontakt Ihrer Haut mit der Luft oder mit der sie umgebenden Kleidung ermöglicht diese Art des Wärmetransports. Mikroskopisch betrachtet werden dabei die Schwingungen der Atome und Moleküle weitergegeben.

Und dann ist da noch die Konvektion. Darunter versteht man die Umwälzungen von Flüssigkeiten oder Gasen. Eine Zentralheizung transportiert auf diese Weise die Wärme auch in die entlegeneren Winkel Ihrer Wohnung, weil die heiße Luft aufsteigt und eine Konvektionswalze erzeugt. Auch von Ihrem Körper steigt pausenlos warme Luft auf und kühlt diesen dadurch ab – auch dann, wenn Sie kein Dampfplauderer sind.

Neben diesen drei Mechanismen des Wärmetransports kann sich unser Körper auch noch durch die Verdunstung von Schweiß abkühlen. Dabei spielt die Verdunstungskälte die tonangebende Rolle (siehe Kap. 17). Damit haben wir alle Mechanismen beisammen, über die Ihr Körper Wärme abgeben kann. Wie diese Maschinerie bei variablen Außentemperaturen zum Tragen kommt, ist in Abb. 42 schematisch dargestellt.

In der Medizin werden Umsatz-Messungen immer an Personen vorgenommen, die bloß in Unterwäsche rumliegen, damit man die Werte objektiv vergleichen kann. Deshalb gilt die in Abb. 42 unten angegebene Temperaturskala auch nur für diesen Fast-nackt-Fall. Trotzdem können wir die Hauptaussagen der Grafik später verallgemeinern. Rund um 30 °C herum gibt es auf jeden Fall eine Komfortzone, bei der die Wärmeabgabe am geringsten ist. Dieser

Wert entspricht dem Grundumsatz, also dem niedrigsten Umsatz unter Idealbedingungen. Bei höheren Temperaturen steigt der Energieumsatz, weil sich der Körper vereinfacht gesagt mehr plagen muss. Um seine Körpertemperatur zu halten, muss dazu auch die Wärmeabgabe steigen. Das wird im Wesentlichen über den Schweiß erledigt. Wenn die Lufttemperatur unsere Kerntemperatur überschreitet, kann keine Wärme mehr über die Kanäle Strahlung, Leitung und Konvektion abgeführt werden. Nur mehr der vermehrte Schweißausbruch kann dann den Hitzschlag verhindern.

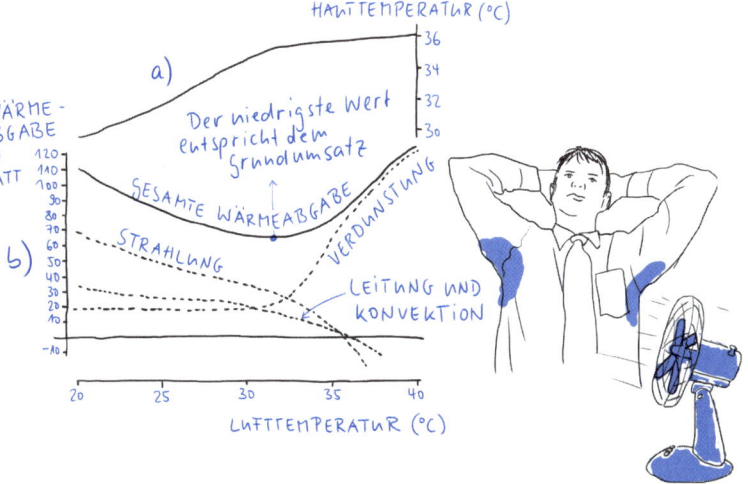

Abb. 42 WÄRMEREGULATION DES KÖRPERS
a) HAUTTEMPERATUR IN ABHÄNGIGKEIT DER LUFTTEMPERATUR
b) ANTEIL DER VIER MECHANISMEN DER WÄRMEABGABE BEI VERSCHIEDENEN TEMPERATUREN

Wir sind aber für die Beantwortung der einleitenden Alkohol-Frage vor allem an der linken Seite des Diagramms interessiert. Was passiert, wenn die Lufttemperatur niedriger wird? Auch dann steigt der Umsatz, und zwar deswegen, weil wir durch die niedrigere Außentemperatur nun wesentlich mehr Wärme abgeben. Um dem entgegenzuwirken, macht der Körper etwas, das für unser Thema von großer Bedeutung ist: Er senkt die durchschnittliche Hauttemperatur! Das ist in Abb. 42 oben zu sehen und auch in Abb. 43, wenn Sie a) mit b) vergleichen. Durch diesen Trick verringert der Körper den Temperaturunterschied zur Um-

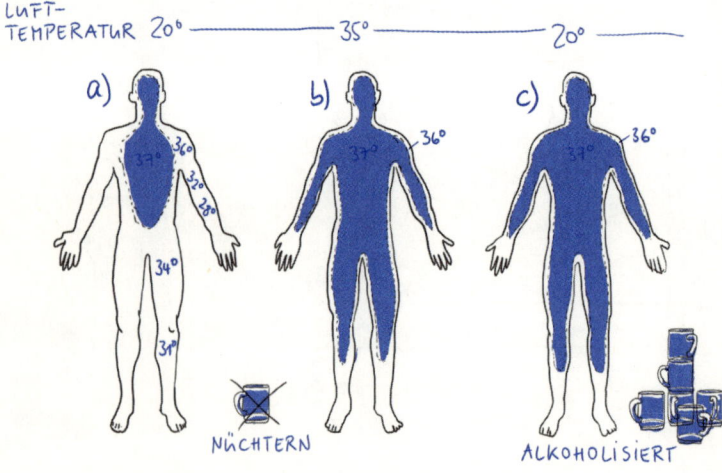

Abb. 43 TEMPERATURZONEN EINER UNBEKLEIDETEN PERSON

Unter Alkoholeinfluss ist die Haut bereits bei normalen Lufttemperaturen sehr stark durchblutet.

gebung und somit den Wärmetransport. Dadurch kann er auch bei niedriger Außentemperatur die Kerntemperatur wieder stabilisieren.

Alle diese Überlegungen gelten auch, wenn wir angezogen sind. Allerdings ist dann die Komfortzone nicht um die 30 °C, sondern je nach Kleidung meist deutlich niedriger. Aber die besprochenen Mechanismen bleiben dieselben! Zu jeder Außentemperatur passt immer eine bestimmte Hauttemperatur!

Und was macht nun der böse Alkohol? Er führt dazu, dass die Haut stärker durchblutet wird. Das ist plakativ in Abb. 43c dargestellt. Dieser Effekt ist beim Punschstand oft anzutreffen und kann auch bei angezogenen Menschen mit freiem Auge an der typischen Alkoholrötung im Gesicht erkannt werden. Die Hautdurchblutung passt aber jetzt nicht mehr zur Außentemperatur. Der Alkohol verrückt quasi die Systemeinstellungen, und das führt dazu, dass der Körperkern abkühlt, was sogar zu richtig ungesunden Unterkühlungen führen kann. Gemeinerweise wird aber durch die stärkere Hautdurchblutung dem Körper eine Erwärmung vorgegaukelt, was noch dadurch unterstützt wird, dass Alkohol gleichzeitig das Kältezittern unterdrückt, das normalerweise auftreten würde. Subjektiv wird uns also wärmer, objektiv gesehen kühlen wir aber ab, wodurch das Lieblingsargument der Punschtrinker leider als ein Mythos entlarvt ist.

Ein Sanitäter oder Arzt würde daher auch niemals einem Unterkühlten Alkohol verabreichen, das könnte sogar lebensbedrohlich werden. Und der berühmte Schweizer Bernhardiner Barry mit seinem Schnapsfässchen? Der Hund lebte zwar tatsächlich im frühen 19. Jahrhundert, dass er aber ein Fässchen mit Schnaps mithatte, ist ein Mythos. Denn auch schon zu Barrys Zeit wusste man: Einem Unterkühlten Schnaps zu geben ist eine wirkliche Schnapsidee!

21 Wein ist eine Lösung oder Wie kann man Schnaps selbst brennen?

Wer denkt, dass lediglich Menschen gerne mal einen heben, liegt falsch. Auch Tiere sind dem Alkohol nicht abgeneigt. Es gibt Braunbären, die ihren Winterschlaf durch beträchtliche Mengen vergorener Äpfel vertiefen. Auch wird von randalierenden Elchen berichtet, die gleichermaßen diesen rauschigen Äpfeln nicht abgeneigt sind, sowie von besoffenen Fledermäusen und im Vollrausch abstürzenden Vögeln. Der Rausch ist also vermutlich älter als die Menschheit selbst. Mein Ziel ist es aber nun keineswegs, Sie mit komischen Tierepisoden zum Dauerrausch zu überreden. Höhere Lebewesen entwickeln aber offenbar einen gewissen Drang zur Konsumation von Vergorenem. Und die Destillation von Alkohol ist eine der ältesten Kulturtechniken. Wenn Hochprozentiges nicht in kalten Nächten in rauen Mengen, sondern in netter Gesellschaft mit Genuss in Maßen konsumiert wird, gehört das irgendwie zu unserer Kultur dazu. Doch wer kann sich schon ein Glas Schnaps selbst herstellen? Dem möchte ich hier Abhilfe schaffen! Ich habe dazu eine einfache Variante ausgewählt.

Aber halt! Ist das Brennen überhaupt erlaubt? In den meisten Ländern ist der Besitz oder Verkauf von Destillieranlagen stark reglementiert, denn die Staaten hocken auf ihrem Branntweinmonopol und verzichten ungern auf die hohen Steuereinnahmen. Da hat sich seit dem Mittelalter nicht sehr viel geändert. Im Kleinen geht aber was, wobei die Regelungen länderabhängig unterschiedlich restriktiv sind. In Österreich ist es für Heimanwendungen erlaubt, dass der Brennkessel ein Volumen von 2 l fasst, in der Schweiz dürfen es sogar 3 l sein. In Deutschland herrscht jedoch Zucht und Ordnung – dort sind nur 0,5 l erlaubt! Ich werde daher im Folgenden über kleine, legale Destillieranlagen sprechen, Sie dabei kulturtechnisch und physikalisch weiterbilden und Ihnen erklären, wie Sie für eine nette Runde am Abend Ihre hochprozentigen Alkohole selbst destillieren können, ohne dabei zu erblinden. Sie könnten sich natürlich nun auch selbst was basteln, aber am besten kaufen Sie sich eine kleine Destille, ähnlich, wie sie in Abb. 44 zu sehen ist, weil diese Kupferdinger nicht nur sicher sind, sondern auch optisch einiges hermachen.

Bei der Herstellung von Spirituosen, die man umgangssprachlich Schnaps und etwas anachronistisch Branntwein nennt, spielt die Destillation eindeutig die Hauptrolle. Aber egal, wie groß die Destillieranlage auch ist, sie *erzeugt* keinen Alkohol, sondern sie trennt diesen mehr oder weniger gut vom Wasser ab. Das bedeutet, dass man den Brennkessel bereits mit einer alkoholischen Lösung befüllen muss. Würden wir jetzt im großen Stil arbeiten, dann sollte das eine sogenannte Maische sein.

Für einen Obstschnaps würden Sie dafür zum Beispiel Pflaumen, Birnen, Kirschen oder Himbeeren verwenden. Diese sollten möglichst erntefrisch und von hoher Qualität

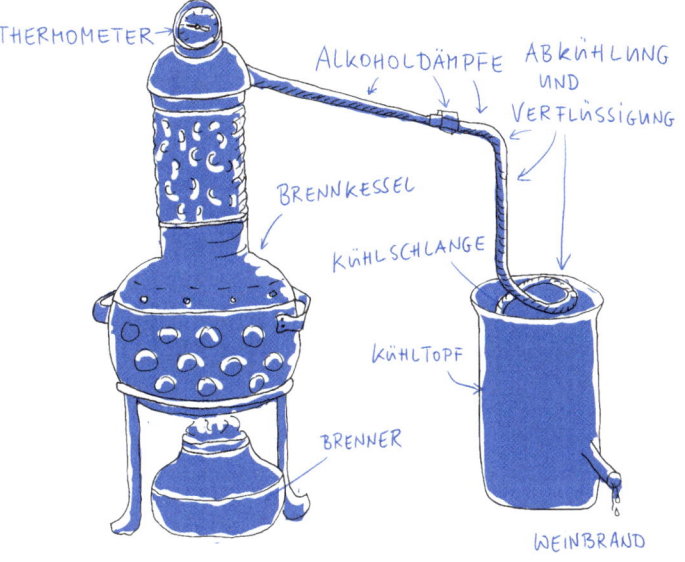

Abb. 44 EINE KLEINE DESTILLIERANLAGE
Mit dieser kann man legal seinen eigenen Schnaps brennen.

THERMOMETER
ALKOHOLDÄMPFE
ABKÜHLUNG UND VERFLÜSSIGUNG
BRENNKESSEL
KÜHLSCHLANGE
KÜHLTOPF
BRENNER
WEINBRAND

sein, weil diese Ausgangssubstanz für die Beschaffenheit des späteren Destillats entscheidend ist. Wenn Sie nur Mist einfüllen, kommt auch nur Mist heraus.

Das Obst wird zerkleinert, um die Oberfläche zu erhöhen. Dabei muss man aufpassen, dass keine Kerne beschädigt werden, damit etwa bei Kirschen oder Pfirsichen keine Blausäure in die Maische gelangt. Das Ganze kommt in einen Behälter, in dem es dann einige Wochen munter vor sich hin gärt und dabei jede Menge Gase produziert. Damit Ihnen die Behältnisse nicht um die Ohren fliegen, brauchen diese ein Röhrchen, den sogenannten Gärspund, damit die Gase entweichen können. Je nach gewünschtem Endprodukt muss auch Wasser, Zucker, Hefe und so weiter zugegeben werden.

Will man eine stärkehaltige Ausgangssubstanz wie Kartoffeln oder Getreide vergären, um damit Wodka oder Whisky zu machen, muss diese vorher in Zucker umgewandelt werden. Das geschieht, indem man das Ganze über längere Zeit konstant auf einer bestimmten Temperatur blubbern lässt und Malz oder das Enzym Amylase zugibt. Ob Obst oder Kartoffeln, das Endprodukt ist in allen Fällen eine Maische, die einen Alkoholgehalt zwischen 3 und 20 % aufweist.

Sie merken schon, das ist alles eine Wissenschaft für sich und dauert vor allem auch eindeutig zu lange, um in Echtzeit an einem netten Abend hergestellt zu werden. Und außerdem gilt noch die alte Weisheit: Unter 5 Liter gärt nicht gern! Was soll man dann mit so viel Maische machen, wenn man 20 l angesetzt hat? Deshalb werde ich Ihnen die Technik des Brennens an einer sehr simplen Ausgangssubstanz erklären. Wir verwenden einfach Wein aus dem Supermarkt und brennen damit einen Brandy, also einen Weinbrand!

Wein ist chemisch gesehen eine Lösung – lebenstechnisch gesehen natürlich nicht. Unter Lösung versteht man ein homogenes Gemisch von mindestens zwei Substanzen. Beim Wein sind das vor allem Wasser und der Trinkalkohol Ethanol! Sehen wir uns das Prinzip des Destillierens zunächst mal ganz vereinfacht an. Dabei nutzt man aus, dass Stoffe unterschiedliche Siedetemperaturen besitzen (Tab. 19). Die Alkohol-Wasser-Lösung wird zum Kochen gebracht. Im entstehenden Dampf ist die Alkoholkonzentration viel höher, weil dessen Siedepunkt wesentlich niedriger liegt. Der heiße Dampf steigt auf, kondensiert im Kühler und tropft hochprozentiger als vorher wieder raus. Unser Wein im Brenner wird auf diese Weise nach und nach gewissermaßen entgeistet, und dieser Geist landet im Kühltopf. Das Prinzip ist bestechend einfach!

Stoff	Siedepunkt unter Normalbedingungen	Dichte
Wasser	100 °C	1 g/cm^3
Ethanol (Trinkalkohol)	78,4 °C	0,79 g/cm^3
Methanol	64,7 °C	0,79 g/cm^3

Tab. 19: Siedetemperaturen und Dichte der reinen Stoffe.

Was ist mit dem bösen Methanol? Dieses entsteht bereits im Vorfeld vor allem bei der Vergärung von Pektin, und das ist wiederum Bestandteil der pflanzlichen Zellwände. In größeren Mengen ist es in Stängeln, Blüten und Blättern enthalten. Billiger Wein aus dem Tetra Pak, der aus allem Möglichen gekeltert wurde, enthält daher klarerweise mehr Methanol als Qualitätswein aus reinen Trauben. Aber der Punkt ist der, dass in Wein immer ein wenig Methanol enthalten ist. Weil diesem beim Destillieren Wasser entzogen wird, wäre in unserem fertigen Destillat der relative Methanol-Anteil natürlich höher – wenn man nichts dagegen täte.

Methanol hat nun glücklicherweise eine wesentlich geringere Siedetemperatur als Ethanol (Tab. 19). Deswegen werden beim Destillieren dessen Dämpfe als Erstes frei und sind vor allem im Vorlauf enthalten, also dem, was ganz zu Beginn aus dem Kühler tröpfelt. Der Vorlauf wird generell weggeleert, weil es beim Konsumieren zu schweren gesundheitlichen Problemen kommen könnte. Er ist sehr leicht an seinem unangenehm scharfen und stechenden Geruch zu erkennen.

Das Schöne bei unserer Methode ist aber, dass Sie sich in keinem Fall gesundheitliche Sorgen machen müssen, selbst wenn Sie bei Ihrem gemütlichen Abend einen kostengünstigen Rebensaft destillieren und dann auch noch vergessen, den Vorlauf wegzuschütten – natürlich würde dieses Versäumnis aber das Geschmackserlebnis trüben. Selbst wenn Sie es verbocken, kann das Methanol im fertigen Weinbrand absolut gesehen nie mehr sein, als vorher in dem Wein schon drin war. Um auf die Menge Methanol zu kommen, ab der Ihr Körper Probleme bekäme, müssten Sie in einem Tag mindestens 30 l Wein destillieren und trinken[30] – das schafft nicht einmal ein sehr geeichter Hardcoretrinker. Die gute Nachricht ist also, dass Sie mit der vorgestellten Destillationsvariante unmöglich eine Methanolvergiftung bekommen können, weil Sie bereits lange vorher eine Alkoholvergiftung hätten!

Nach dem kurzen Vorlauf kommt der wohlschmeckende Mittellauf. Dieser erfolgt, wenn der Wein im Brennkessel etwa 78 °C erreicht hat. Zu Beginn wird das Destillat einen sehr hohen Alkoholgehalt von 70 bis 80 % haben, der dann im Laufe des Brennvorganges immer mehr abfällt, wobei gleichzeitig die Temperatur ansteigt. Bevor der niedrigprozentige und wässrige Nachlauf rauskommt, sollten Sie abbrechen, und zwar dann, wenn die Temperatur deutlich über 90 °C gestiegen ist.

Wie messen Sie den Alkoholgehalt in Ihrem fertigen Destillat? Mit einem sogenannten Aräometer, einem Schwimmkörper mit Skala, der in diesem speziellen Fall Alkoholmeter genannt wird. Dieses basiert darauf, dass Wasser eine größere Dichte besitzt als Ethanol (Tab. 19). Je tiefer das Aräometer eintaucht, desto leichter das Gemisch und desto größer ist somit der Alkoholgehalt (Abb. 45). Damit Sie auf die gewünschten Trinkprozent kommen, verdünnen Sie einfach mit Wasser. Wenn es zu dünn ist, destillieren Sie einfach noch einmal.

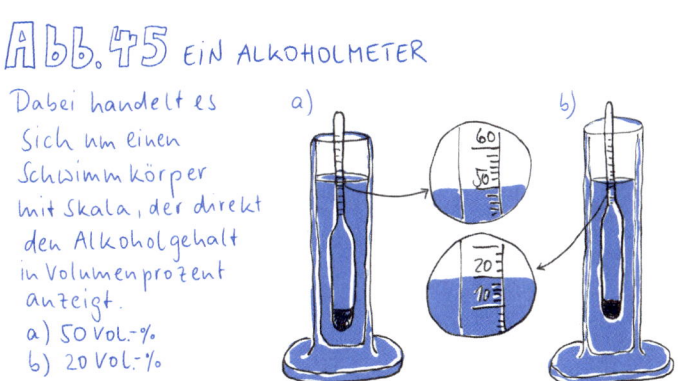

Abb. 45 Ein Alkoholmeter

Dabei handelt es sich um einen Schwimmkörper mit Skala, der direkt den Alkoholgehalt in Volumenprozent anzeigt.
a) 50 Vol.-%
b) 20 Vol.-%

Mit welcher Brandy-Menge können Sie rechnen? Das kann man leicht abschätzen. Nehmen wir exemplarisch an, Sie hatten einen halben Liter Wein mit 10 % in der Brennkammer und Sie haben es geschafft, das gesamte Ethanol herauszudestillieren. Wenn Sie das Destillat so verdünnen, dass es 40 % hat, muss es daher ein Viertel der ursprünglichen Menge sein, also 0,125 l oder 12,5 cl. Daraus können Sie rund 6 kleine Schnäpse machen, die Sie dann mit Ihren Gästen genießen! Sie sehen, dass es sich hier tatsächlich um einen physikalisch-kulturtechnisch-kulturellen Vorgang handelt und nicht um ein Besäufnis! Sie können in der Destille übrigens auch altes abgestandenes Bier von der Party vom Vortag zu Whisky veredeln! Zum Wohle!

22 Eine Blume für den Mann oder Wie zapft man das perfekte Bier?

Sie sind doch sicher schon einmal vor einem gepflegten Bier gesessen und haben sinnierend auf den Schaum geblickt!? Auch auf Physiker übt dieser eine offenbar schwer zu widerstehende Anziehungskraft aus. Es ist beeindruckend, wie viele Untersuchungen es darüber gibt! Natürlich sind diese teilweise von Brauereien initiiert, die aus Qualitätsinteresse und wohl auch ein bisschen aus monetären Gründen den Bierschaum optimieren wollen. Wer will schon ein Seidel trinken, bei dem der Schaum kurz nach dem Ausschenken wie ein Soufflé in sich zusammenfällt? Aber viele der Untersuchungen über den Bierschaum sind rein akademisch-universitärer Natur und entsprangen wohl dem kindlichen Forscherdrang. Es gab sogar einmal für eine Bierschaumarbeit den IG-Nobelpreis für Physik, eine satirische Auszeichnung der Harvard-Universität. Trotz dieser Anerkennung ist in der Arbeit ein Wurm drin. Darauf komme ich später noch einmal zurück.

Wie entsteht dieser Bierschaum aber überhaupt und welche Substanzen sind daran beteiligt? Warum ist Bierschaum weiß? Warum schäumen manche Stoffe wie wild und andere so gut wie gar nicht? Warum zerfällt der Schaum einer Limonade in Sekundenschnelle, während sich der im Bier Minuten hält? Und stimmt es wirklich, dass der Schaum gewissermaßen eine Halbwertszeit hat, ähnlich wie radioaktive Materialien? Sehen wir mal nach!

Schaum besteht generell aus kleinen gasförmigen Bläschen, die von flüssigen Wänden eingeschlossen sind (Abb. 46). Um ihn zu erzeugen, muss die Oberfläche der Flüssigkeit vergrößert werden, weil sie ja quasi ausgebeult werden muss. Dagegen sträubt sich allerdings die Oberflächenspannung, die auf der anderen Seite diese Grenzschicht möglichst glatt haben möchte. Deshalb muss man Energie aufwenden, um Schaum erzeugen zu können, indem man die Flüssigkeit zum Beispiel quirlt oder aus etwas größerer Höhe einschenkt. Und darum kann sich in Getränken auch

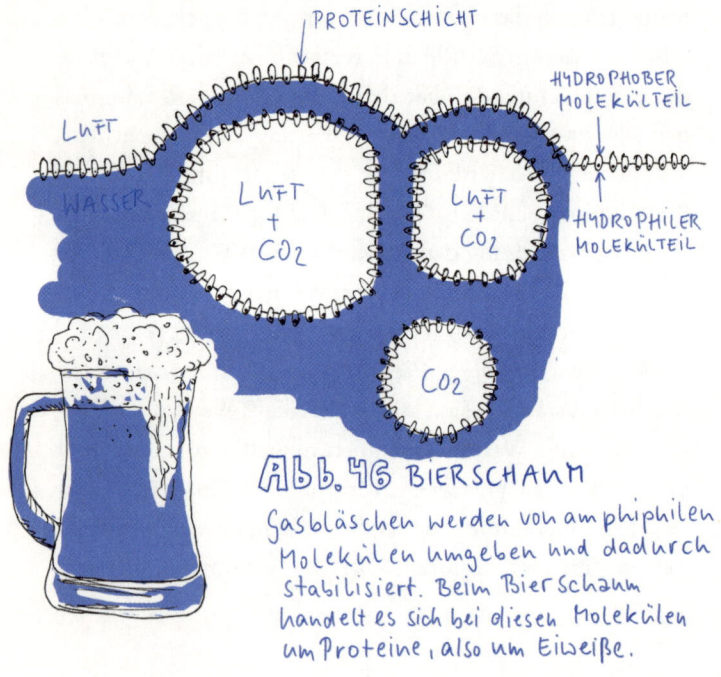

Abb. 46 BIERSCHAUM

Gasbläschen werden von amphiphilen Molekülen umgeben und dadurch stabilisiert. Beim Bierschaum handelt es sich bei diesen Molekülen um Proteine, also um Eiweiße.

Substanz	Oberflächenspannung in Millinewton pro Meter (mN/m)
reines Wasser	73
Bier	40 – 50
Seifenlösung	etwa 30

Tab. 20: Oberflächenspannungen verschiedener Flüssigkeiten.

nicht plötzlich aus dem Nichts spontaner Schaum ausbilden, nur weil er das gerade lustig findet, denn das würde den Satz der Energieerhaltung verletzen. Je niedriger die Oberflächenspannung einer Substanz, desto weniger Energie ist zur Schaumerzeugung notwendig. Die Oberflächenspannung von Bier liegt irgendwo zwischen der von reinem Wasser und Seifenlösung (Tab. 20) – Gott sei Dank trifft das auf den Geschmack jedoch nicht zu!

Die Oberflächenspannung ist zwar ein wichtiger Faktor, aber trotzdem nur die halbe Miete. Wasser hat zum Beispiel eine ziemlich hohe. Trotzdem kann man recht gut Bläschen machen, wenn das Wasser mit größerer Geschwindigkeit aufprallt. Aber diese sind ziemlich vergänglich und bleiben nur wenige Sekunden am Leben.

Damit der Schaum bestehen bleibt, müssen sich im Wasser spezielle Moleküle befinden, die man amphiphil nennt. Das ist nicht gestottert, sondern leitet sich vom Altgriechischen „*amphi*" (= auf beiden Seiten) und „*philos*" (= liebend) ab. Diese speziellen Moleküle besitzen nämlich ein wasserliebendes (hydrophiles) und ein fettliebendes (lipophiles) Ende. Der fettliebende Teil ist automatisch wassermeidend (hydrophob) und möchte daher immer vom Wasser wegzeigen. Diese besonderen Moleküle bilden daher an den Außenflächen der Flüssigkeiten eine dünne Schicht und stabilisieren so das gerade entstandene Schaumbläschen (Abb. 46). Der stabile Schaum ist geboren!

Zu den amphiphilen Substanzen gehören zum Beispiel die Tenside, mit denen man Seifenschaum machen kann, und Proteine, mit denen man Crema, Milch- und Bierschaum herstellen kann. Der Grund, warum der Schaum auf dem Bier so lange hält, sind also Eiweiße (Tab. 21)! Wer hätte das gedacht? Cola und Co. schäumen zwar aufgrund der enthaltenen Kohlensäure sehr gut, der Schaum bleibt aber nicht stabil – die Proteine fehlen!

Substanzen im Bier	Masse
Wasser	840 – 900 g
Alkohol	35 – 43 g
Kohlenhydrate	30 – 40 g
Kohlensäure	4 – 5 g
Proteine (Eiweiße)	3 – 5 g

Tab. 21: Richtwerte für die Komponenten in 1 l Vollbier. Der Bierschaum wird durch die Proteine stabilisiert, die 3 – 5 % ausmachen.

Warum ist Bierschaum weiß? Wenn Sie Schwarztee in eine weiße Tasse füllen, sehen Sie diesen umso heller, je leerer die Tasse ist. Warum? Je kürzer der Lichtweg durch eine farbige Flüssigkeit, desto weniger intensiv wirkt ihr Couleur. Die Schaumblasen bestehen aus sehr dünnen Flüssigkeitsschichten, die daher mit wenigen Ausnahmen, etwa bei Cola oder Kaffee-Crema, fast vollkommen farblos sind.

Auf das Gas in den Bläschen trifft das sowieso zu. Eine dünne Schicht Bierschaum ist daher komplett durchsichtig. Bei einer dickeren Schicht wird das einfallende Licht durch unzählige Reflexionen und Brechungen in alle Richtungen weggestreut. Sie sehen den Schaum daher in der Mischfarbe des einfallenden Lichts, und das ist in der Regel weiß. Wenn Ihnen grade danach ist und Sie leuchten den Bierschaum grün an, dann würde er natürlich grün aussehen!

Wie ist das beim Einschenken eines Biers? Generell sollte dieses zwischen 6 und 8 °C haben, aber wenn man an einem tropischen Sommertag mit ausgedörrter Kehle schon sehr verzweifelt ist, ist wahrscheinlich auch eines mit 18 °C ein Hochgenuss. Das Glas sollte man mit kaltem Wasser abkühlen, damit sich das Bier beim Einfüllen nicht gleich zu stark erwärmt. Wie macht man nun eine schöne Schaumkrone, die Blume, oben drauf?

Beim Einschenken aus der Flasche halten Sie das Glas schräg und lassen das Bier vorsichtig entlang der Glaswand hinunterlaufen, damit es nicht zu viel schäumt. Sonst haben Sie ein Glas Schaum mit etwas Bier am Grund. Wenn rund zwei Drittel voll sind, können Sie etwas warten, damit der Schaum eine gute Konsistenz annimmt, aber da gibt es bierphilosophisch auch unterschiedliche Ansichten. Bei einem ist man sich jedoch einig: Damit eine Blume entsteht, müssen Sie zum Schluss das Glas gerade und mit etwas mehr Schwung einfüllen. Wenn das Bier auf die Oberfläche plätschert, wird Energie freigesetzt, die den Schaum entstehen lässt. Je höher die Fallstrecke, desto höher die Krone!

Das Zapfen eines Biers in der Kneipe läuft im Prinzip ähnlich ab. Erschwerend kommt hier aber hinzu, dass das Bier mit CO_2 aus dem Fass gedrückt wird. Dadurch ist also zum biereigenen Kohlenstoffdioxid noch zusätzliches fremdes im Spiel. Das muss nicht prinzipielle Schwierigkeiten bereiten. Ist der Kohlensäuredruck aber über längere Zeit zu hoch gewesen, dann ist das Bier quasi aufkarboniert und schäumt leichter. Umgekehrt kann es aber auch sein, dass der Kohlensäuredruck zu niedrig ist. Das biereigene CO_2 produziert dann Gasblasen, die beim Zapfhahn ebenfalls zu Schaumbildung führen können. Die Zapftechnik ist also eine Wissenschaft für sich.

Wie ist das nun mit dem Zerfall des Bierschaums? Kompliziert! Es gibt zumindest zwei verschiedene Mechanismen, die den Schaum weniger werden lassen. Erstens die Drainage: Die Flüssigkeit will schwerkraftbedingt aus dem Schaum wieder in das Bier. Zweitens die Bläschenvergrößerung: Die Zwischenwände reißen ein und aus zwei oder mehr Bläschen wird ein größeres.

Würde der Schaum wie ein radioaktiver Stoff zerfallen, müsste er eine sogenannte Halbwertszeit haben. Darunter versteht man generell die Zeit, in der die Hälfte von irgendwas weg ist. Der Bierschaum wäre dann zum Beispiel nach 2 Minuten nur mehr halb so hoch, nach 4 Minuten wäre nur mehr die Hälfte der Hälfte da, also ein Viertel, und so weiter. Einen solchen Verlauf beschreibt man mathematisch mit einer Exponentialfunktion, die in diesem Fall so lauten würde: *Schaumhöhe = Anfangshöhe* · e^{-kt} , wobei *k* eine bierspezifische Zahl ist und *t* die seit dem Einschenken vergangene Zeit.

Untersuchungen haben aber ergeben[31], dass man für die Beschreibung des Bierschaumzerfalls nicht mit *einer* Exponentialfunktion auskommt, wie das in der IG-Nobelpreis-Arbeit angenommen wurde, sondern dass man dazu zwei benötigt, die sich überlagern (Abb. 47).[32] Der Bierschaum zerfällt zuerst vor allem durch Drainage schneller, hat also eine kürzere Halbwertszeit, bremst sich dann aber zerfallsmäßig ein, wobei die Bläschenvergrößerung die Hauptrolle übernimmt. Bierschaum hat also zwei verschiedene Halbwertszeiten. Sie werden sich vielleicht denken, dass das jetzt eine Spitzfindigkeit ist, aber aus Prinzip muss in der Physik alles so exakt wie möglich zugehen. Wenn man schon beim Bierschaum schlampig wäre, könnte man nicht Atome fotografieren, zum Mars fliegen oder Protonen mit fast Lichtgeschwindigkeit aufeinander jagen!

ABB. 47: ZERFALL VON WEISSBIERSCHAUM IN EINEM ENGEN GLASS

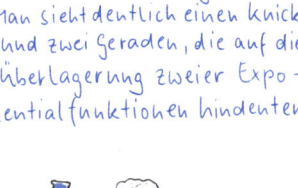

Auf der senkrechten Achse ist der natürliche Logarithmus der Bierschaumhöhe eingetragen. Eine Exponentialfunktion erscheint dann als Gerade. Man sieht deutlich einen Knick und zwei Geraden, die auf die Überlagerung zweier Exponentialfunktionen hindeuten.

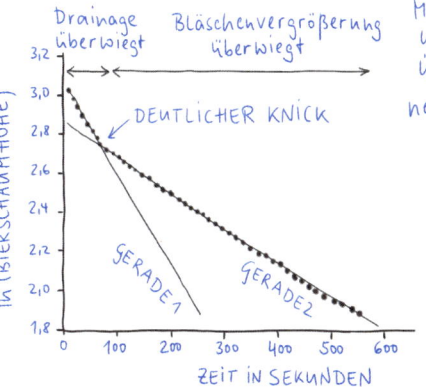

23 Auf Messers Schneide oder Wie scharf ist eine wirklich scharfe Klinge?

Damit die Arbeit in der Küche wirklich viel Spaß macht und flockig von der Hand geht, brauchen Sie unbedingt jede Menge schneidefreudige Messer, die wie Butter durch Kartoffel, Filetstück oder Zwiebel gleiten. Je schärfer das Ding, desto geringer der Kraftaufwand, mit dem es durch das Futter flutscht. Aber warum schneidet ein scharfes Messer besser als ein stumpfes? Was passiert beim Schneiden überhaupt? Wie dünn ist eine sauscharfe Klinge ganz vorne? Und was macht man, wenn ein Messer einmal stumpf geworden ist? Um das Wesentliche herauszufiltern, habe ich im Folgenden vereinfacht.

Jede Messerklinge hat einen bestimmten Winkel, unter dem die beiden Seiten des Anschliffs zueinander stehen (Abb. 48a). Dieser kann aber natürlich nicht bis ganz nach vorne erhalten bleiben. Wenn man das vorderste Spitzchen unter einem Elektronenmikroskop vergrößert, dann sieht es niemals komplett kantig aus, sondern so ähnlich wie in Abb. 48b. Bei zunehmender Vergrößerung betrachtet ist also gewissermaßen jede Schneide vorne stumpf. Wie breit – oder besser gesagt, wie schmal – ist dort ein ganz, ganz scharfes Messer?

Solche Dickenmessungen führt man natürlich nicht mit dem nackten Auge und einem Zwergenmaßstab durch, sondern am besten unter dem Elektronenmikroskop. Die schärfsten Klingen der Welt sind Rasierklingen. Die Messungen haben ergeben, dass diese vorne bloß 0,4 µm breit sind. Sehr scharfe Messer haben größenordnungsmäßig 1 µm, und stumpfe Messer fangen irgendwo um 5 µm herum an[33], wobei natürlich dem Stumpfheitsgrad generell keine Grenzen gesetzt sind, wie man auch bei einem strengen Blick auf unsere moderne Gesellschaft lapidar konstatieren muss. Unter diesen Zahlen können Sie sich natürlich herzlich wenig vorstellen, aber ich werde zumindest versuchen, sie mit anderen Längen oder Dicken zu vergleichen (Tab. 22).

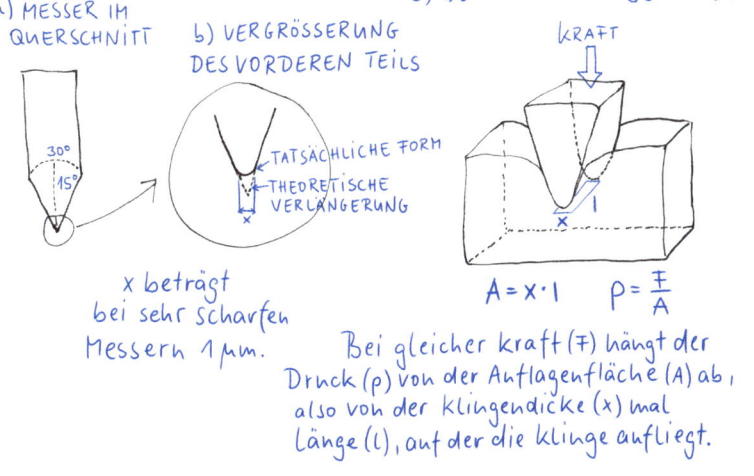

Abb. 48 Auf Messers Schneide

a) Messer im Querschnitt
b) Vergrößerung des vorderen Teils — tatsächliche Form, theoretische Verlängerung
x beträgt bei sehr scharfen Messern 1 µm.

c) Der Druck beim Schneiden
Kraft
$A = x \cdot l$ $p = \frac{F}{A}$
Bei gleicher Kraft (F) hängt der Druck (p) von der Auflagefläche (A) ab, also von der Klingendicke (x) mal Länge (l), auf der die Klinge aufliegt.

	Dicke oder Länge		
	in Millimetern	in Mikrometern	relativ
Blatt Paper 80 g/m²	0,1	100	250
durchschnittliches Kopfhaar	0,06	60	150
Wellenlänge von rotem Licht	0,00075	7,5	18,8
stumpfes Messer	0,005	5	12,5
sehr scharfes Messer	0,001	1	2,5
Rasierklinge ganz vorne an der Schneide	0,0004	0,4	1
Wellenlänge von blauem Licht	0,0004	0,4	1

Tab. 22: Größenordnungsmäßige Längen- und Dickenangaben. Bei kleinen Abmessungen liefert die Angabe in Mikrometern (=10^{-6} m oder 10^{-3} mm) anschaulichere Zahlen, obwohl diese natürlich auch nicht besser vorstellbar sind.

Ein Kopfhaar ist rund 150-mal so dick wie eine Rasierklingenschneide und ein Blatt Papier sogar 250-mal! Und vor allem für Physiker ist besonders verblüffend, dass die Wellenlänge von blauem Licht akkurat der Breite einer Superschneide entspricht. Man kann sich darunter natürlich auch nicht viel mehr vorstellen als vorher, aber Sie müssen zugeben, dass die Vergleiche schon sehr beeindruckend sind! Nach unten ist übrigens noch eine Menge Platz, denn 0,4 µm entsprechen etwa 4000 Atomdurchmessern und 1 µm beim scharfen Messer sogar 10.000. Von dieser Warte aus gesehen sind also auch die schärfsten Teile wahnsinnig stumpf.

Was bringt aber letztlich eine solche superschmale Klinge? Einen wirklich hohen Druck! Und der Druck ist letztlich die entscheidende Größe, ob die unter dem Messer befindliche Karotte das Handtuch wirft oder nicht. Druck ist

Kraft pro Fläche oder $p = F/A$. In unserem Fall ist die Fläche Klingenbreite mal Auflagelänge (Abb. 48c). Wenn die Klinge abstumpft und doppelt so breit wird, dann sinken der erzeugte Druck und somit auch die Schneidefähigkeit auf die Hälfte ab. Natürlich können Sie das kompensieren und doppelt so stark auf die Karotte drücken, aber das Messer fluppt nicht mehr so wie zu Beginn. Die Klingenbreite ganz vorne macht also die Messerschärfe aus.

Oft wird diese mit der Härte des Stahls verwechselt und man kann dann „das schärfste Messer der Welt" lesen, obwohl eigentlich „das härteste" gemeint ist. Klar, ein hartes Messer wird nicht so schnell stumpf wie ein weiches. Aber das Kriterium für die Schärfe ist und bleibt die Klingenbreite, und die kann auch bei einem weicheren Schneidegerät beeindruckend schmal sein. Die Härte des Klingenstahls wird in der wohlklingenden Einheit Rockwell angegeben. Um diese zu bestimmen, wird ein Diamantkegel mit exakt 1372,931 N seitlich auf die Klinge gedrückt und die Tiefe des entstandenen Lochs gemessen.[34] Sie merken an der extrem schiefen Zahl, dass dieses Verfahren aus den USA kommen muss.

Die Klinge eines guten alten Schweizermessers kommt auf 55 Rockwell. Eine Rasierklinge liegt mit 62 Rockwell so im Mittelfeld. Die härtesten Stahlmesser der Welt sind aus japanischem Aogami-Stahl und haben 67 Rockwell! Wenn Sie also überlegen, was Sie sich selbst zu Weihnachten schenken könnten, so ein Aogami-Küchenmesserset wäre doch was!? Ab ungefähr 150 Euro sind Sie dabei – pro Messer natürlich. Abgesehen davon, dass das Kochen dann viel mehr Spaß macht, müssen Sie die Dinger praktisch nicht mehr schleifen. Allerdings sollten Sie die Klingen sorgsam behandeln, weil sie aufgrund ihrer Härte und des schmalen Schliffs leicht brechen können.

Sollten Sie aber ein normales stumpf gewordenes Küchenmesser besitzen, eines, das das Wasser bis auf den Grund schneidet, verwenden Sie für das Schleifen nicht die obskuren Wunder-Schnellschleifer, mit denen Sie die Klinge eher ruinieren als schärfen, sondern Schleifsteine, die Sie im Fachhandel bekommen. Wie man schleift, sehen Sie sich am besten auf YouTube an. Ich möchte mich hier auf die physikalischen Aspekte konzentrieren.

FEPA F	Korngröße in µm	JIS	Korngröße in µm	
F 180	69	J 280	68	Vorschliff
F 240	44,5	J 380	44	Vorschliff
F 320	29,2	J 600	29	Vorschliff
F 400	17,3	J 1000	16	Normalschliff
F 600	9,3	J 1500	10	Normalschliff
F 800	6,5	J 2000	8	Normalschliff
F 1000	4,5	J 3000	5	Feinschliff
F 1200	3	J 4000	3	Feinschliff
F 1500	2	J 6000	2	Polierschliff
F 2000	1,2	J 8000	1,2	Polierschliff

Tab. 23: Einige Beispiele für den Zusammenhang von Korngröße und Zahlenangabe am Schleifstein für die europäische FEPA-F-Norm und die japanische JIS-Norm. Bei den feinsten erhältlichen Schleifsteinen liegen die Korngrößen bei etwa 1 µm.

Wenn Sie eine Scharte auswetzen oder ganz grob vorschleifen möchten, sind grobe gekörnte Steine günstig. Wollen Sie eine superscharfe Klinge haben, müssen Sie einen ganz feinen Stein nehmen. Leider sind die Bezeichnungen für die Körnung ein Fall für sich, weil Schleifsteine eine andere Skala haben als Schleifpapiere und es überdies auch noch eine japanische Skala gibt, die häufig verwendet wird. Ich habe ja generell den Eindruck, dass die Fachterminologie beim Werken und Basteln wesentlich komplexer ist als die der Quantenmechanik. Aber für Physiker ist sowieso nur die tatsächliche Korngröße relevant (Tab. 23). Um im Polierschliff ein wirklich scharfes Messer zu bekommen, das dann vorne 1 µm breit ist, brauchen Sie Schleifsteine mit einer Korngröße von etwa 1 µm! Ein Schelm, wer hier an einen Zufall glaubt!

Wie finden Sie heraus, wie steil Sie das Messer beim Schleifen halten sollen? Wenn Sie den Winkel wissen, unter dem die Klinge geschliffen ist, hilft Ihnen die gute alte Schulmathematik (Abb. 49a). Dann müssen Sie nur die Höhe der Klinge an dieser Stelle, in unserem Beispiel 4 cm, mit dem Sinus des gewünschten Winkels multiplizieren und wissen sofort, wie hoch der Messerrücken über dem Schleifstein sein muss.

Wenn Sie den Winkel nicht wissen, hilft die Edding-Methode (Abb. 49b). Sie malen über die ganze Schneidenlänge die vordersten 5 mm an und probieren zunächst mit wenigen Schleifbewegungen einen steileren Winkel aus. Dann schauen Sie, wo die Farbe weggeschliffen ist. Ist es nur ganz an der Schneide, müssen Sie etwas flacher halten und wieder probieren. Das machen Sie so lange, bis der Edding-Strich durch das Schleifen auf der ganzen Dicke erfasst wird, dann haben Sie den richtigen Winkel erwischt.

Abb. 49 Einstellung des Schleifwinkels

Es gilt im Allgemeinen $\sin \alpha \cdot \text{Hypothenuse} = \text{Gegenkathete}$. Wenn die Höhe des Messers an dieser Stelle 4 cm beträgt, muss sich der Messerrücken rund 1 cm über dem Schleifstein befinden.

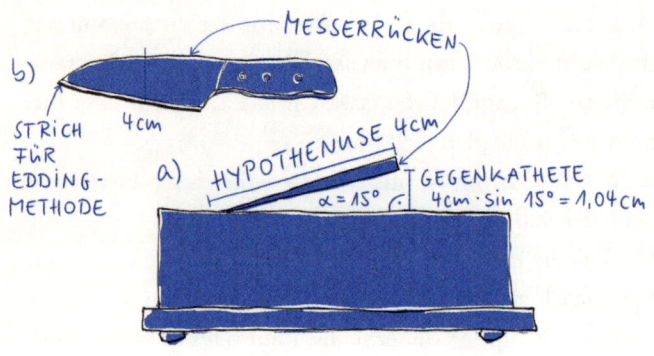

24 Das Ende der Porenlegende oder Wie brät man das perfekte Steak?

Ein wichtiges Thema fehlt natürlich noch, um unsere Rubrik *Essen und Trinken* geschmacklich abzurunden, nämlich die Punktlandung beim Steak! Um kaum einen anderen Kochvorgang wird so ein Kult getrieben. Natürlich brauchen Sie für ein perfekt gemachtes Steak ein exzellentes und abgehangenes Stück Fleisch. Das bekommen Sie in der Regel nicht vakuumvorverpackt von der Stange, sondern müssen dieses beim Fleischhauer Ihres Vertrauens besorgen. Was die Zubereitung betrifft, finden Sie dazu so viel Lesestoff im Internet, dass Sie auf Jahre versorgt sind. Deshalb werde ich mich vor allem auf die theoretisch-physikalischen Aspekte konzentrieren.

Natürlich spielt bei diesem Thema die Temperatur eine entscheidende Rolle. Wie das Fleisch innen bei *rare*, *medium* und *well done* aussehen soll, darüber ist man sich einigermaßen einig. Was aber die korrespondierenden Temperaturen betrifft, gilt eher die Weisheit: Frag zwei Köche und du hörst drei Meinungen! Deshalb sind die Angaben in Tab. 24 als Richtwerte zu sehen.

Die gute Fleischscheibe, die wir uns braten wollen, besteht wie jeder Muskel aus weichem Eiweiß und zähem Kollagen. Um etwa 60 °C herum passieren mehrerlei Dinge. Das Eiweiß beginnt langsam zu gerinnen und wird fester.

52 – 55 °C	*rare:* weich, kühl und rot im Kern
55 – 60 °C	*medium rare:* etwas fester, warmer, roter Kern
um 60 °C herum	Myoglobin beginnt zu denaturieren, Eiweiß zu gerinnen, Kollagen sich zusammenzuziehen.
60 – 65 °C	*medium:* relativ fest, zartrosa
66 – 70 °C	*medium well:* fest, kleiner rosa Kern
über 70 °C	*well done:* durchgegart, sehr fest, grau
140 °C	Die *Maillard-Reaktionen* setzen ein.
ab 220 °C	Die Bildung von krebserregenden Stoffen steigt sprunghaft an.

Tab. 24: Richtwerte für Rindfleischtemperaturen, wie dieses dabei innen aussieht und was dabei passiert.

Gleichzeitig denaturiert das Myoglobin, das dem Muskel die rote Farbe verleiht. Deshalb verändert das Fleisch ab dieser Temperatur sowohl Konsistenz als auch Farbe. Wenn Sie Ihr Steak *medium* wollen, sollte dieses daher mindestens 60 °C im Kern erreichen. Sind Sie eher ein Fan von *well done*, sollte der Prozess komplett abgeschlossen sein, wofür in der Regel etwa 70 °C empfohlen werden.

Es passiert ab 60 °C aber dummerweise noch etwas anderes – die Kollagene beginnen sich zusammenzuziehen, sprich, das Steak beginnt zu schrumpfen. Man könnte sich natürlich zum Ausgleich einfach ein größeres Trumm Fleisch besorgen. Das Problem ist aber, dass mit dem Eingehen das Steak auch Wasser verliert und trocken wird. Um diesem Totalschaden zu entgehen, hat sich die Verfahrensweise durchgesetzt, das Fleisch nur kurz anzubraten, es aber dabei einer hohen Temperatur auszusetzen.

In Zusammenhang mit diesem scharfen Anbraten hat sich teilweise noch bis heute der Poren-Mythos erhalten, was insofern erstaunlich ist, weil dieser noch auf die erste Hälfte des 19. Jahrhunderts und den deutschen Chemiker *Justus von Liebig* zurückgeht. Weil dieser ein ziemlicher Kapazunder war und zu den wichtigsten Forschern seiner Zeit gehörte, wurde lange nicht an seiner Hypothese gerüttelt. Dass sie falsch ist, können Sie ganz einfach daran erkennen, dass Ihr stark erhitztes Fleisch auf dem Teller trotzdem Saft verliert.

Das Stück Kuh in der Pfanne kann die Poren deshalb nicht schließen – selbst wenn es wollte –, weil es keine hat. Gehen wir also generös über diesen Poren-Mythos hinweg. Das schnelle scharfe Anbraten hat trotzdem zwei Vorteile: Erstens verliert das Fleisch aufgrund der kurzen Zeit nur wenig Wasser und zweitens passiert an der Kontaktfläche zwischen Pfanne und Steak ab 140 °C etwas Hochspannendes, das man nach dem Chemiker *Louis Camille Maillard* die *Maillard-Reaktion* genannt hat. Eigentlich sollte man den Plural verwenden, weil es sich nicht um *einen* Ablauf handelt, sondern um ein hochkomplexes Neben- und Nacheinander vieler Reaktionen. Das Ganze ist wahnsinnig abgefahrene Hardcore-Chemie. Salopp kann man sagen, dass durch Reaktionen von Zucker und Aminosäuren neue Stoffe entstehen, die unfassbar gut schmecken und riechen, die aber bis heute noch nicht komplett im Detail identifiziert worden sind. Das ist doch bemerkenswert! Wir kennen zwar sämtliche Grundbestandteile unserer Materie von den Quarks bis zu den Leptonen, wir durchschauen aber nicht die exakte Zusammensetzung einer Steakkruste! Die geheimnisvolle Maillard-Reaktion läuft übrigens auch beim Rösten von Kaffee oder Kakao, beim Frittieren von Pommes und beim Backen ab. Sie ist in unserem alltäglichen Leben also höchst präsent.

So gut diese Reaktion dem Geschmack auch tut, man sollte die Hitze jedoch nicht übertreiben, weil ab spätestens 220 °C die Produktion von krebserregenden Substanzen stark ansteigt und das Fleisch zu verkohlen beginnt, was zusätzlich dem Geschmack eher abträglich wäre. Als Pfannentemperatur werden daher 170 °C empfohlen. Aber woher sollen Sie wissen, wie heiß diese gerade ist? Um ein Gefühl dafür zu bekommen und Ihren Herd besser kennenzulernen, sollten Sie den Ankauf einer kleinen Spielerei tätigen, die als Pyrometer oder Strahlungsthermometer bekannt ist. Dieses misst die von Objekten abgegebene Wärmestrahlung und schließt auf deren Temperatur zurück. Im Fachhandel bekommen Sie ein solches Gerät um einen wohlfeilen Preis. Und es ist ein sehr nettes Spielzeug, mit dem man auch viele andere Temperaturen im Haus erforschen kann.

Wenn Sie die Pfannentemperatur messen, werden Sie bemerken, dass es keine fixe Zuordnung zwischen Herdstufe und Temperatur gibt. Selbst bei nicht so hohen Stufen können Sie die kritischen 220 °C erreichen, wenn Sie lange genug vorheizen (Abb. 50). Eine Herdplatte ist eben kein Backrohr. Sie kommen also nicht umhin, lenkend einzugreifen und die Stufe bei Bedarf zu verändern, um das Fleisch in den idealen Zustand zu bringen. Dazu brauchen Sie letztlich Erfahrung und Gefühl, aber das Pyrometer kann zu Beginn eine große Hilfe sein.

Abb. 50 PFANNENTEMPERATUR

Die Abbildung zeigt, wie die Pfannentemperatur bei einem Induktionsherd auf Stufe 5 im Laufe von 10 Minuten ansteigt.

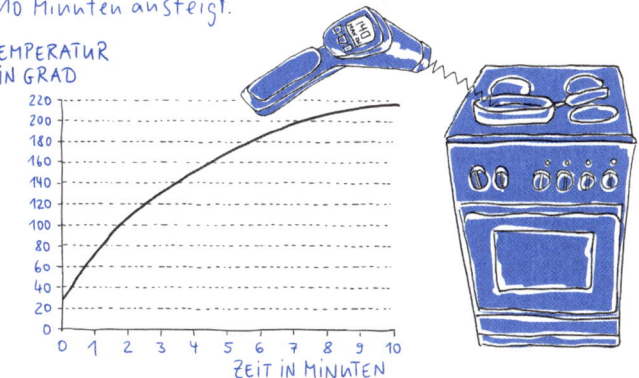

Der Mechanismus, der beim Braten die größte Rolle spielt, ist die Wärmeleitung. Dabei werden die Schwingungen der Atome und Moleküle von der Herdplatte über die Pfanne und die Steakunterseite bis in dessen Inneres weitergegeben. Das dauert natürlich seine Zeit. Sehen wir uns das in einem vereinfachten Modell an. In Abb. 51 sind die Temperaturverläufe der Außenseiten und der Steakmitte eines 3 cm hohen Steaks dargestellt.[35] Dieses wird in einer 170 °C heißen Pfanne auf beiden Seiten 3 Minuten gebraten und rastet dann noch 5 Minuten bei Zimmertemperatur. Dieses Modell ist nicht wirklich realistisch, weil die 170 °C weder exakt zu erreichen noch zu halten sind. Trotzdem zeigt uns die Abbildung ein paar aufschlussreiche Dinge.

Abb. 51 TEMPERATUREN AUF DEN AUSSENSEITEN UND IN DER MITTE EINES STEAKS

Die Pfannentemperatur beträgt 170°C, Raumtemperatur 23°C, die Steakdicke 3cm. Das Steak wurde jeweils 3 Minuten angebraten und dann noch 5 Minuten ruhen gelassen.

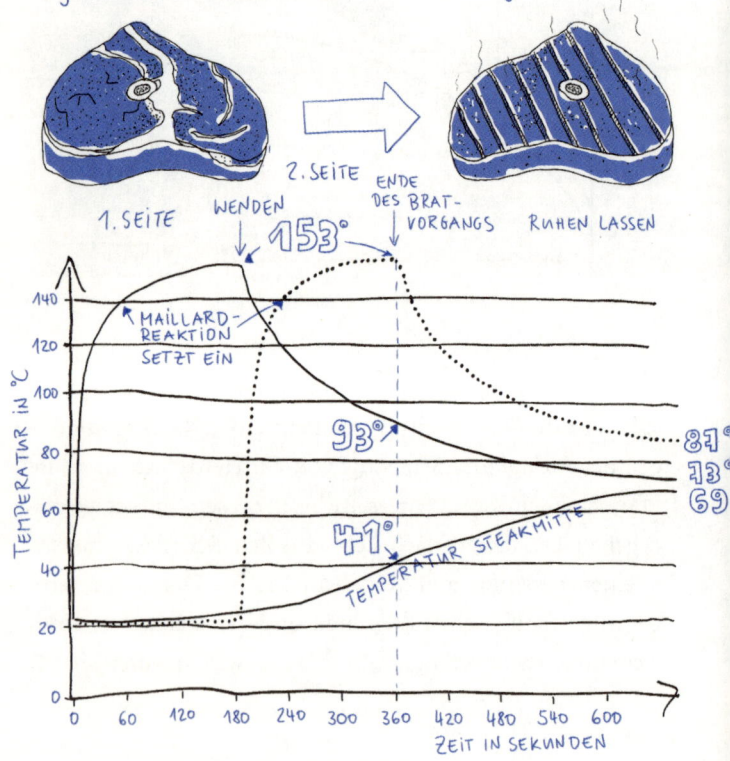

Zunächst sehen Sie, dass auf der Unterseite die Maillard-Reaktion nach etwa einer Minute einsetzt und letztlich über 150 °C erreicht werden. Die Steakmitte, die ja nur 1,5 cm von der Unterseite entfernt ist, jucken diese ersten 3 Bratminuten fast gar nicht. Die Temperatur steigt nur marginal an, und die Steakoberseite hat vom Bratvorgang in dieser Zeit noch überhaupt nichts mitbekommen.

Nun wird das Steak gewendet. An der neuen Unterseite sind die Verhältnisse wie in der ersten Halbzeit. In der Mitte steigt aber nun die Temperatur auf über 40 °C an. Warum? Weil die zuerst angebratene Seite stark abkühlt und dabei einen Teil ihrer Wärme in die Mitte weitergibt. Das Steakzentrum ist in der zweiten Halbzeit gewissermaßen von Wärme umzingelt. Trotzdem reicht es bei weitem nicht aus, dass die Mitte nach 6 Minuten durch ist.

Und hier zeigt sich wieder einmal die Bedeutung der Nachspielzeit, in der die beiden Außenseiten nach und nach ihre Wärme nach innen abgeben. In dieser Zeit packt man das Steak am besten in Alufolie ein, und nach weiteren 5 Minuten heißt es „wohl bekomm's!" Nun ritzt nämlich die Kerntemperatur *well done* ganz knapp von unten an. Wenn Sie noch länger warten, steigt diese sogar noch weiter an. Um die Kerntemperatur wissenschaftlich zu überprüfen, lohnt sich als weitere Investition ein Garthermometer, das Sie zur Kontrolle in die Mitte des Fleisches stechen können.

Wenn Sie dasselbe Schema bei einem 2 cm dicken Steak anwenden, dann bekommen Sie nach 11 Minuten in der

Mitte über 95 °C. Das ist *very well done*. Bei einem Steak mit 5 cm werden es aber nur 30 °C. Das ist wohl selbst für *rare*-Fanatiker um einiges zu roh. Deshalb gibt man sehr dicke Steaks nach dem scharfen Anbraten für 10 bis 15 Minuten bei 150 °C ins vorgeheizte Backrohr.

In allen Fällen geht aber Probieren immer über Studieren. Nicht jede Kuh hatte die gleiche Figur und dasselbe Futter. Und weil Fett die Wärme schlechter leitet als Wasser, kann das einen deutlichen Unterschied ausmachen. Wenn das Steak noch nicht ganz Zimmertemperatur hatte oder Sie ungeduldig sind und die Pfannentemperatur noch sehr beim Hochfahren ist, dann verändern sich die Zeiten ebenfalls. Versuchen Sie deshalb naturwissenschaftlich zu denken, die Rahmenbedingungen immer möglichst gleich zu halten und auch mit Ihren erstandenen Thermometern genügend Messungen durchzuführen. Dann wird Ihnen früher oder später mit einiger Übung die perfekte Steakpunktlandung gelingen.

» WIE SIE BEIM KINDERFEST ZUM STAR WERDEN «

25 Glockenklang mit dem Kleiderbügel oder Warum klingt meine Stimme auf Band so blöd?

Wenn Sie eine Horde von Kindern bei einer Feier unterhalten wollen, ist es immer gut, ein paar Tricks auf Lager zu haben. Ich werde Ihnen in diesem Teil einige davon vorstellen und dazu die theoretischen Grundlagen gleich gratis mitservieren: für die Kinder den Trick, für Sie die Physik! Wenn dann die Kinder damit doch nicht zu packen sind und lieber ungestört in einer Ecke abhängen, mit dem Smartphone spielen oder durch die Wohnung toben, ist auch nichts vertan. Zumindest wurden wenigstens Sie im Vorfeld physikalisch unterhalten.

Ein Klassiker unter den sogenannten Freihandversuchen, die man ohne hochapparativen Aufwand mit nur wenigen Mitteln selber durchführen kann, ist der *Glockenklang mit dem Kleiderbügel*. Sie brauchen dazu nur einen Kleiderbügel aus Metall und ein bisschen Zwirn. Davon schneiden Sie zwei etwa 1 m lange Stücke ab und binden diese am Kleiderbügel fest (Abb. 52). Die losen Enden wickeln Sie ein paarmal um Ihre Zeigefinger und stecken diese in die Ohren. Wenn Sie nun den Haken des Bügels gegen eine Tischkante pendeln lassen, dann werden Ihre Ohren Augen machen. Was Sie nämlich zu hören bekommen, klingt frappierend nach einer großen Glocke! Warum ist das aber so?

Wenn Sie sich die Finger in die Ohren stecken, dann übertragen sich die Schwingungen des Bügels über den Zwirn auf Ihre Finger und von dort über den Schädelknochen direkt auf das Innenohr. Diesen Vorgang im Inneren nennt man *Knochenleitung*. Der Schädelknochen leitet aber niedrige Frequenzen besser als hohe. Es wird somit das ursprüngliche Frequenzspektrum des schwingenden Kleiderbügels verändert und aus seinem eher hochfrequenten Scheppern ein imposant-sonores Glockenläuten. Und das bringt mich zu einer Frage, die mit diesem Thema ganz eng zusammenhängt und die ich im Vorbeigehen mitnehmen möchte: Wieso hört sich die eigene Stimme vom Tonband immer so furchtbar an?

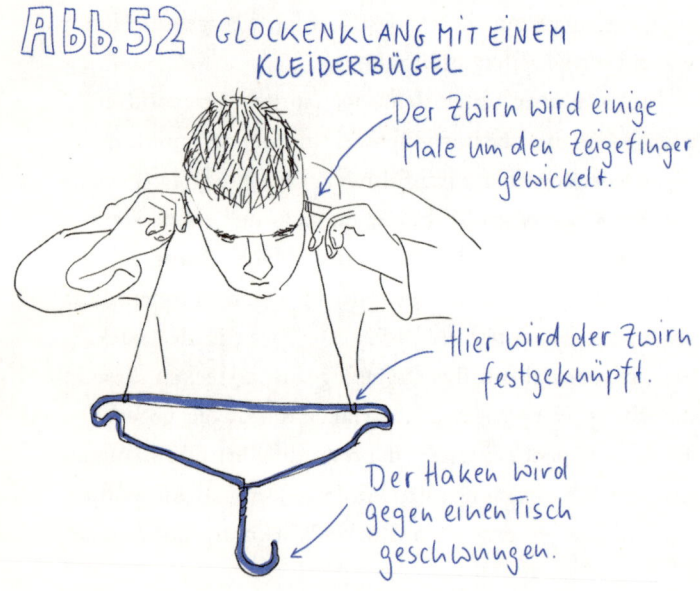

ABB. 52 GLOCKENKLANG MIT EINEM KLEIDERBÜGEL

Der Zwirn wird einige Male um den Zeigefinger gewickelt.

Hier wird der Zwirn festgeknüpft.

Der Haken wird gegen einen Tisch geschwungen.

Es gibt zwei verschiedene Übertragungswege, wie der Schall von Ihrem eigenen Mund in Ihr Ohr gelangen kann. Der eine erfolgt über die eben besprochene Knochenleitung, wobei die von den Stimmbändern erzeugten Schallwellen direkt über Ihren Schädelknochen zum Innenohr gelangen. Bei diesem Schallanteil überwiegen die tieferen Frequenzen. Einen Eindruck davon bekommen Sie, wenn Sie beim nächsten psychohygienischen Selbstgespräch einfach die Finger in die Ohren stecken. Dem Schall fehlen nun die hohen Frequenzen, und er ist dementsprechend dumpf. Der andere Weg ist der klassische über die Luft. Wie ist es aber überhaupt möglich, dass der Schall von Ihrem Mund ins Ohr kommt? Dieser müsste sich doch eigentlich geradlinig von Ihrem Mund weg nach vorne ausbreiten!

Damit der Schall, der Ihren Mund verlässt, wieder in Ihr Ohr gelangen kann, muss er ganz gehörig die Kurve kratzen, und das besorgt ein Effekt, den man Beugung nennt. Darunter versteht man, dass ein Teil einer Welle die Richtung ändert, wenn diese auf ein Hindernis trifft. Den Effekt sehen Sie in Abb. 53a anhand einer ebenen Wasserwelle, die auf ein breites Loch in der Wand trifft. Der Mittelteil läuft brav und unbeeindruckt weiter, während der Rand die Richtung ändert. Ein Teil der Welle läuft hinter dem Hindernis sogar genau quer zur ursprünglichen Richtung entlang der Wand nach links und rechts.

Auch bei den Schallwellen tritt ein ähnlicher Effekt auf.[36] Diese werden beim Austritt aus dem Mund teilweise gebeugt, laufen um den halben Kopf herum und dann in

Abb. 53 Beugung von Wellen

a) Eine Wasserwelle wird an einem breiten Spalt gebeugt.

b) Die Schallwellen aus dem Mund werden um den Kopf in die Ohren gebeugt.

ZUM ZUHÖRER
WELLENFRONTEN
WEG DER SCHALLWELLEN ZUM EIGENEN OHR

c) Diese Schallwellen werden durch die Hände abgeschwächt. Das Blockieren der Schallwellen verändert den Klang der Stimme.

den Gehörgang hinein – eine Richtungsänderung um fast 270°! Durch ein ganz einfaches Experiment können Sie belegen, dass die Schallwellen tatsächlich so um Ihren Kopf herumlaufen. Dazu führen Sie einfach wieder ein gepflegtes Selbstgespräch und halten die Hände wie in Abb. 53c seitlich an den Kopf. Dadurch verändert sich die Klangqualität Ihrer Stimme, weil die um Ihren Kopf laufenden Schallwellen nun teilweise behindert werden.

Warum also die komische eigene Stimme aus der Konserve? Sie hören sich selbst quasi doppelt, und zwar über

Luft *und* Schädelknochen. Sie hören also eine Klangmelange aus einem normalen und einem dunkleren Stimmklang, und das färbt Ihre Stimme eben in Summe etwas dunkler. Alle anderen Menschen und auch das Aufnahmegerät bekommen aber den Schall nur über die Luft und somit heller zu hören! Was unsere eigene Stimme betrifft, leben wir also in einer Scheinwelt. Dieser unbequemen Wahrheit muss man sich von Zeit zu Zeit ganz einfach stellen!

Beim Knabbergebäck, ohne das keine Kinderfeier auskommen würde, versucht man den Effekt der Knochenleitung zu umgehen. Das macht man, indem man die Kartoffelchips so groß macht und die Salzstangen so lang, dass man abbeißen muss. Beim Zerbrechen entstehen hohe Frequenzen, die wir als angenehm empfinden. Wenn das Gebäck so klein ist, dass man es ganz in den Mund stecken kann, macht das Knabbern nur halb so viel Spaß. Durch den fehlenden Luftschall gehen dann die knackigen Hochfrequenzen großteils verloren. Der Effekt ist letztlich derselbe wie beim Kleiderbügel, nur dass das Bügelscheppern nervig ist, während das Chip-Krachen unseren Ohren offenbar schmeichelt.

26 Darth Vader und Mickey Mouse oder Wie funktioniert die Heliumstimme?

Heliumballons machen sehr viel Spaß, weil sie sich so herrlich kontraintuitiv verhalten! Aber der größte Jux ist in meinen Augen, dass man das Helium auch zweckentfremden kann, um damit die berühmte Heliumstimme vorzuführen. Das sollte selbst bei gelangweilten Kindern ein Kracher werden, und auch Erwachsenen macht das mächtig Spaß. Führen Sie den Trick aber nicht zu oft hintereinander durch oder seien Sie zumindest wachsam. Helium selbst ist zwar völlig harmlos, aber wenn Sie einen tiefen Zug davon nehmen, dann passt natürlich weniger Sauerstoff in Ihre Lungen. Wenn Sie das in Ihrer Euphorie zu oft und zu schnell hintereinander machen, erleiden Sie eventuell einen Kollaps – was auf der anderen Seite natürlich eine zusätzliche Attraktion sein könnte. Wenn Sie die Sprösslinge selbst probieren lassen, dann müssen Sie natürlich doppelt so gut aufpassen. Aber ein Erlebnis ist es allemal!

Wie funktioniert das nun genau? Die kurze Antwort ist: Es hat mit der höheren Schallgeschwindigkeit in Helium zu tun. Um das im Detail zu verstehen, müssen wir uns ansehen, wie es in unserem Rachen aussieht (Abb. 54).[37] Zwischen Stimmbändern und Lippen befindet sich der sogenannte Vokaltrakt. Er wirkt wie ein Resonanzkörper, in dem die Schwingungen Ihrer Stimmbänder verstärkt wer-

Abb. 54 DER VOKALTRAKT

a) Der Vokaltrakt liegt zwischen den Stimmbändern und Lippen.

- Er entspricht vereinfacht einer einseitig geschlossenen Röhre mit etwa 14–17 cm Länge, in der die Grundschwingung eingezeichnet ist.

Abb. 55 NORMAL- VERSUS HELIUMSTIMME

a) Obertöne beim Vokal a unter normalen Bedingungen

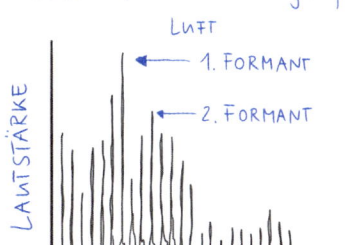

b) nach dem Einatmen von Helium

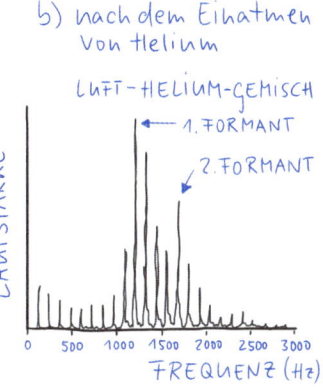

den. Diese erzeugen ähnlich wie eine schwingende Saite Grund- und Obertöne, jede Menge Obertöne, die unterschiedlich gut verstärkt werden, je nachdem, wie nahe die Stimmbandfrequenzen an den Resonanzfrequenzen des Vokaltrakts liegen.

In Abbildung 55a sehen Sie zum Beispiel das Frequenzspektrum bei einem gesprochenen a.[38] Die vielen Zacken sind Grundton und Obertöne, die die Stimmbänder erzeugen. Es sind etwa die ersten zwei Dutzend davon dargestellt. Zwei Frequenzbereiche fallen auf, die besonders laut sind, weil sie in den Resonanzbereich des Vokaltrakts fallen. Man spricht von den Formanten. Sie beeinflussen ganz wesentlich den Stimmklang und ihre Lage bestimmt zum Beispiel, welchen Vokal man wahrnimmt (Abb. 56a). Verschiebungen der Resonanzfrequenzen und somit der Formanten erzeugen wir, indem wir Mund- und Zungenstellung verändern (Abb. 56b).

Nehmen wir ein konkretes Beispiel. Bei einem gesprochenen u liegen die beiden ersten Formanten um 300 und 800 Hz, bei einem i bei 300 Hz und 2000 Hz (Abb. 56a). Der Unterschied zwischen dem dumpfen u und dem hellen i liegt also vor allem im zweiten Formanten. Sprechen Sie mal – am besten, wenn Ihnen gerade niemand zuhört – die Vokale alle aus, und machen Sie sich dabei bewusst, dass die Differenz der für uns so unterschiedlich klingenden Selbstlaute nur in deren Obertönen liegt. Ich finde das hochfaszinierend, weil man über so etwas Alltägliches ja eigentlich nie nachdenkt.

Abb. 56 Vokale und Formanten

a) Die Frequenzbereiche der ersten Formanten für fünf Vokale sowie das Helium-a

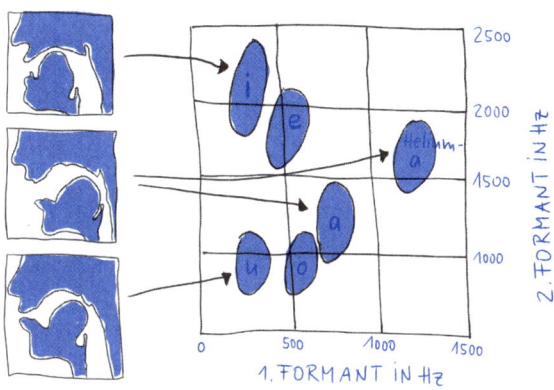

b) Exemplarische Mund- und Zungenstellung bei drei Vokalen

Um die Heliumstimme zu verstehen, fehlen uns aber noch zwei Bausteine. Der erste ist die Schallgeschwindigkeit (Tab. 25). In Helium ist diese fast dreimal so groß wie in Luft. Der zweite Baustein ist eine wichtige Gleichung, die für alle Wellen gilt, nämlich Wellengeschwindigkeit ist Frequenz mal Wellenlänge oder $v = f \cdot \lambda$. Wenn wir umformen, erhalten wir $f = v/\lambda$.

Nehmen wir an, Sie sprechen ein normales a und eines unter Heliumeinfluss. In beiden Fällen formen Sie Ihren Vokaltrakt gleich (Abb. 56b). Die Wellen, die sich in ihm

	Schallgeschwindigkeit	relative Schallgeschwindigkeit	Dichte
Helium	971 m/s (3496 km/h)	2,83	0,17 kg/m^3
Luft	343 m/s (1235 km/h)	1	1,2 kg/m^3
Schwefelhexafluorid	150 m/s (540 km/h)	0,44	6,1 kg/m^3

Tab. 25: Absolute und relative Schallgeschwindigkeiten von drei Gasen sowie deren Dichte bei 20 °C.

ausbildenden können, sind daher ebenfalls identisch, und wir können λ daher als konstant annehmen. Und daraus folgt sofort, dass die entstehenden Resonanzfrequenzen proportional zur Schallgeschwindigkeit sind, also $f \sim v$. Weil die Schallgeschwindigkeit in Helium größer ist, verschieben sich daher die Formanten (Abb. 55 und 56a). Außerdem sind beim Helium-a viele der tieferen Frequenzen reichlich schaumgebremst. Deshalb klingt man unter Heliumeinfluss wie *Mickey Mouse*. Nachdem sich im Vokaltrakt niemals reines Helium befindet, sondern sich dieses immer mit der Restluft in der Lunge vermischt, verschieben sich die Formanten nicht um einen Faktor 2,8, sondern in unserem Beispiel nur um etwa 1,6, aber für eine ulkige Stimme langt das allemal.

Die von den Stimmbändern erzeugten Frequenzen bleiben gleich. Das ist der Grund, warum man mit einer Heliumstimme richtig singen kann, wie schon so mancher Musikstar im Fernsehen effektvoll gezeigt hat. Es werden also nicht die Frequenzen selbst höher, sondern nur die

Stellen, an denen diese verstärkt werden. Das ist eigentlich schon sehr verblüffend, weil uns unsere Ohren eigentlich etwas ganz anderes sagen. Dass wir trotz dieser Batzen-Frequenzverschiebung überhaupt noch die Vokale erkennen können, ist als Glanzleistung unseres Gehirns anzusehen.

Sie können übrigens noch einen drauflegen und auch den gegenteiligen Effekt erzeugen, wenn Sie Schwefelhexafluorid (SF_6) einatmen. Weil in diesem Fall die Schallgeschwindigkeit viel geringer ist (Tab. 25), tritt der gegenteilige Effekt auf und man klingt etwa so wie *Darth Vader*. Auch SF_6 ist ungiftig, ist aber wesentlich schwerer als Luft. Während das Helium von selbst verduftet, sinkt SF_6 in Ihren Lungen ab, und das kann dann wirklich gefährlich werden. Die einzige Abhilfe ist, dass Sie nach der gelungenen Vorführung einen Kopfstand machen und mehrmals kräftig ein- und ausatmen. Sie können sich dabei ja abschließend noch einmal etwas theatralisch in Szene setzen.

27 Warum der Flop kein Flop wurde oder Wie funktioniert das schwebende Besteck?

Das schwebende Besteck ist ein verblüffender Dreh. Diesen Trick können Sie auch dann lässig aus dem Ärmel schütteln, wenn Sie mit Kindern im Restaurant länger auf das Essen warten. Sie nehmen Löffel und Gabel und stecken diese zusammen (Abb. 57). Dann schieben Sie zwischen die Zinken einen Zahnstocher, platzieren dessen Ende auf einer Tischecke und tadaaa! Sie können das Ganze auch, je nach Geschmack, auf den Rand eines Glases hängen.

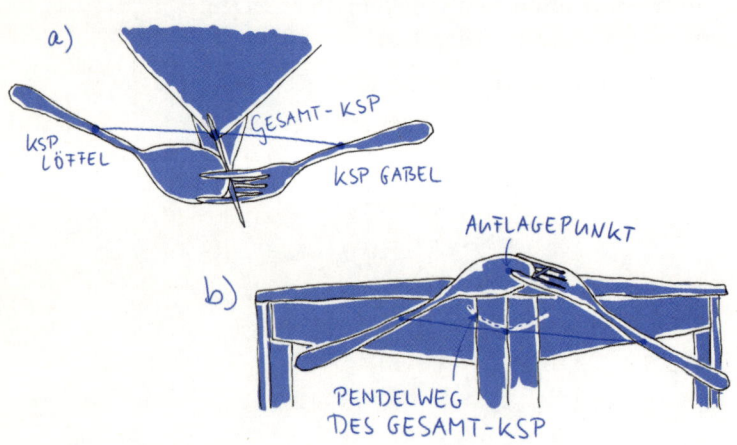

Abb. 57 DAS SCHWEBENDE BESTECK

Wieso rutscht das Besteck nicht von der Tischplatte, obwohl es komplett außerhalb liegt? Das läuft wieder einmal gegen unsere Intuition! Der Trick liegt im Knick, den die zusammengesteckten Teile machen, und am besten kann man das mithilfe des Körperschwerpunkts (KSP) erklären. Unser Gebilde besteht aus zwei Teilen – den Zahnstocher können wir gewichtsmäßig unter den Tisch fallen lassen. Schauen wir uns das mal aus der Vogelperspektive an (Abb. 57a). Der Gesamt-KSP liegt auf der Verbindungslinie zwischen den Schwerpunkten von Löffel und Gabel und durch den Knick somit einige Zentimeter außerhalb des Bestecks – und ums Lecken innerhalb der Tischplatte. Deshalb ist alles paletti!

Von der Seite betrachtet (Abb. 57b) kann man bemerken, dass das Besteck Schlagseite hat und die Stiele nach unten hängen. Die Verbindungslinie zwischen den beiden Schwerpunkten verläuft daher deutlich unterhalb der Tischplatte, und der Gesamt-KSP liegt somit ebenfalls unter dem Auflagepunkt des Zahnstochers. Wir müssen also unsere Formulierung von oben präzisieren und sagen, die *Projektion* des KSP liegt innerhalb der Tischplatte. Das Besteck wirkt ähnlich wie ein Pendel. Wenn Sie es leicht anstupsen, dann wird es eine Zeitlang baumeln und sich letztendlich wieder die ursprüngliche Position suchen, in der der KSP am tiefsten liegt.

Dieser frappante Trick ist eine reine Spielerei ohne praktische Anwendung. Er zeigt aber sehr plastisch, dass der KSP auch außerhalb eines Körpers liegen kann, was quasi einer physikalischen Out-of-body-Erfahrung gleichkommt. Und da gibt es durchaus Situationen, in denen so etwas sehr praktisch sein kann, zum Beispiel beim Hochsprung.

Abbildung 58a zeigt die Technik-Entwicklung über die Jahrzehnte. Sie sehen, dass die vergeudete Höhe mit zunehmender technischer Ausreifung immer weniger und weniger wurde. Beim Flopsprung, bei dem man rücklings und sehr durchgebogen springt, kann bei guter Technik der KSP zum Zeitpunkt der Lattenüberquerung außerhalb des Körpers liegen und somit unter der Latte durchgehen (Abb. 58b). Auch hier macht's der Knick möglich! Im Vergleich mit dem Wälzer kann man daher bei gleicher Sprungkraft über 10 cm mehr herausholen. Biomechanische Untersuchungen haben zwar gezeigt, dass es nur wenigen Springern gelingt, den KSP tatsächlich unter die Latte zu bekommen, aber der relative Vorteil gegenüber dem Wälzer bleibt bestehen.

International eingeführt wurde diese Technik von *Richard „Dick" Fosbury*. Sein Trainer kommentierte dessen seltsame Technik-Experimente mit den Worten: „So wird nichts aus dir. Besser wäre es, wenn du zum Zirkus gehst." Fosbury blieb aber beim Sport und wurde mit seiner neu kreierten Technik 1968 Olympiasieger im Hochsprung. Der Fosbury-Flop wurde kein Flop, weil er die Physik auf seiner Seite hatte! Auch noch über 50 Jahre später ist das die dominierende Technik im Hochsprung.

Abb. 58 VOM HOCHSPRUNG BIS ZUM FLOP

a) Abgebildet sind die Stationen in der Entwicklung der Hochsprungtechnik und wie sehr der KSP über die Latte gehoben werden muss.

KSP

HOCKSPRUNG
+40 cm

SCHERSPRUNG
+25 cm

WÄLZER
0 cm bis +5 cm

FLOPSPRUNG
-9 cm bis 0 cm

b) Beim Flop kann der KSP unter der Latte durchgehen.

KSP

28 Candlelight-Dinner in Schwerelosigkeit oder Wie funktioniert eine Teebeutelrakete?

Auch bei der sogenannten Teebeutelrakete ist der Materialaufwand sehr überschaubar. Weil man außerdem endlich mal wieder etwas abfackeln kann, ist dieses kleine Experiment zu einem absoluten Klassiker geworden. Sie müssen dazu nur einen Teebeutel schlachten, indem Sie einfach den oberen Rand mitsamt der Klammer abschneiden (Abb. 59). Wenn Sie das Säckchen aufklappen und leeren, bekommen Sie einen Papierzylinder, den Sie zur Sicherheit lieber auf eine feuerfeste Unterlage stellen. Und dann müssen Sie nur oben anzünden und ein paar Sekunden warten. Kurz bevor der Teebeutel komplett abgebrannt ist, entschwebt er sanft nach oben.

Abb. 59 Die Teebeutelrakete

Teebeutel aufschneiden und entleeren

Oberen Rand anzünden

Beutel hebt ab, kurz bevor er ganz abgebrannt ist

Der springende Punkt ist hier die Konvektion, also die Wärmeströmung, die durch die Hitze der Flamme entsteht. Die warme Luft steigt auf, und von der Seite strömt neue kalte Luft nach, die sich wiederum erwärmt und so weiter. Das Säckchen ist also von einem Luftstrom umzingelt, der eine nach oben gerichtete Kraft erzeugt. Fast ganz abgebrannt besteht das Papier im Wesentlichen nur mehr aus einem Kohlenstoffgerüst. Dann ist es so leicht geworden, dass die Thermik die Gewichtskraft überwinden kann. Die Geschwindigkeit der aufsteigenden Luftströmung liegt in der Größenordnung von 0,5 m/s, und so schnell wird auch der Papierrest mitgetragen.

Oft kann man lesen, dass die Luft durch die Erwärmung leichter wird. Obwohl natürlich jeder ganz genau weiß, was damit gemeint ist, kann man an dieser Formulierung ein wenig herumnörgeln. 1 kg heiße Luft hat ja nach wie vor 1 kg. Sie dehnt sich aber aus und braucht mehr Platz. Die

Lufttemperatur in °C	Luftdichte in kg/m^3	relative Luftdichte in %
20	1,2044	100,0
23	1,1922	99,0
26	1,1802	98,0
29	1,1685	97,0
32	1,1570	96,1
35	1,1457	95,1
38	1,1347	94,2
41	1,1239	93,3

Tab. 26: Zusammenhang zwischen Luftdichte und Temperatur. Über den Daumen gepeilt kann man sagen, dass pro 3 °C plus die Dichte um 1 % sinkt.

Luft wird also eigentlich nicht leichter, sie wird dünner (Tab. 26). Um es ganz plakativ zu formulieren: Ein gefüllter Heißluftballon hat sogar eine größere Masse als ein leerer – es ist ja auch noch zusätzlich die heiße Luft drin. Obwohl er also schwerer geworden ist, steigt er auf, weil seine Dichte geringer geworden ist!

Der Verursacher der Konvektion ist auf unterster Ebene die Gravitation. Ohne diese kann sich die heiße Luft aufblasen, so viel sie will, sie wird trotzdem nicht aufsteigen, weil sie dann gar nicht mehr weiß, wo oben und unten ist. Die uns vertraute Tropfenform einer Flamme beruht auf Konvektion und somit letztlich auf der Schwerkraft. Was uns zur spannenden Frage bringt, wie diese wohl in Schwerelosigkeit aussieht! Weil die heiße Luft dann orientierungslos ist, gibt es keine Konvektion und die Flamme wird kugelrund (Abb. 60). Außerdem verliert sie sehr an

Leistung, weil der Sauerstoff nur mehr durch Diffusion zu ihr gelangen kann. Statt mit 50 bis 100 W brennt eine Kerze dann nur mehr mit 1 bis 2 Watt. Ein Candlelight-Dinner in Schwerelosigkeit würde dadurch einigermaßen an Romantik einbüßen.

Um aber noch einmal auf die Teebeutelrakete zurückzukommen. Unter uns gesagt ist diese gar keine richtige Rakete! Sie lässt sich ja einfach so mitsaugen. Richtige Raketen funktionieren immer nach dem Rückstoßprinzip, so wie die Wasserrakete im nächsten Kapitel.

29 Countdown nicht möglich! oder Wie funktioniert eine Wasserrakete?

Stellen Sie sich vor, Sie sitzen in einem kleinen Boot und werfen schwere Steine nach hinten. Durch den Rückstoß werden Sie sich mit dem Boot nach vorne wegbewegen – zumindest in gemächlichem Tempo. Zweifelsohne gibt es elegantere Methoden der Fortbewegung und es werden Ihnen auch über kurz oder lang die Steine ausgehen, aber es geht hier ums Prinzip, genauer gesagt ums Rückstoßprinzip, auf dem auch alle Raketenantriebe basieren. Sie üben eine Kraft auf die Steine aus und diese im Gegenzug eine auf Sie. Jede Kraft führt stets zu einer gleich großen Gegenkraft! Wieder einmal spielt also das dritte Newton'sche Grund-

Abb. 67 KRAFT UND GEGENKRAFT BEI EINER WASSERRAKETE

$F_{Wasser-Rakete}$ SCHUBKRAFT

$F_{Rakete-Wasser}$

gesetz die Hauptrolle. Auf eine Wasserrakete angewandt bedeutet das: Die Rakete drückt das Wasser mit Karacho unten raus und die dabei entstehende Gegenkraft des Wassers, die Schubkraft, drückt die Rakete nach oben (Abb. 61; siehe auch Abb. 25, S. 78).

Die Rückstoßtechnik mithilfe von Wasser ist, nebenbei bemerkt, ein überaus alter Hut. Tintenfische sind lebendige Wasserraketen! Schon seit über 500 Millionen Jahren bewegen sie sich fort, indem sie durch Zusammenziehen ihres Körpers Wasser mit hoher Geschwindigkeit nach hinten ausstoßen.

Wir wollen aber natürlich keine Kraken in die Luft schießen und uns hier auf unbelebte Wasserraketen beschränken. Sie können diese fix und fertig mit allem möglichen Schnickschnack kaufen. Sie können sie auch aufwendig bauen und designen, stromlinienförmig mit mehreren Stufen, mit Stabilisierungsflossen und einer ausgetüftelten Startrampe. Das kann natürlich eine sehr nette Sache für die ganze Familie fürs Wochenende werden. Für mich liegt die Attraktivität aber vor allem darin, dass man diese Dinger mit relativ wenig Aufwand bauen und abschießen kann, ohne dass sie dabei auch nur ansatzmäßig an Reiz verlieren.

Für die einfachste Variante brauchen Sie nur eine alte PET-Flasche, einen passenden Stöpsel, Fahrradventil, Fahrradpumpe und natürlich Wasser (Abb. 62). Für die Abschussrampe können Sie eine abgeschnittene Flasche verwenden, oder Sie befestigen an der Rakete mit Klebeband einen Stab, den Sie einfach in die Erde stecken. Am kniff-

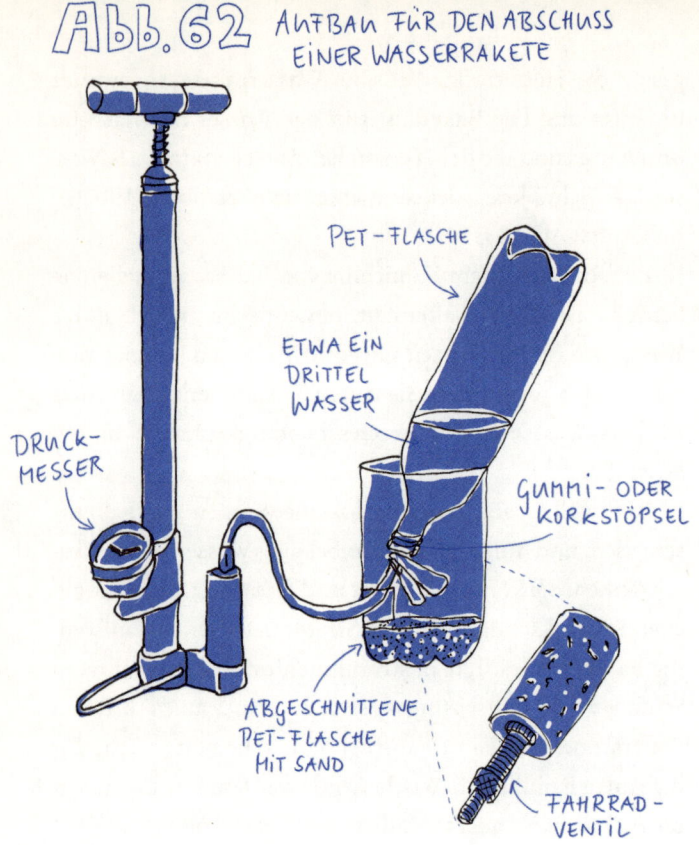

Abb. 62 Aufbau für den Abschuss einer Wasserrakete

ligsten ist der Stöpsel mit Ventil. Dieser muss mordsfest in der Flasche sitzen, damit sich ein hoher Druck aufbauen kann. Um das Ventil durch den Stöpsel zu bekommen, bohren Sie diesen vorher am besten an.

Beim Raketenstart pumpen Sie so lange Luft in die Flasche, bis diese irgendwann losgeht. Wann das ist, kann man nicht genau vorhersagen, weil es davon abhängt, wie fest der Stöpsel steckt. Ein punktgenauer Countdown ist daher nicht möglich! Wovon hängt die erreichbare Höhe Ihrer Wasserrakete ab? Zunächst einmal von den Flaschendimensionen. Je größer, desto leistungsstärker die Rakete, desto höher. Wenn es umgekehrt wäre, würden sich die Raumfahrtbehörden durch Nano-Raketen Milliarden sparen. Weiters spielt die Treibstoffmenge beim Start eine große Rolle, also die Füllmenge. Um die Effekte zahlenmäßig zu erfassen, nehme ich im Folgenden exemplarisch eine 1,5-Liter-Flasche und einen Überdruck von 4 bar beim Start.

In Abb. 63 sehen Sie den Zusammenhang zwischen Füllmenge und Flughöhe.[39] Unsere Modellflasche kann am höchsten steigen, wenn sie zu rund einem Drittel befüllt ist. Das gilt übrigens generell für Wasserraketen. Auch wenn

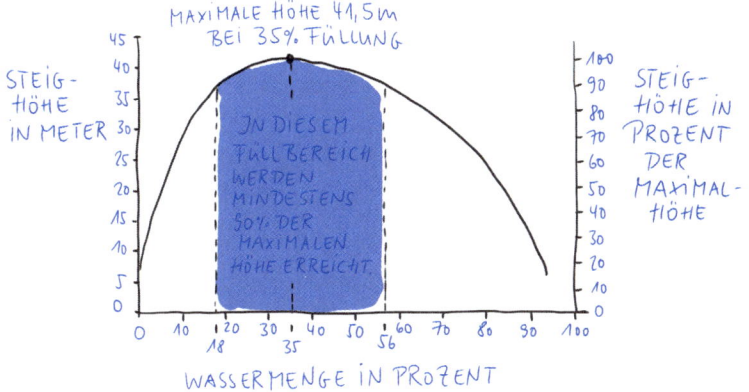

Abb. 63 Füllmenge und Flughöhe einer Wasserrakete

Es wurde eine 1,5L-Flasche mit 4 bar Startdruck berechnet. Im markierten Bereich werden zumindest 90% der maximalen Höhe erreicht.

Sie ein schlechtes Augenmaß besitzen, müssen Sie sich keine grauen Haare wachsen lassen, weil der Spielraum, um zumindest 90 % der Höhe zu erreichen, ein wirklich bequemer ist. In Tabelle 27 sehen Sie einige interessante Daten für unsere Beispielrakete, wenn diese mit der idealen Wassermenge betankt wird. Kleintiere sollten Sie – auch bei beharrlichem Drängen der Kinder – definitiv nicht als Passagiere mitschicken, weil die auftretenden Beschleunigungen enorm sind.

Hohlraum	1,5 l
Wasserfüllmenge	0,53 l
Überdruck bei Abflug	4 bar
Durchmesser der Flaschenöffnung	22 mm
Leermasse	112 g
Burn-out nach	57 Millisekunden
Flughöhe beim Burn-out	0,9 m
Beschleunigung zu Beginn	450 m/s^2 (45,9 g)
Beschleunigung bei Burn-out	1111 m/s^2 (113 g)
Steighöhe	41,5 m

Tab. 27: Einige simulierte Daten (grau unterlegt) zur Modellrakete, wenn diese mit 35 % Wasser betankt wird.[40]

Dass die erreichbare Höhe absinkt, wenn man zu wenig Wassertreibstoff tankt (Abb. 63), ist leicht nachvollziehbar. Bemerkenswert ist jedoch, dass die Flasche auch einige Meter hoch fliegt, wenn man nur Luft verwendet. Selbst diese kann als Treibstoff dienen, wenn sie nur schnell genug ausströmt. Wenn Sie eine sehr hohe oder renovierungsbedürftige Wohnung besitzen oder zumindest sehr verwegen sind, können Sie an einem verregneten Tag die Nur-Luft-Rakete auch indoor vorführen.

Warum sinkt die Steighöhe ab, wenn man zu viel Wasser einfüllt? Müsste nicht mehr Treibstoff einen höheren Effekt ergeben? Bei brennbarem Sprit ist das natürlich der Fall, weil die Schubkraft konstant bleibt, und kein NASA-Techniker würde je auf die hirnrissige Idee kommen, den Raketentank nur zu einem Drittel zu befüllen. Bei unserer Wasserrakete ist das aber anders. Wenn nach dem Take-off die Flüssigkeit nach hinten rausgedrückt wird, expandiert die Luft in der Flasche, der Druck sinkt und mit diesem auch die Schubkraft. Je mehr Wasser Sie einfüllen, desto weniger Platz bleibt für die Luft, und desto stärker muss sich diese ausdehnen, um das Wasser komplett hinauszudrücken. Dadurch wird hintenraus bei zu viel Wasser die Schubkraft ziemlich lasch. Gleichzeitig muss die Rakete aber mehr Treibstoff mitschleppen, und deshalb sinkt bei Überfüllung die Flughöhe wieder ab.

Überdruck in der Flasche in bar	Steighöhe in Metern
1	12,9
2	23,1
3	32,9
4	41,5
5	49,1
6	56,0
7	62,0
8	67,7

Tab. 28: Wie der Druck in der Flasche die Steighöhe beeinflusst. Die Werte sind für optimale Wassermengen berechnet.

Neben Flaschengröße und optimaler Füllmenge spielt auch noch der Druck eine große Rolle, mit der die Flasche gewissermaßen aufgeladen wird (siehe Tab. 28). Wenn unsere Modellrakete bei 2 bar Überdruck abhebt, kommt sie nur auf 23 m, bei 8 bar würde sie hingegen rund 68 m hoch fliegen. Steuern können Sie den Überdruck nur, indem sie den Stöpsel unterschiedlich fest hineinstopfen. Und um Feedback über den aufgebauten Druck zu bekommen, ist eine Luftpumpe mit Druckanzeige kein Nachteil.

Für den Fall, dass Sie gerne einmal ein längeres Projekt hätten, an dem Sie arbeiten können: Der Weltrekord für Wasserraketen liegt bei über 600 m Höhe! Es ist jedoch zu befürchten, dass Sie das mit Fahrradpumpe und PET-Flasche nicht hinbekommen werden.

30 Die Kunst der Verzerrung oder Wie macht man eine Anamorphose?

Ich habe ja schon mehrmals anklingen lassen, dass uns die alltäglichen Dinge viel zu vertraut sind, um uns philosophisch ins Sinnieren zu bringen, was prinzipiell natürlich schade ist. Wann haben Sie zum Beispiel das letzte Mal über Bodenmarkierungen nachgedacht? Ist wahrscheinlich schon ein bisschen länger her. Aber es ist doch so: Damit Sie hinter dem Volant sitzend am Boden aufgemalte Dinge wie Pfeile, Schriftzüge oder Fährrader in vernünftigen Proportionen sehen können, müssen diese in völlig unvernünftigen Proportionen auf den Boden gemalt werden. Erst durch den flachen Betrachtungswinkel schrumpfen sie perspektivisch bedingt in der Höhe stark zusammen und sehen wieder ganz normal aus (Abb. 64). Bilder, die man nur aus einem ganz bestimmten Blickwinkel oder mithilfe

Abb. 64 PERSPEKTIVISCHE ANAMORPHOSE AUF DER STRASSE

Eine Fahrradmarkierung a) von oben und b) aus der Sicht des Autofahrers

Abb. 65 Perspektivische Anamorphose zum Geburtstag

Sieht ein bisschen aus wie ein Barcode, ist aber in Wirklichk‹ ein Glückwunsch. Zum Lesen machen Sie am besten ein Auge zu und sehen das Bild im flachen Winkel von unten an.

eines besonderen Spiegels richtig sehen kann, haben sogar einen eigenen Namen. Man nennt sie etwas prosaisch Anamorphosen, und alle Bodenmarkierungen gehören zu dieser Gattung.

Diese Methode von Verzerrung und Entzerrung ist keine moderne Erfindung der Straßenmarkierungsinnung, sondern schon steinalt. Die erste bekannte Anamorphose stammt vom Renaissancegenie *Leonardo da Vinci* aus dem Jahre 1485 und stellt ein in der Breite verzerrtes Kindergesicht dar. Da Vinci war wahrscheinlich auch der Erste, der sich Gedanken über die Schwierigkeiten bei Deckengemälden machte. Diese müssen ja verzerrt aufgemalt werden, um Perspektive, Wölbungen und Unregelmäßigkeiten für den Betrachter am Boden auszugleichen. So ein Aufwand, und wir merken das in der Regel gar nicht, so wie wir auch die absurd langen Bodenmarkierungen nicht beachten.

Was haben aber Farbpfeile auf Straßen und Engel in Kirchenkuppeln mit Kinderfesten zu tun, werden Sie sich jetzt vielleicht fragen. Nun, Sie haben noch kein Geschenk für den Kindergeburtstag? Dann können Sie den oben beschriebenen Verzerrungseffekt für eine ganz besondere und individuelle Glückwunschkarte nutzen (Abb. 65). Mit einem Bildbearbeitungsprogramm ist das mit ein paar Handgriffen erledigt. Natürlich könnten Sie die Kinder dann bei der Feier selbst auch noch versuchen lassen, per Hand oder Computer solche Schriftzüge zu entwerfen und zu lesen.

Diese perspektivischen Anamorphosen sind schon mal gar nicht schlecht, lassen sich aber noch toppen. Wesentlich spektakulärere Ergebnisse kann man zum Beispiel mithilfe von Zylinderspiegeln erzielen (Abb. 66a). Diese wirken ähnlich wie Wölbspiegel, die im Straßenverkehr an unübersichtlichen Stellen eingesetzt werden, sind allerdings nur in eine Richtung gekrümmt. Damit eine Vorlage durch diese Spiegel gesehen normal erscheint, muss sie absurd verzerrt

Abb. 66 Noch eine Anamorphose

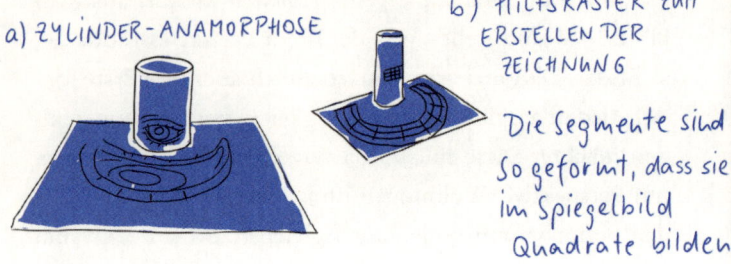

a) Zylinder-Anamorphose

b) Hilfsraster zum Erstellen der Zeichnung

Die Segmente sind so geformt, dass sie im Spiegelbild Quadrate bilden.

um diese herum gezeichnet werden. Auch das ist schon eine alte Technik, die bereits im 17. Jahrhundert bekannt war. Dieses Verfahren wurde für Bilder verwendet, die nicht für jedermann erkennbar sein sollten, etwa um Porträts von politisch geächteten Personen in Umlauf zu bringen – oder zum Betrachten pornografischer Szenen. Nur Eingeweihte konnten mit dem entsprechenden Spiegel sehen, was nur sie sehen durften. Eine Anamorphosen-Blütezeit gab es dann im 18. und 19. Jahrhundert, als – jugendfreie – Motive als optische Belustigung in die Haushalte einzogen. Um die paradox entstellten Zeichnungen herzustellen, arbeitete man mit einem Netz aus Hilfslinien (Abb. 66b).

Aber, Hand aufs Herz, das Millimeterpapier war gestern! Wir leben im digitalen Zeitalter! Im Internet finden Sie Programme[41], die Ihnen die aufwendige Zeichenarbeit abnehmen. Man kann mit diesen Tools digitale Fotos so verzerren, dass sie dann später im Zylinderspiegel wieder normal erscheinen. Und damit können Sie ein außergewöhnliches

Geburtstagsgeschenk kreieren. Ein Set mit selbstgemachtem anamorphotisch verzerrten Foto des Geburtstagskindes und einem Zylinderspiegel, das schenkt nicht jeder!

Wie kommen Sie aber an einen solchen Spiegel? Am einfachsten ist es, eine Papprolle von Toilettenpapier und Co. mit Spiegelfolie zu bekleben. Diese bekommen Sie überall im Fachhandel. Es gibt auch verchromte Rohre, die man im Baumarkt erstehen und zerschneiden kann. Aber man findet auch im Haushalt immer wieder Dinge, die man anamorphotisch zweckentfremden kann, etwa verspiegelte Tassen. Mir fiel einmal ein altes metallenes Staubsaugerrohr in die Hände, das dann die Grundlage für einige Geburtstagesgeschenke wurde.

31 Nicht nachmachen! oder Wie funktioniert der Turbo-Würstchen-Garer?

Würstchen gehören sicher nicht auf den Gourmet-Olymp. Für Kinderfeste sind sie aber auf jeden Fall eine hochpraktische Sache. Sie schmecken fast jedem und sind ohne Aufwand zuzubereiten. Für unsere Zwecke haben sie aber noch einen weiteren unschätzbaren Vorteil: Man kann das Aufwärmen der Würstchen zu einem eigenen spektakulären Programmpunkt machen, wenn man diese quasi direkt an die Steckdose hängt. Dabei werden sie in wenigen Sekunden auf Esstemperatur erhitzt – keine andere Methode arbeitet dermaßen effizient. Ich brauche nicht extra zu erwähnen, dass dieser Trick ausschließlich von Erwachsenen vorgeführt werden darf, und diese müssen selbstredend auch sehr aufpassen, weil mit nacktem Strom natürlich nicht zu spaßen ist. Die Kinder müssen brav und diszipliniert Abstand halten, und der pädagogische Hinweis „Nicht nachmachen!" darf natürlich auch nicht fehlen.

Sie brauchen für den Turbo-Würstchen-Garer nur ganz wenige Utensilien (Abb. 67): eine Steckdosenleiste mit Schalter, zwei Gabeln und zwei Kabel, mit Bananensteckern auf der einen und Krokoklemmen auf der anderen Seite. So etwas bekommen Sie unter dem Namen *Prüfkabel* im Elektrofachhandel. Damit Sie stromschlagtechnisch auf der sicheren Seite sind, schalten Sie die Steckdosenleiste

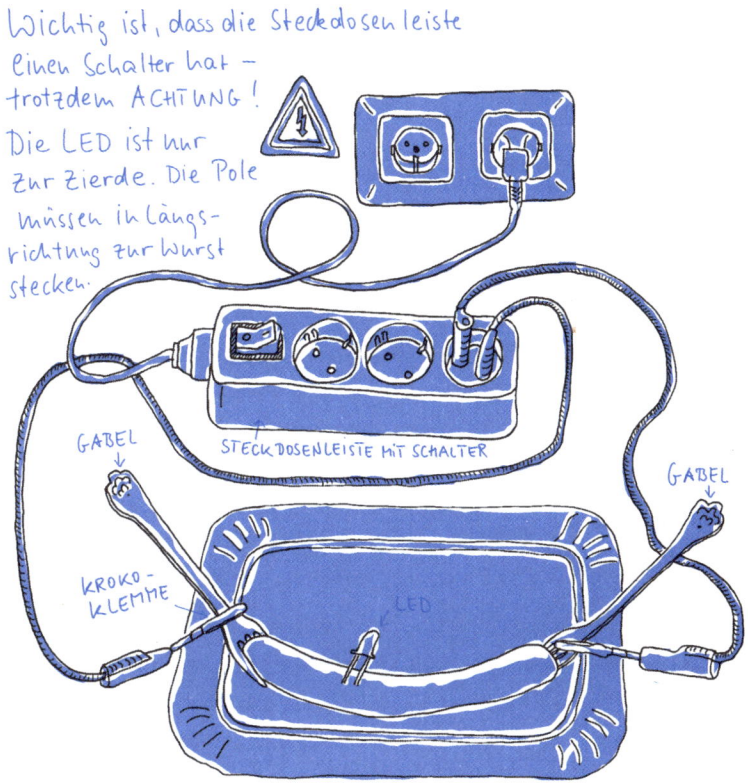

Abb. 67 Aufbau und Bestandteile des Turbo-Würstchen-Garers

Wichtig ist, dass die Steckdosenleiste einen Schalter hat – trotzdem ACHTUNG! Die LED ist nur zur Zierde. Die Pole müssen in Längsrichtung zur Wurst stecken.

GABEL
STECKDOSENLEISTE MIT SCHALTER
GABEL
KROKO-KLEMME
LED

zunächst ab. Die Gabeln schieben Sie möglichst tief in die Wurstenden, damit die Kontaktflächen groß sind. Sie sollten aber nicht ihre Renommiergabeln verwenden, weil diese an den Zinken mit ziemlicher Sicherheit schwarz werden und das Putzen später sehr mühsam sein kann. Die Kabel stecken Sie mit dem einen Ende in die Leiste und klemmen das andere an die Gabeln. Um das Ganze zusätzlich noch aufzupeppen, können Sie eine LED in Längsrichtung der Wurst stecken. Fertig!

Zum Warmmachen schalten Sie die Steckdosenleiste ein. Während der Strom fließt, dürfen Sie natürlich weder Besteck noch Wurst berühren, weil Sie sonst zur ungewollten Hauptattraktion werden. Das Tolle an dieser Methode ist auf jeden Fall, dass die Wärme direkt von innen her wirkt und aufgrund des hohen Tempos so gut wie nichts nach außen verloren geht. Die LED leuchtet munter vor sich hin, und nach wenigen Sekunden beginnt die Wurst an den Enden auch schon zu dampfen. Dann sollten Sie den Strom besser abdrehen, damit das gute Teil nicht aufplatzt. Mit dieser Gartechnik können Sie in wenigen Minuten eine ganze Horde Kinder mit warmen Würstchen versorgen.

Wie viel Strom fließt bei dieser Methode? Das hängt natürlich von der Wurst ab, weil zum Beispiel Wasser-, Fett- und Salzgehalt eine Rolle spielen und auch Dicke und Länge. Ich habe Frankfurter getestet, aber natürlich gehen auch alle anderen Wurst-Modelle. Bevor ich auf den Stromfluss eingehe, möchte ich ein paar Worte zum Wurst-Terminologie-Dschungel verlieren, weil man hier sehr gut den Unterschied zwischen naturwissenschaftlicher und alltäglicher Sprache sehen kann.

Die sogenannten *Frankfurter Würstchen* wurden schon im 13. Jahrhundert erfunden, und zwar – jetzt halten Sie sich fest – in Frankfurt! Sie bestehen aus Schweinefleisch.

1805 wurden in Wien von einem aus Frankfurt zugereisten Fleischhauer Würste ersonnen, die aus Schweine- *und* Rindfleisch bestehen. Gemeiner Weise nennt man diese hier in Österreich kurz *Frankfurter* (ohne den Würstchen-Zusatz). Um das noch ein bisschen verwirrender zu machen, hat man die Frankfurter in Deutschland *Wiener Würstchen* oder kurz *Wiener* genannt. Überdies werden aber die originalen Frankfurter Würstchen bequemlichkeitshalber oft auch einfach nur Frankfurter genannt.

Das heißt also unter dem Strich, einerseits sind Frankfurter dasselbe wie Wiener, andererseits aber *nicht* dasselbe wie Frankfurter Würstchen, und manchmal sind Frankfurter nicht gleich Frankfurter. Sind Sie verwirrt? Ähnliche Konfusionen, etwa mit Längen- oder Volumenangaben, waren der Grund, warum die Physiker nach und nach das Internationale Einheitensystem entwickelt haben, damit sie nicht vorher eine Stunde lang abklären müssen, wovon jetzt eigentlich die Rede ist. Ich beziehe mich als gebürtiger Wiener im Folgenden auf Wiener Würstchen alias Frankfurter, die man wissenschaftlicher als *Brühwürstchen im Saitling mit Schweinefleisch und Rindfleisch* bezeichnen könnte.

Wie viel Strom fließt also durch so ein Brühwürstchen? Um das zu messen, muss man nur während der Wurstwärmphase ein Amperemeter in den Stromkreis schalten. Dieses zeigte bei den frisch ausgepackten Frankfurtern etwa 2 A mit steigender Tendenz an. Stromleistung ist Spannung mal Stromstärke ($P = U \cdot I$). Meine Würstchen wurden also mit 230 V · 2 A = 460 W direkt an der Wurzel erwärmt und waren deshalb nach weniger als 10 Sekunden essfertig.

Warum leuchtet dabei aber die aufgesteckte LED? Diese haben in der Regel eine Betriebsspannung von etwa 2 bis 3 Volt. Nehmen wir vereinfacht an, dass Kabel und Gabel keinen Widerstand haben. Aus der Steckdose kommt Wechselstrom, wodurch sich die Polung 100-mal pro Sekunde ändert. Aber betrachten wir exemplarisch den Augenblick, in dem das linke Wurstende auf 230 V liegt und das rechte auf 0 V (Abb. 68).[42]

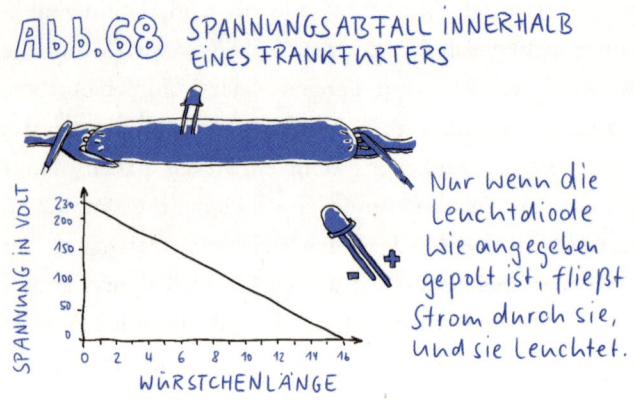

Abb. 68 SPANNUNGSABFALL INNERHALB EINES FRANKFURTERS

Nur wenn die Leuchtdiode wie angegeben gepolt ist, fließt Strom durch sie, und sie leuchtet.

Man kann die Spannung auch als elektrischen Höhenunterschied betrachten. Sie ist ein Indikator dafür, wie viel Energie eine Ladung besitzt. Wenn Sie sich entlang der Wurst nach rechts bewegen, dann fällt die Spannung immer mehr ab. Diese verringert sich deshalb, weil die fließenden Ladungen Energie abgeben, was wiederum die Wurst aufwärmt. Es ist so ähnlich, als würde Wasser eine schiefe Ebene hinunterrinnen und dabei seine Energie nach und nach abgeben. Wenn Sie zum Beispiel die Spannung zwischen Wurstmitte und rechtem Zipfel messen, bekommen Sie nur mehr die Hälfte, also 115 V. Auch Wasser hätte in der Mitte der schiefen Ebene nur mehr die halbe Energie. In Wirklichkeit ist es komplizierter, weil durch den Wechselstrom die Ladungen gar nicht durch die Wurst fließen, sondern auf der Stelle hin und her zittern. Aber das Prinzip, dass die Spannung für die Energie der Ladungen verantwortlich ist, bleibt trotzdem das gleiche.

Meine Testfrankfurter waren 16 cm lang. Wenn der Spannungsabfall auf dieser Strecke 230 V beträgt, dann sind das pro Zentimeter etwa 14 V und pro Millimeter 1,4 V. Der Abstand der Kontakte bei einer LED beträgt etwa 2 mm. Wenn Sie also diese in Längsrichtung ins Würstchen stechen (wie in Abb. 68), dann wird sie mit durchschnittlich 2,8 V betrieben, und das ist ein guter Wert. Wenn Sie die Leuchtdiode hingegen quer einstechen, dann leuchtet sie nicht, weil zwischen den Polen kein Spannungsunterschied besteht. Die LED leuchtet im Übrigen nur die Hälfte der Zeit, nämlich nur dann, wenn der Wechselstrom gerade in die richtige Richtung fließt. Weil die Umpolung aber so oft pro Sekunde erfolgt, merken Sie vom Flackern nichts.

Mit exakt demselben Aufbau, den Sie für die Würstchen verwenden, können Sie dann auch gleich die *leuchtende Essiggurke* vorführen. Diese stecken Sie wie die Wurst ebenfalls auf die Zinken der Gabeln. Es handelt sich dabei allerdings um einen reinen Showtrick, weil es zu einer eher unangenehmen Geruchsentwicklung vonseiten der Gurke kommt, und eine warme stinkende Gurke wird kein Renner werden. Aber ein beeindruckender Effekt ist es allemal.

Die Essiggurke leitet den Strom sehr gut, weil sie in einer Salz-Essig-Lösung eingelegt war und von dieser gewissermaßen gut durchsaftet ist. Die Leuchterscheinung kommt vereinfacht gesagt dadurch zustande, weil die fließenden Elektronen das Natrium im Zellwasser zu Quantensprüngen hinauf anregen. Beim Rücksprung wird die Energie in Form von Licht frei (siehe auch Abb. 41a und b, S. 141), und zwar mit einer ganz bestimmten Wellenlänge im gelblichen Bereich.

Die Gurke leuchtet nur an *einem* Ende. Welches das ist, kann man nicht vorhersagen. Es kann auch sein, dass nach dem Ab- und wieder Anschalten des Stroms die andere Gurkenseite leuchtet. Warum das so ist, ist offenbar noch nicht erforscht. Vielleicht haben Sie ja Lust, nach dem Kinderfest gleich Ihre eigenen Nachforschungen anzustellen!

32 Übers Wasser laufen oder Was ist eine nicht-newton'sche Flüssigkeit?

Es ist für Kinder, aber auch für Erwachsene eine fantastische Sache, mit einem Brei aus Maisstärke und Wasser zu spielen, weil dieser sehr verblüffende Eigenschaften besitzt. Das finden auch Wissenschaftler so cool, dass sich zum Beispiel 2012 selbst das international hochrenommierte Magazin *Nature* mit diesem Thema beschäftigt hat.[43] Dabei handelt es sich immerhin um die weltweit am meisten zitierte interdisziplinäre Fachzeitschrift.

Damit Sie sich später nicht beschweren können, ich habe Sie nicht gewarnt: Wenn Sie diese Spielerei wirklich in die Tat umsetzen, lassen Sie entweder nach dem Fest einen Putztrupp anrücken, oder noch besser, Sie machen diese Versuche erst gar nicht in Ihrer eigenen Wohnung, sondern zum Beispiel auswärts beim Geburtstagskind. Das Spielen mit dem Brei kann eine ziemliche Sauerei verursachen, vor allem, wenn Sie die Sache in etwas geräumigerem Maßstab anlegen wollen.

Das Rezept ist mehr als simpel, weil Sie als Zutaten wirklich nur Wasser und Maisstärke brauchen, die Sie im Supermarkt bekommen. Für die ideale Mischung liest man etwas unterschiedliche Angaben, aber mit einem Massenverhältnis von 1 zu 1 können Sie auf jeden Fall nichts falsch machen. Die Stärke löst sich nicht wie Zucker oder Salz auf, sondern die Körnchen bleiben erhalten (Abb. 71). Mit dieser Pampe kann man ziemlich viele superblöde und unsinnige Experimente durchführen, von denen ich exemplarisch ein paar herausgegriffen habe.

Generell treten die überraschenden Effekte beim Versuch auf, die breiige Masse schnell zu verformen, während sie sich gegenüber bedächtigen Bewegungen unauffällig verhält. Wenn Sie zum Beispiel die Finger gemächlich in die Schüssel eintauchen und wieder rausziehen, werden diese zwar schmutzig, aber es passiert nichts Ungewöhnliches (Abb. 69a). Wenn Sie aber mit der Faust auf den Brei schlagen, prallen Sie richtiggehend von der Oberfläche ab, ja es spritzt nicht mal ein bisschen was herum. Sie können auch sehr effektvoll mit einem Hammer in die Schüssel hauen – ebenfalls boing!

Wenn Sie eine Kugel in den Napf fallen lassen, prallt diese zunächst auf und geht dann erst langsam unter. Sie können mit einer schnellen Greifbewegung eine Handvoll Stärkebrei aus der Schüssel holen und diesen schneeballmäßig zu einer Kugel zusammendrücken, solange Sie nur unaufhörlich weiter drücken (Abb. 69b). Wenn Sie damit aufhören, zerläuft die Kugel sofort zu Brei.

Wenn sich der Brei in einem schlanken Gefäß befindet, können Sie einen Löffel langsam in den Brei schieben und dann mit einem Ruck alles gemeinsam in die Höhe heben (Abb. 69c). Wenn Sie die Aufwärtsbewegung stoppen, platscht natürlich alles wieder runter. Man kann das Ganze auch pompöser anlegen und den Stärkebrei in ein großes flaches Gefäß füllen (Abb. 69d), wobei Ihnen hier nach oben

Abb. 69 Was Sie mit Stärkebrei so alles machen können

keine Grenzen gesetzt sind, wenn Sie genug Maisstärke und einen Swimmingpool zur Hand haben. Dann kann man die Kinder übers Wasser laufen lassen. Wichtig ist, dass diese dabei nicht stehen bleiben, weil sie sonst sofort untergehen. Und zu guter Letzt können Sie das Gemisch auf einen umgelegten Lautsprecher geben (Abb. 69e), den Sie besser vorher mit einer Plastikfolie überziehen. Wenn Sie diesen dann mit tiefen Frequenzen bearbeiten, entstehen richtiggehend lebendige Maisbreimonster, die aus der Oberfläche zu wachsen scheinen. Das sieht ziemlich spooky aus!

Warum geht das aber alles? Wieso reagiert das Maisstärkengemisch so eigenartig? Die inneren Vorgänge sind noch gar nicht hundertprozentig geklärt, denn wie immer wird alles bei einem genaueren Blick sehr schnell kompliziert. Deshalb werde ich einen vereinfachten Überblick geben und fange bei einer vernünftigen Flüssigkeit an, nämlich bei Wasser. Die in unserem Zusammenhang wichtige Eigenschaft ist die Zähigkeit. Jedem ist dieser Begriff aus dem Alltag intuitiv sehr gut vertraut. Öl ist dickflüssiger als Wasser und Honig ist wiederum dickflüssiger als Öl. Normale Flüssigkeiten wie Wasser haben immer eine gleich große Zähigkeit, egal, was man mit ihnen anstellt (Abb. 70).[44] Die Eigenschaften von Wasser verändern sich also nicht, wenn Sie die Hand schneller durch den Pool bewegen. Deshalb können Sie auch keine Wasserbälle formen, und wenn Sie mit der Faust in eine Wasserschüssel hauen, werden Sie vor allem nass, aber es passiert nichts Außergewöhnliches. Flüssigkeiten mit diesen stinklangweiligen Eigenschaften wie Wasser nennt man nach dem großen Physiker auch newton'sche Flüssigkeiten.

Und das bringt uns folgerichtig zu den unvernünftigen nichtnewton'schen Flüssigkeiten, die in zwei Formen auftreten können. Da gibt es zunächst jene, die unter Krafteinwirkung dickflüssiger werden, wie eben unser Maisstärkenbrei. Warum das jetzt im Detail passiert, ist noch gar nicht kom-

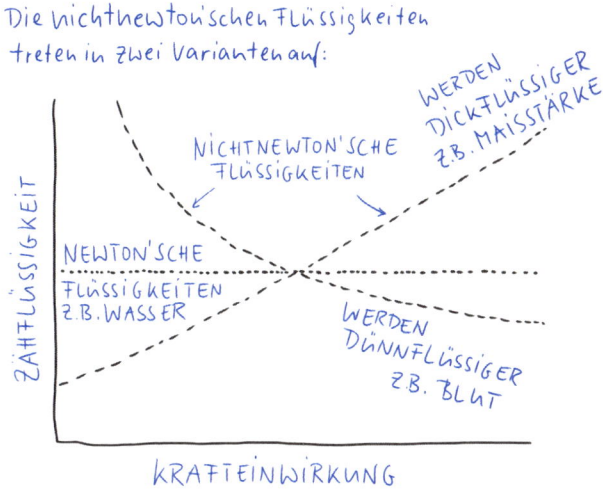

ABB. 70 EIGENSCHAFTEN VERSCHIEDENER FLÜSSIGKEITEN

plett raus, beziehungsweise wird es kontrovers diskutiert. Einerseits dürfte die Scherung eine Rolle spielen, also was passiert, wenn man Schichten der Flüssigkeit gegeneinander verschiebt. Diese Sicht kann aber nicht erklären, warum man auf dem Brei sogar laufen kann, weil dieser nicht tragfähig genug sein könnte. Es muss auch die Kompression eine Rolle spielen. Wenn man sich langsam durch den Brei bewegt, bleibt der Abstand zwischen den Stärkekörnern so groß (Abb. 71a), dass diese aneinander vorbeigleiten, und unser Wunderding wirkt wie eine Flüssigkeit. Bei schneller Kompression (Abb. 71b) verändert sich die mikroskopische Struktur. Das Wasser wird zwischen den Körnern herausgedrückt, und diese verkeilen sich gewissermaßen. Und das ergibt in Blitzesschnelle Eigenschaften wie bei einem Festkörper.

Abb. 71 Blick in den Stärkebrei

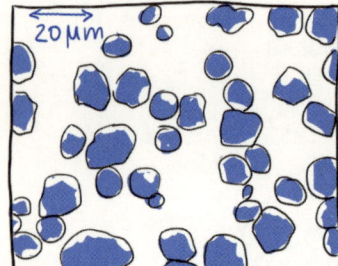

a) Körner in Ruhe oder langsamer Bewegung

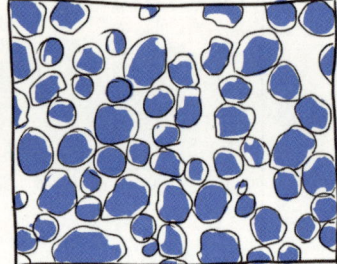

b) Körner, wenn der Brei schnell zusammengedrückt wird

Es gibt aber umgekehrt auch Flüssigkeiten, die unter Krafteinwirkung dünnflüssiger werden, zum Beispiel Ketchup oder Blut. Stellen Sie eine Ketchupflasche mit breiter Öffnung auf den Kopf, reagiert das Tomatenmus unbeeindruckt. Erst leichte Schläge auf den Hinterkopf lassen es auf den Teller flatschen. Auch Blut wird dünnflüssiger, wenn der Druck höher wird. Das liegt einerseits an der langgestreckten elliptischen Form der roten Blutkörperchen. Unter Druck neigen diese dazu, sich in Strömungsrichtung anzuordnen. Andererseits weist aber auch das Plasma, der flüssige Blutbestandteil, nichtnewton'sche Eigenschaften auf, und dadurch saust das Blut bei hohem Druck in Summe besser durch die kleinen Äderchen in Ihrem Körper.

33 Ein Donut aus Luft oder Wie baut man eine Vortex-Kanone?

Ein Physiker bläst die Kerzen auf der Geburtstagstorte nicht aus, er schießt sie mit einer Vortex-Kanone k. o.! Diese erzeugen Luftwirbel in Donutform, von denen die großen viele Meter weit fliegen können. Wir fangen aber klein an und basteln einen Kerzenausbläser aus einer Kartonrolle einer Kartoffelchipspackung. Der große Vorteil daran ist nicht nur der geringe Aufwand, sondern dass man den Inhalt vorher gemeinsam verspachteln kann.

Der Bau ist kinderleicht. Sie schneiden die Rolle je nach Geschmack in der Mitte oder kurz vor dem unteren Ende mit einem Stanleymesser ganz durch (Abb. 72a). In den Deckel machen Sie ein kreisrundes Loch (Abb. 72b) – die Mündungsöffnung. Über das hintere nun offene Ende spannen Sie die Gummihaut eines geschlachteten Luftballons und befestigen diese mit Klebeband an der Außenseite (Abb. 72c). Die Spannung sollte so hoch sein, dass beim Draufschnippen ein trommelartiges Geräusch entsteht. Wenn Sie nun kräftig auf die Membran schlagen, können Sie mit dem dabei entstehenden Luftkringel, wenn Sie gut zielen, aus 30 cm oder mehr die Geburtstagskerzen ausschießen (Abb. 72d).

Zum Unterstreichen des Effekts ist es natürlich wesentlich eindrucksvoller, die Röhre vorher mit Rauch oder

Abb. 72 Die Vortex-Kanone

a) Bau aus einer Chipskartonrolle
b) Mündungsloch
c) Klebeband / Ballonmembran
d) Kerze ausblasen durch starkes Klopfen
e) Schön sichtbare Luftkringel bei sanftem Klopfen

Nebel zu füllen. Dazu gibt es mehrere Möglichkeiten. Sie können etwa mit Streichhölzern arbeiten, mit brennenden Papierstreifen oder Räucherkegeln. Aber in allen Fällen ist trotz der Herumfummelei die Rauchausbeute nicht sehr berauschend und es besteht überdies die Gefahr, dass Sie die Röhre abfackeln. Sie können natürlich eine feuerfeste Kanone aus einer alten Konservendose herrichten. Aber das Bauen mit Kindern ist dann ein bisschen schwierig. Am entspanntesten fahren Sie meiner Meinung nach sowieso dann, wenn Sie sich im Vorfeld eine kleine Nebelmaschine zulegen, weil Sie damit nicht nur ungefährlich jede beliebige Menge Nebel erzeugen können, sondern der optische Effekt beim Abschuss der Kanone am besten zum Tragen kommt. Außerdem ist das Nachfüllen des Nebels eine Sache von Sekunden.

In Nebelmaschinen wird eine spezielle Flüssigkeit in einem Heizelement in feinste Tröpfchen zerrissen. Wenn Sie nicht gerade die Bühnenshow für *Lady Gaga* bestreiten wollen, genügt ein kleines Gerät, und das bekommen Sie heutzutage schon um einige Dutzend Euro. Außerdem kann man damit noch jede Menge anderen Blödsinn anstellen. Zum Beispiel können Sie ein kleines Zimmer einnebeln und die Strahlen von Laserpointern sichtbar machen. Dann können Sie eine kleine Weltraumschlacht nachspielen. Die Kinder und Sie werden begeistert sein!

Aber genug der Schwärmerei. Füllen Sie also Ihre Vortex-Kanone mit dem Nebel aus der Maschine. Wenn Sie hart auf die Membran schlagen, können Sie die Kerzen effektvoll auspusten, aber die Kringel sind dann schlecht oder gar nicht zu sehen. Es schießt eher so eine Art Nebelstrahl vorne raus. Wenn sie jedoch sanfter klopfen, können Sie ästhetische Luftkringel erzeugen, die einen halben Meter oder weiter schweben (Abb. 72e).

Wie und warum entsteht so ein Vortex und was ist das überhaupt? Generell bezeichnet man mit dem Begriff eine Kreisströmung in einer Flüssigkeit oder einem Gas. Der tornadoförmige Wirbel, der beim Auslaufen einer Waschmuschel entsteht, ist also physikalisch gesehen ebenso ein

Vortex wie der große und verheerende Bruder in feuchter Luft. Bei unserer Kanone entstehen ringförmige Luftkringel, die man im Plural auch toroidale Vortices nennen könnte – falls Sie mit diesem Begriff einmal angeben wollen. Torus ist die mathematisch korrekte Bezeichnung für die Donutform. Solche Wirbel treten generell dann auf, wenn Luft mit hohem Tempo durch eine kleine Öffnung gedrückt wird (Abb. 73). Dabei wird diese am Rand des Loches abgebremst, während sie sich in der Mitte ungehindert weiterbewegen kann. Dadurch entstehen die ringförmig rotierenden Kringel, die sich stetig weiterdrehend durch den Raum bewegen. Auch die Kringel, die so mancher Raucher produziert, sind toroidale Vortices und werden nach derselben Methode erzeugt, wobei die Luft ruckartig durch den geöffneten Mund gedrückt wird.

Abb. 73 ENTSTEHUNG EINES RINGFÖRMIGEN VORTEX IM QUERSCHNITT

ROTATIONSRICHTUNG

FORTBEWEGUNGSRICHTUNG

Die Rotation hält an, ist aber aus übersichtlichkeitsgründen nur im obersten Bild eingezeichnet.

Abb. 74 MÖGLICHKEITEN FÜR LEISTUNGSSTARKE VORTEX-KANONEN

a) AUS EINER SCHACHTEL   b) AUS EINEM MÜLLEIMER

Wenn Sie sich nicht mit solchen Peanuts wie der Kartonrolle zufriedengeben wollen, können Sie auch in größeren Dimensionen planen. Dabei stehen Ihnen im Prinzip zwei Möglichkeiten offen: Schachtel oder Mülleimer. Die Schachtel ist schneller hergestellt. Günstig ist eine schön große, mit mehreren Dezimetern Seitenlänge. Auf einer Seite schneiden Sie ein Loch mit etwa 10 cm Durchmesser hinein. Etwaige Ritzen müssen Sie gut mit Klebeband abdichten, damit die Luft nicht in falsche Richtungen verduften kann. Wenn Sie dann von links und rechts mit den Händen gleichzeitig draufschlagen, können Sie einen Vortex erzeugen, der quer durch einen ganzen Raum fliegt und dann zum Beispiel eine Becherpyramide zum Einsturz bringen kann (Abb. 74a). Sie können auch aus der Entfernung die Haare der Kinder zum Wehen bringen oder ihnen in *Wilhelm-Tell*-Manier einen Becher vom Kopf schießen.

Die zweite Möglichkeit ist der Mülleimer. In den Boden machen Sie in bewährter Weise ein kreisrundes Loch. Auf der Oberseite des Eimers, der dann die Rückseite der Kanone wird, spannen Sie eine Plastikfolie von einem reißfesten Müllsack oder einem alten Duschvorhang und kleben diesen rundherum wieder gut fest. Sie können dann auch noch einen Gurt an der Kanone befestigen und sich diesen effektvoll über den Kopf ziehen (Abb. 74b).

Bei den leistungsstärksten Vortex-Kanonen der Welt erfolgt das Ausstoßen der Luft durch eine Explosion, zum Beispiel der eines Gases. Die dabei produzierten Vortices fliegen mit über 300 m/s aus der Kanone – das liegt knapp unter Schallgeschwindigkeit – und können in 100 m Entfernung sogar noch eine locker geschlichtete Ziegelmauer umhauen.[45] Ich erwähne das nur, weil es so cool ist, denn diese Kanone sollten Sie besser nicht auf Ihrer Kinderparty abfeuern.

» **PHYSIKALISCHE LIFEHACKS** «

# 34 Der Hacker-Trick des Captain Crunch oder Wie kann man Bier in Blitzesschnelle kühlen?

Früher nannte man sie Tricks, und man lernte sie über Freunde und Verwandte kennen. In der heutigen Zeit heißen sie ziemlich unschön *Lifehacks* und sie werden vor allem über das Internet verbreitet. Der Begriff hat schon einige Jahrzehnte auf dem Buckel, denn er stammt aus der Hackerszene der 1980er, hat aber mit Computern nichts zu tun. Es geht schlicht und ergreifend darum, die Mühsal des Alltags durch raffinierte Kniffe auszutricksen.

Beim ersten Lifehack spielten indirekt Cerealien eine Rolle. In den amerikanischen Frühstücksflocken *Cap'n Crunch* befand sich nämlich eine kleine Plastikpfeife, die einen für Elternohren wahrscheinlich ziemlich ätzenden Ton von 2600 Hz erzeugte. Wie es der Zufall so wollte, war das wiederum genau die Frequenz, mit der die große amerikanische Telefongesellschaft AT&T die Belegung ihrer Leitungen regelte. Der Trick ging daher so: Abheben, pfeifen und kostenlos telefonieren! Der Hacker *John Draper* erfand diese krumme Tour zwar nicht, machte sie aber populär. Dafür bekam er von seinen Fans den Spitznamen *Captain Crunch* verpasst und vom Richter fünf Jahre Knast auf Bewährung. Ich werde es hier natürlich legal anlegen und Ihnen einige Lifehacks vorstellen, bei denen – klarerweise – die Physik die Hauptrolle spielt.

Eine Menge Dinge können nervig sein, etwa lauwarme Getränke. Der Sockenkühlschrank ist gewissermaßen die phlegmatische Lifehack-Notlösung für unterwegs. Nehmen wir aber einmal an, dass Sie zu Hause kurz vor Beginn des Champions-League-Finales bemerken, dass das Bier noch nicht gekühlt ist. Ein unverzeihlicher Fauxpas, aber was machen Sie jetzt? Selbst im Tiefkühlfach bei -18 °C dauert es über eine halbe Stunde, bis das Bier auf die idealen 8 bis 10 °C abgekühlt ist, und die erste Halbzeit würde daher bierlos oder lauwarm verlaufen. Um dem abzuhelfen, stelle ich Ihnen zwei Methoden vor, wie Sie Bier in Windeseile auf die ideale Trinktemperatur herunterkühlen können.

Da ist zunächst einmal der Tinchilla. Dabei handelt es sich nicht um ein drolliges Nagetier, sondern um ein Gerät, mit dem Sie in etwa einer Minute eine kleine Bierdose auf angenehme Trinktemperatur bekommen (Abb. 76). Deshalb wird das Ding auch Super Cooler genannt. Man kann abschätzen, dass dazu eine Kühlleistung von fast 300 W notwendig ist.[46] Das ist erstaunlich, denn der Tinchilla arbeitet bloß mit zwei AA-Batterien. Wie kann das sein? Bevor ich diese Frage auflöse, bin ich gemein und schiebe noch drei weitere nach!

Die erste hat mit Metalldosen im Supermarkt zu tun. Diese fühlen sich immer kühler an als alle anderen Artikel in den Regalen. Aber sie müssten doch ebenfalls Raumtemperatur haben! Wieso sind sie trotzdem scheinbar kälter? In der zweiten Frage geht es um die Sauna. Warum wird man dort bei 100 °C nicht zart durchgekocht? Und die dritte Frage hat mit Kleidung zu tun. Wie funktioniert diese eigentlich? Warum sind zum Beispiel dicke Wollpullover oder Daunenanoraks so angenehm warm?

Stoff	Wärmeleitfähigkeit in W/(m·K)	relative Wärmeleitfähigkeit
Luft	0,026	1
Papier	0,12	4,6
Wasser (0 °C)	0,56	21,5
Glas	0,76	29,2
Eis (-18 °C)	2,37	91,1
Eisen	80,2	3084
Aluminium	236	9076

Tab. 29: Absolute und relative Wärmeleitfähigkeit einiger Materialien und Stoffe.

Bei allen Antworten spielt die Wärmeleitfähigkeit eine gewichtige Rolle. Luft ist zum Beispiel ein lausiger Wärmeleiter (Tab. 29)! Wasser leitet etwa 22-mal so gut. Das ist einer der Gründe, warum man in der Sauna bei 100 °C unbeschadet bleibt, es aber nicht ratsam wäre, das auch in Wasser zu probieren. Weil Luft die Wärme so schlecht leitet, kann wenig Energie zu unserer Haut transportiert werden, und diese wärmt sich dadurch kaum auf.[47] Luft macht auch den Wärmeeffekt der Kleidung aus. Das, was wärmt, sind nicht Daunen oder die Wolle selbst, sondern die isolierende Luft, die diese Stoffe festhalten können.

Blechdosen aus Eisen und vor allem Aluminium sind hervorragende Wärmeleiter. Das ist der Grund, warum sich

Abb. 75 Warum sich Metall so kalt anfühlt

a) Die Alu-Dose behält an der Kontaktstelle Zimmertemperatur bei.

b) Die Müsliverpackung erwärmt sich an der Kontaktstelle.

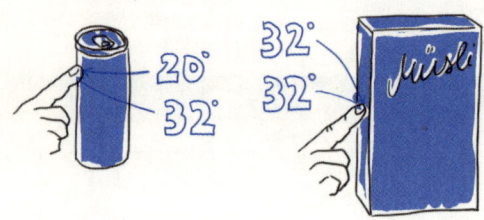

Dosen immer so kühl anfühlen. Nehmen wir an, Ihre Hände haben 32 °C und die Zimmertemperatur beträgt 20 °C. Wenn Sie eine Aludose berühren, leitet diese die Wärme sehr schnell ab, und diese behält an der Kontaktstelle ihre Temperatur von 20 °C (Abb. 75a). Papier ist auf der anderen Seite ein miserabler Wärmeleiter. Wenn Sie auf eine Müslipackung greifen, erwärmt sich die Kontaktstelle schnell auf Fingertemperatur (Abb. 75b), und das fühlt sich dann behaglicher an. Dass eine Aludose kälter wirkt als eine Müslipackung, liegt also nur an der fehlenden Erwärmung der Kontaktstellen. Sehr frappant, wenn man genauer darüber nachdenkt!

Die Wärmeleitfähigkeit bringt uns letztlich auch wieder zum Tinchilla zurück. In das Gerät werden unten Eiswürfel gefüllt. Es liegt daher zwar immer nur die Unterseite der Dose im Eis, aber während der Kühlphase rotiert sie, sodass sie rundherum ständig mit diesem in Kontakt kommt. Eis leitet mehr als 90-mal so gut wie Luft. Deshalb kann die

Abb. 76 DER TINCHILLA

Dieser wird unten mit Eiswürfeln angefüllt. Während des Kühlvorgangs dreht sich die Dose um die Längsachse.

Wärme viel effizienter abgeführt werden als im Tiefkühlfach. Zusätzlich mischt sich das Bier durch die Drehung, sodass die ganz Flüssigkeit mit der abgekühlten Dose in Kontakt kommt. Deshalb wird das Bier vor dem Anpfiff perfekt gekühlt.

Der Wermutstropfen: Wer hat schon so ein Ding zu Hause? Außerdem lassen sich nur kleine Dosen kühlen – wer denkt sich denn so was aus? Deshalb stelle ich Ihnen eine zweite Möglichkeit vor, bei der Sie ohne Spezialequipment auskommen. Sie brauchen nur Eis und Salz für eine

Abb. 77 KÄLTEMISCHUNG ZUM GETRÄNKEKÜHLEN

4 Teile geschreddertes Eis
1 Teil Kochsalz

Die benötigte Schmelzenergie bezieht die Mischung von sich selbst, wodurch sie quasi autonom abkühlt.

EIS + KOCHSALZ + SCHMELZENERGIE → KOCHSALZLÖSUNG
                     ↑
                WÄRMETRANSFER

Kältemischung und ein hohes Gefäß, in das die zu kühlende Pulle komplett hineinpasst (Abb. 77).

Mit Kältemischungen ist das eine knifflige Sache, weil einige komplexe Effekte gleichzeitig ablaufen. Erstens kühlt Wasser generell ab, wenn man Salze darin auflöst. Die Wirkung ist aber gerade bei Kochsalz so gering, dass man sie unter den Tisch fallen lassen kann. Der zweite Kühleffekt macht den Löwenanteil aus, und er hat mit dem Schmelzen des Eises zu tun. Dazu ist eine ungeheure Menge an Energie notwendig, die man Schmelzenergie nennt. Es müssen ja die Wassermoleküle aus dem Festkörper herausgelöst werden. Die benötigte Energie wird von der Wärmeenergie des gerade entstehenden Salz-Wasser-Eis-Gemischs abgezwackt, wodurch sich dieses quasi selber kühlt.

Mit dem Auflösen des Salzes sinkt die Gefriertemperatur. Eine komplett gesättigte Kochsalzlösung friert erst bei -21 °C. Das ist für uns praktisch, weil wir ja eine kühlende Flüssigkeit haben wollen, die sich perfekt an unsere Flasche oder Dose schmiegt. Dieser Effekt der Gefrierpunktserniedrigung wird auch im Winter beim Salzstreuen ausgenutzt, damit Sie sich auch bei frostigsten Temperaturen auf dem Gehsteig nicht die Beine brechen. Warum schmilzt aber das Eis überhaupt? Dieses ist immer von einer dünnen Wasserschicht umgeben, weil die Randmoleküle salopp gesagt keine Nachbarn zum Anhalten haben. Das sich auflösende Salz zieht diese Wasserschicht ab, und das Eis produziert sie wieder nach. So wird dieses mit der Zeit immer weniger und es entsteht eine saukalte Flüssigkeit.

Wenn Sie 100 g Eis mit 23 g Kochsalz mischen, also etwa im Massenverhältnis 4 zu 1, können Sie im Extremfall -21 °C erzeugen. Kälter geht es nicht, weil die Lösung dann ja scharf am eigenen Gefrierpunkt liegt. Weil das Ganze eine sehr hohe Wärmeleitfähigkeit besitzt und klirrend kalt ist, können Sie nun alle beliebigen Getränke in Rekordzeit abkühlen. Falls Sie auf Fußball pfeifen und lieber ein romantisches Dinner planen: Auch eine Flasche Sekt hat nach ein paar Minuten deutlich unter 10 °C. Das Salz löst das Eis aber nur langsam auf. Sie sollten auf jeden Fall geschreddertes Eis nehmen und immer eine Schicht davon mit einer dünneren Schicht Salz abwechseln. Wenn das Ganze zu zäh ist, geben Sie etwas Wasser dazu. Wenn Sie nur Eiswürfel haben, dann mischen Sie Eis, Wasser und Salz im Verhältnis von etwa 2:2:1. Dann wird es zwar nicht so kalt, ist aber schneller einsatzbereit.

35 Überschall-Superflummi oder Wie funktioniert ein Eidottersauger?

Normalerweise trennt man Eiweiß vom Dotter, indem man den ganzen Ei-Inhalt von einer Schalenhälfte in die andere kippt, bis das Eiklar abgetropft ist. Aber ganz ehrlich, diese Methode ist nicht das Gelbe vom Ei. Es geht schneller, lustiger und physikalischer. Sie brauchen dazu nur eine PET-Flasche, mit der Sie den Dotter einfach aufsaugen (Abb. 78). Sie drücken diese leicht zusammen (b) und setzen die Öffnung auf das Eigelb (c). Wenn Sie dann den

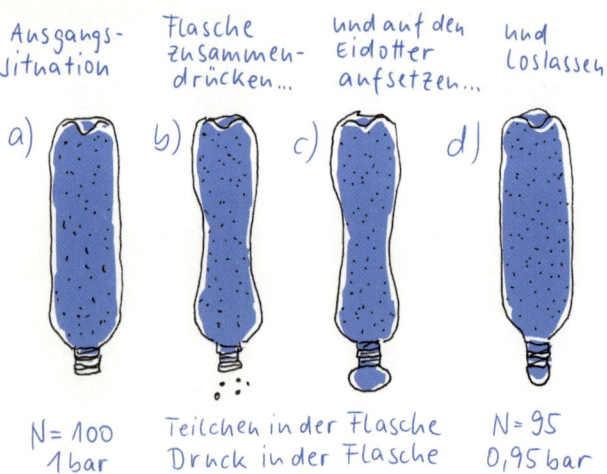

Abb. 78 Eidotter vom Eiklar trennen

a) Ausgangssituation — N=100, 1 bar
b) Flasche zusammendrücken...
c) und auf den Eidotter aufsetzen... — Teilchen in der Flasche, Druck in der Flasche
d) und loslassen — N=95, 0,95 bar

Griff lockern, entsteht im Flascheninneren ein Unterdruck, der den Dotter hineinsaugt (d). Slupp und fertig! Wie groß ist der benötigte Unterdruck, den man in der Flasche erzeugen muss? Und wie entsteht Druck überhaupt? Man weiß natürlich irgendwie, was das ist, aber wenn man genauer darüber nachdenkt, ist es wieder nicht ganz so klar.

Sehen wir uns dazu erst einmal die Luft selbst an. Diese besteht aus Myriaden winziger Superflummis, von den Physikern auch furztrocken Moleküle genannt, die in einem unvorstellbaren Höllentempo herumsausen. Dazu ein paar imposante Zahlen (Tab. 30).

Hauptbestandteile der Luft	78 % Stickstoff (N_2) 21 % Sauerstoff (O_2) 1 % Argon (Ar)
durchschnittliche Molekülgeschwindigkeit bei Zimmertemperatur	470 m/s (N_2) 440 m/s (O_2) 280 m/s (Ar)
mittlere freie Weglänge bis Zusammenstoß	$70 \cdot 10^{-9}$ m = 70 Milliardstel Meter
Anzahl der Luftmoleküle pro 0,5 l bei Zimmertemperatur[48]	etwa 10^{22}

Tab. 30: Einige Daten zu unserer Luft. Alle Werte sind, der schöneren Zahlen wegen, leicht gerundet.

In eine 0,5-l-Flasche passen zum Beispiel etwa 10^{22} Luftmoleküle, also 10 Trilliarden! Bei Zimmertemperatur haben die Stickstoffmoleküle eine durchschnittliche Geschwindigkeit von sagenhaften 470 m/s! Das entspricht etwa 1,5-facher Schallgeschwindigkeit! Allerdings kommen die Molekülflummis nur etwa 70 Milliardstel Meter weit, bevor sie schon wieder auf ein Nachbarmolekül prallen. Dadurch einsteht eine extrem ungeordnete Bewegung von extrem vielen Teilchen in extrem viele Richtungen. Wegen dieses Tohuwabohus gibt es weder Dauerüberschallknall noch Hochgeschwindigkeitswinde im Wohnzimmer, weil dazu wäre eine gerichtete Bewegung notwendig.

Und der Druck? Man könnte vielleicht meinen, dass es an der Abstoßung der Luftmoleküle liegt. Der Druck kommt aber ausschließlich dadurch zustande, dass die Molekülflummis nicht nur pausenlos gegen sich selbst, sondern auch gegen alles andere prallen. Nichts kommt ungeschoren davon, Ihre Haut und Ihr Trommelfell nicht, Tisch und Boden in Ihrer Wohnung nicht und auch nicht Autoreifen und Flasche. Bei jedem Aufprall werden die Moleküle reflektiert, ändern ihre Richtung und üben dabei auf das getroffene Objekt eine Kraft aus (Abb. 79). Es ist ähnlich, wie wenn Sie mit

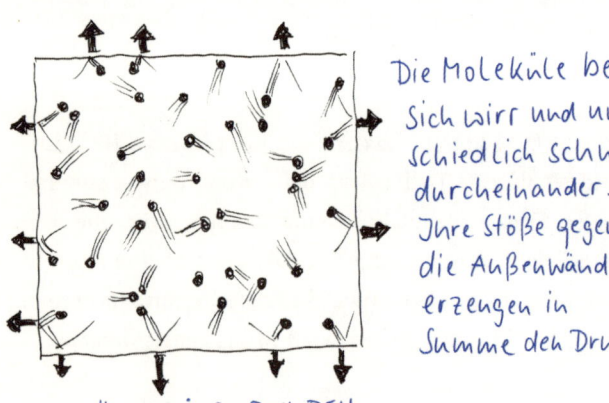

ABB. 79 VEREINFACHTES GASMODELL

Die Moleküle bewegen sich wirr und unterschiedlich schnell durcheinander. Ihre Stöße gegen die Außenwände erzeugen in Summe den Druck.

KRÄFTE, DIE DURCH DEN AUFPRALL ENTSTEHEN

einem Tennisschläger auf den Ball hauen. Auch dabei entsteht eine spürbare Rückstoßkraft am Schläger, vor allem, wenn Sie den Ball schlecht treffen. Die Summe aller dieser winzigen Aufprallkräfte macht dann unter dem Strich den Druck aus, denn dieser ist ja Kraft pro Fläche.

In Abb. 78 ist der Vorgang beim Dotteraufsaugen mithilfe des Teilchenmodells dargestellt. Zur bequemeren Ansicht sind die Bewegungen der Teilchen nicht eingezeichnet. In unserem Modell befinden sich zu Beginn 100 Teilchen in der Flasche. Das soll dem Normaldruck entsprechen. Natürlich ist das schamlos vereinfacht, weil sich ja in Wirklichkeit in der Flasche 10^{22} Luftmoleküle befinden, aber zeichnen Sie mal so viele Punkte! Nehmen wir nun an, dass Sie durch das Quetschen der Flasche 5 Teilchen rausdrücken (Abb. 78b) – in Wirklichkeit sind es eine halbe Trilliarde Teilchen! Wenn die Flasche dann wieder die ursprüngliche Form hat, die Moleküle aber wegen des Dotters vorne nicht nachfließen können, fehlen bei gleichem Volumen 5 % der Teilchen. Das bedeutet 5 % weniger Kollisionen mit der Wand und somit 5 % weniger Druck. Mit dem Teilchenmodell kann man das sofort verstehen.

Ich habe bis jetzt in diesem Buch für den Druck die Einheit bar verwendet und den Normaldruck mit dem Wert 1 angenommen. Ich muss da ein bisschen Asche auf mein Haupt streuen. Das ist erstens nicht ganz exakt, weil der Normaldruck 1,013 bar beträgt (Tab. 31). Aber gut, bei dem schlappen Prozent Ungenauigkeit kann man schon ein Auge zudrücken. Ein bisschen heikler ist allerdings, dass

Druckeinheit	Normaldruck
Pascal (Pa) = 1 N/m²	101.300 Pa = 1013 hPa
Bar (bar)	1,013 bar
Millibar (mbar)	1013 mbar
Torricelli (torr oder mmHg)	760 Torr
Physikalische Atmosphären (atm)	1 atm

Tab. 31: Das Pascal ist die internationale Einheit. Das Bar wird meistens beim Reifendruck verwendet. Ein Torricelli entspricht dem Druck einer Quecksilbersäule mit 1 mm Höhe und wird nach wie vor in der Medizin bei der Blutdruckmessung verwendet. Das Hektopascal (hPa) entspricht dem veralteten mbar. Sie merken schon, das ist ein wahrer Terminologiedschungel!

die Einheit bar nicht die internationale Standardeinheit für den Druck ist. Hier sollte man als Physiker seit geraumer Zeit das Pascal verwenden, weil dieses wiederum auf den Einheiten Newton und Meter basiert (Tab. 31). Die Einheit bar ist aber natürlich sehr praktisch und gerundet enorm plakativ, deswegen habe ich sie auch in Abb. 78 verwendet. Aber an dieser Stelle ist die Gelegenheit günstig, das Pascal zumindest mal zu erwähnen, und dazu fühle ich mich physikalisch-moralisch verpflichtet.

Der normale Luftdruck beträgt rund 100.000 Pascal, also 100.000 Newton pro Quadratmeter. Eine Masse von 1 kg erzeugt ein Gewicht von 10 N. Der Luftdruck ist also so groß wie eine Masse von 10.000 kg oder 10 t, die auf einem Quadratmeter Fläche lastet! Und tatsächlich ist das ja auch die Masse der Luft, die sich bis zum Rand der Atmosphäre über jedem Quadratmeter der Erde befindet.

Das stellt unsere Intuition wieder einmal auf eine sehr harte Probe, denn dieser Druck wirkt natürlich auch überall auf Ihren Körper. Nachdem die Haut eines Menschen gut geschätzte 2 m² groß ist, wirkt es daher so, als würden in Summe 20 t oder, sagen wir, vier ausgewachsene Elefanten auf uns lasten. Allerdings wirkt dieser Druck *von allen Seiten gleichzeitig*, was dazu führt, dass wir bloß ein wenig komprimiert werden. Würde der Luftdruck nur von oben wirken, würde er uns ziemlich flach aussehen lassen.

Aber kommen wir noch einmal zum Dotteraufsaugen zurück. Man sagt zwar, etwas gleiche wie ein Ei dem anderen, aber in realiter gibt es Hühnereier von der Größe S (ab etwa 50 g) bis XL (bis rund 90 g). Ein Eidotter hat etwa ein Viertel der gesamten Eimasse. Rechnen wir mit dem dicksten Dotter und nehmen diesen mit 23 g an. Mit diesen Zahlen ausgestattet kann man abschätzen, dass ein Unterdruck von etwa 5 % notwendig ist, um den Dotter aufzuschlürfen.[49] Die Verhältnisse in Abb. 78 sind also ganz realistisch dargestellt – nur die Anzahl der Punkte ist drastisch verringert.

Was dabei mikroskopisch passiert, kann man sich so vorstellen: Von oben und unten prallen extrem viele Moleküle auf den Dotter. Von oben sind es aber 5 % weniger. Deshalb gewinnen die unteren Moleküle. Es ist mit dem Gruppenspiel vergleichbar, bei dem zwei gegnerische Mannschaften Tennisbälle auf einen Volleyball schmeißen. Die Mannschaft, die häufiger trifft, kann den Ball von sich wegbefördern. Niemand käme auf die Idee zu sagen, die Verlierermannschaft habe den Ball angesaugt. Genau dieses

Spielchen läuft am Flaschenhals mit Molekülen und Dotter ab. Der Dotter wird also, wenn man es genau nimmt, nicht angesaugt, er wird von den äußeren Molekülen in die Flasche gedrückt. Trotzdem hat sich der Begriff Ansaugen auch in der Physik eingebürgert. Vielleicht sieht man daran, dass Physikern die kleinsten Vorgänge auch nicht immer plastisch vor Augen stehen!

36 Eierschalensollbruchstellenverursacher oder Wie macht man Gläser aus alten Flaschen?

Alte Glasflaschen können Sie brav und unoriginell in den Glascontainer schmeißen. Sie können diese aber selbst recyceln, indem Sie aus dem alten Zeug neue Gläser machen. So ein Set aus Bier-, Wein oder Sektflaschengläsern kann auch ein sehr gefälliges Geschenk sein. Die Herstellung ist einfach und schnell. Sie brauchen nur einen Faden, eine gut brennbare Flüssigkeit und schließlich noch Feuer und Wasser. Ja, und eine feuerfeste Unterlage kann natürlich auch nicht schaden, denn wir werden die brennbare Flüssigkeit ihrer natürlichen Bestimmung zuführen. Sie können zum Beispiel gleich über der Abwasch loslegen, weil Sie ja das Wasser sowieso benötigen.

Zuerst nehmen Sie einmal den Faden. Er sollte nicht zu dünn sein, damit er viel Flüssigkeit aufsaugen kann, etwa ein dicker Wollfaden. Sie binden ihn um die Flasche und verknoten die Enden (Abb. 80a). Der Faden sollte straff, aber nicht zu straff sitzen, weil sonst später die Flüssigkeit herausgepresst wird und er nicht so lange brennt. Die überstehenden Enden schneiden Sie weg, weil diese baumelnd und in brennendem Zustand etwas nervig sein können. Nun ziehen Sie den Faden wieder ab und tauchen ihn komplett in die brennbare Flüssigkeit (Abb. 80b). Spiritus und

Abb. 80 Aus alten Flaschen neue Gläser machen

Aceton sind sehr geeignet. Der Faden soll sich gut ansaugen, damit er ordentlich brennt. Dann schieben Sie ihn wieder an die gewünschte Stelle. Alternativ können Sie auch Schritt a) auslassen und einen längeren Faden nach dem Eintauchen mehrmals um die Flasche wickeln. Dieser haftet nämlich flüssigkeitsbedingt auch ohne Knoten.

Nun kommt der nette Teil, in dem Sie den Faden anzünden dürfen (Abb. 80c). Dann drehen Sie die Flasche so lange langsam um ihre Längsachse, bis die Flamme von selbst ausgeht. Wenn Sie nun die malträtierte Stelle unter das kalte Wasser halten (Abb. 80d), dann cracken die Teile von selbst auseinander. Noch effizienter ist es, die Flasche komplett ins kalte Wasser zu tauchen. Wie schön die Bruchstelle wird, ist ein bisschen vom Zufall abhängig, aber auch davon, ob der Faden vorher auf exakt gleicher Höhe herumgewickelt war. Sie müssen auf jeden Fall noch einiges mit Schleifpapier nacharbeiten, vor allem wenn Sie beabsichtigen, tatsächlich aus dem Flaschenglas zu trinken.

Was passiert bei dieser Methode? Warum fällt die Flasche einfach so auseinander? Durch das Erhitzen und urplötzliche Abkühlen schaffen Sie eine sogenannte Sollbruchstelle. Der Name ist Programm. Sollbruchstellen sollen brechen, und zwar an der genau vorbestimmten Stelle, in unserem Fall eben dort, wo sich vorher die brennende Schnur befunden hat. Sie kennen dieses Prinzip aus dem Alltag sehr gut, wenn auch eventuell nicht unter diesem Namen. Es dient dazu, um unsere Rohkräfte vernünftig zu kanalisieren. Beim Verschluss jeder Getränkedose befindet sich zum Beispiel eine Sollbruchstelle, an der das Blech vorgestanzt ist. Dadurch reißen Sie eine exakt vorbestimmte Öffnung auf, die gerade so groß ist, dass Sie sich beim Trinken nicht ansabbern. Diese Art von Verschluss wurde übrigens erst 1963 erfunden. Davor stach man einfach mit einem scharfen Gegenstand ein Loch in die Dose. Für uns heute unvorstellbar barbarisch!

Auch bei Konservendosen mit Schnellverschluss, bei Schokoladerippen, Tabletten mit Spalt, bei den Abbrechklingen von Cuttern und der Perforation von Briefmarken oder Eintrittskarten handelt es sich um Sollbruchstellen. Erfunden hat das Prinzip aber nicht der Mensch, sondern schon vor langer Zeit Mutter Natur. Zum Beispiel kann die Zauneidechse ihr Schwanzende bei Gefahr abwerfen, weil dieses eine leicht brechbare Stelle besitzt. Und viele Früchte oder Nüsse lösen ihre Verbindungen zum Baum an vorbestimmten Punkten, wenn die Zeit beziehungsweise sie selbst reif sind.

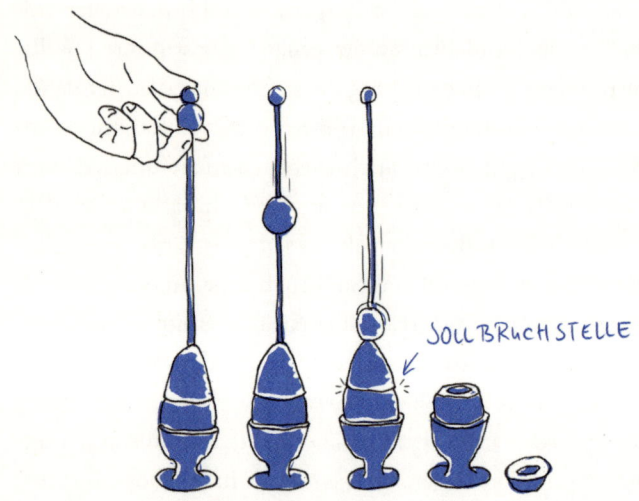

ABB. 81 DER EIERSCHALENSOLLBRUCHSTELLEN-VERURSACHER

SOLLBRUCHSTELLE

Wenn von Sollbruchstellen die Rede ist, dann darf natürlich der ingeniöse Eierschalensollbruchstellenverursacher nicht fehlen (Abb. 81). Dieses sehr findige Metallobjekt besteht aus einer Stange mit einer Kappe am unteren Ende, die man auf das Ei setzt. Auf der Stange befindet sich eine frei bewegliche Kugel, die man dann einfach auf die Kappe klacken lässt, wodurch deren Rand die Sollbruchstelle am Ei erzeugt. Als verspielter Mensch habe ich so ein Ding schon seit vielen Jahren zu Hause. Als meine Kinder klein waren, bestellten sie immer „Eier mit Patsch", wenn sie weiche Eier wollten.

Was ruft die Sollbruchstelle bei unserer Flasche hervor? Es sind Temperaturstress und Längenänderung. Brennspiritus, der im Prinzip reiner Alkohol ist, entzündet sich bei 425 °C, Aceton sogar bei 540 °C. Aus diesem Grund würde ich das Aceton vorziehen, wenn Sie es zur Hand haben. Nehmen wir vorsichtig an, dass sich die Flasche an der Kontaktstelle zumindest 400 °C über Zimmertemperatur erwärmt. Dabei dehnt sich das Glas um etwa 4 ‰ aus. Das klingt jetzt nach wahnsinnig wenig. Aber wenn Sie zum Beispiel kochendes Wasser unvorsichtiger Weise in ein normales Trinkglas einfüllen, dann dehnt sich die Innenseite um weniger als 1 ‰ gegenüber der Außenseite aus[50], und trotzdem kann das genügen, um einem dickwandigen Glas den Rest zu geben. Wenn Sie die Ausdehnungsstelle an der Flasche schnell unters kalte Wasser halten, dann transportiert dieses als sehr guter Wärmeleiter die Hitze blitzartig ab. Das Glas zieht sich vor allem an der Außenseite sehr schnell zusammen, und das gibt der bereits geschwächten Struktur den Rest.

37 Kontaktlinse fürs Smartphone oder Wie kann man mit der Handykamera Makrofotos schießen?

Früher waren Telefone zum Telefonieren da. Das waren noch Zeiten! Heutzutage sind Handys leistungsstarke Minicomputer, mit denen man alles Mögliche anstellen kann: Kurznachrichten senden, im Internet surfen, spielen, Musik hören, Geocaches suchen, Fotos machen, Beschleunigungen messen – und so ganz nebenbei kann man auch noch telefonieren. In diesem Kapitel geht es um die Fotofunktion. Um Ihnen ein wenig lange Zähne zu machen: Das

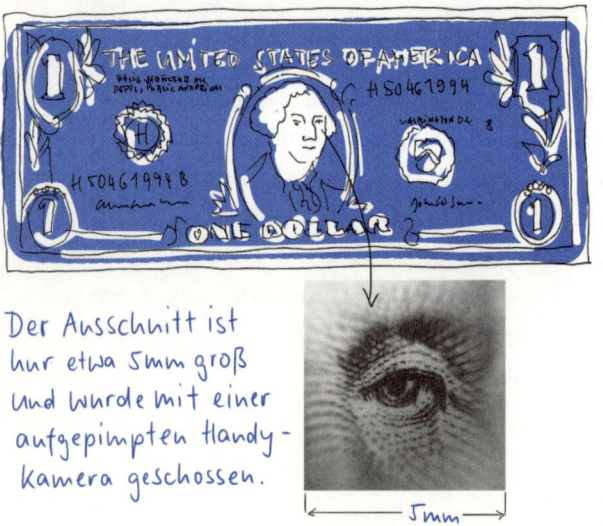

Abb. 82 Das Auge George Washingtons auf einem Eindollarschein

Der Ausschnitt ist nur etwa 5mm groß und wurde mit einer aufgepimpten Handykamera geschossen.

Abb. 83 Handykamera für Makrofotos

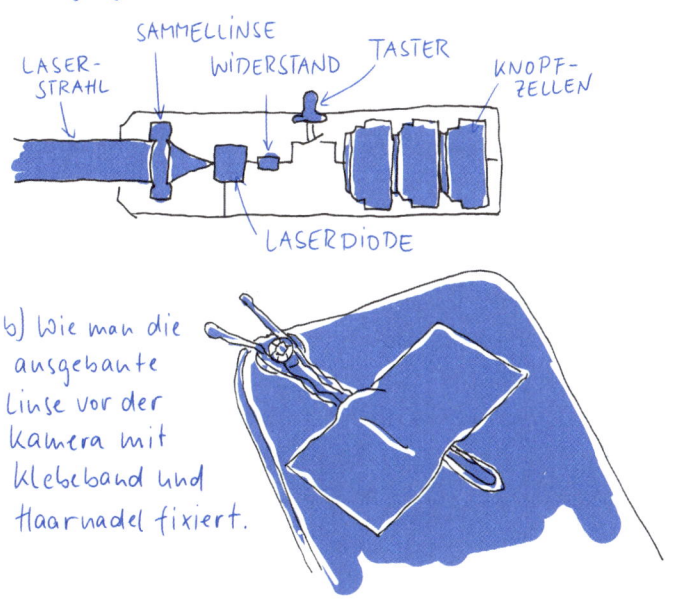

a) Aufbau eines Laserpointers
Die Sammellinse wird am Rand wieder breiter.

LASERSTRAHL — SAMMELLINSE — WIDERSTAND — TASTER — KNOPFZELLEN — LASERDIODE

b) Wie man die ausgebaute Linse vor der Kamera mit Klebeband und Haarnadel fixiert.

Auge in Abb. 82 wurde mit einer ganz normalen Handykamera geschossen. Allerdings habe ich diese vorher mit ein wenige Bastelaufwand *MacGyver*-mäßig aufgepimpt. Man kann nämlich mit jedem Smartphone und der Linse eines Laserpointers beeindruckende Makrofotos machen.

In jedem Laserpointer wird der Lichtstrahl so gebündelt (Abb. 83a), dass Sie damit kleine Punkte machen können und nicht die ganze Leinwand in ein zartes Rot tauchen. Das bewerkstelligt eine Sammellinse, also eine Linse mit Bauch in der Mitte, so wie die in einer Lupe. Normalerweise laufen diese am Rand spitz zu (Abb. 84). Die Linse im Laserpointer wird aber am Rand wieder dicker. Dadurch hat sie eine ähnliche Form wie eine kleine Tablette und kann besser im Gerät fixiert werden. Die typischen Eigenschaften einer Sammellinse kommen natürlich nur im inneren, richtig gekrümmten Bereich zum Tragen. Das ist vermutlich auch der Grund, warum die später geschossenen Bilder außen etwas unscharf und verzogen sind, wie Sie auch in Abb. 82 erkennen können. Wenn sich das mit Ihrem Perfektionismus nicht vereinbaren lässt, können Sie später mit einem Bildbearbeitungsprogramm den inneren Teil freistellen.

Wie dem auch sei, diese Plastiklinse müssen Sie auf jeden Fall aus dem Laserpointer herausoperieren, wobei Sie diesen in den meisten Fällen opfern müssen. Oft befindet sich die Linse in einer kurzen Metallröhre, die Sie am besten vorsichtig durchsägen. Einmal herausgefischt, müssen Sie diese nur noch vor der Handykamera befestigen. Dazu eignet sich eine wellig geschwungene Haarnadel hervorragend (Abb. 83b). Und schon kann's losgehen.

Damit Sie scharfe Bilder bekommen, müssen Sie näher als 1 cm an die Objekte heran. Deshalb ist es wichtig, dass genug Licht von der Seite einfallen kann. Sie können auch durchsichtige Dinge auf eine Glasplatte legen und diese von unten beleuchten. Unser Gadget vergrößert etwa um den Faktor 10. Wenn die kleinstmögliche Bildbreite zum Beispiel 5 cm beträgt, können Sie mit der Zusatzlinse auf 5 mm kommen. Und damit lassen sich saucoole Fotos machen!

Was passiert physikalisch gesehen durch diese Zusatzlinse? Im Prinzip handelt es sich um genau dieselbe Technik, die man auch bei Weitsichtigkeit verwendet.[51] Es wird mit einer zusätzlichen Sammellinse gearbeitet. Sie kurieren also etwas überspitzt formuliert die Weitsichtigkeit Ihres Smartphones, um dann Makrofotos zu machen.

Stellen Sie sich vor, Sie sehen ein Foto an. Jeder einzelne Punkt, also jedes Pixel, sendet das Licht in alle Richtungen aus. Damit Sie einen bestimmten Punkt auf diesem Bild scharf sehen können, müssen sich alle eingefangenen Lichtstrahlen genau auf der Netzhaut schneiden. Das ist modellhaft für die Pfeilspitze in Abb. 84a dargestellt. Für den Fotoapparat Ihres Handys gilt dasselbe, nur dass das Bild hier auf einem Sensor entsteht. Das Bild steht übrigens immer Kopf und wird von Handy- oder Gehirnsoftware ungefragt gedreht.

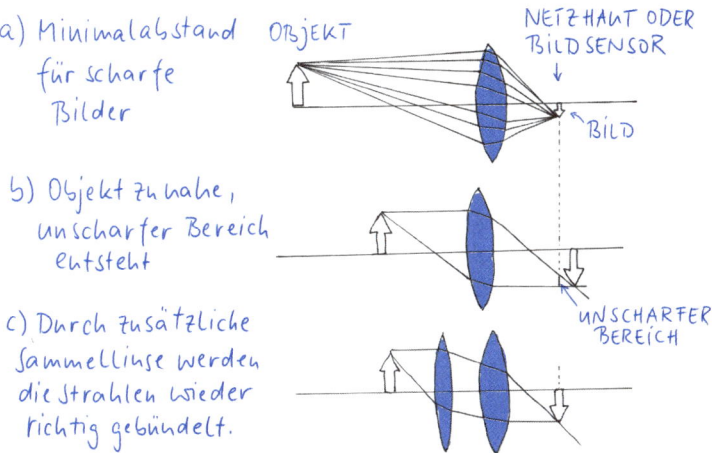

Abb. 84 DER TRICK MIT DER SAMMELLINSE

a) Minimalabstand für scharfe Bilder

b) Objekt zu nahe, unscharfer Bereich entsteht

c) Durch zusätzliche Sammellinse werden die Strahlen wieder richtig gebündelt.

Damit ein Bild entstehen kann, müssen also die Lichtstrahlen von einer Sammellinse oder einem Linsensystem gebündelt werden. Damit man in verschiedenen Entfernungen scharf sehen kann, muss man irgendwas an den Linsen verändern können. Beim Auge erfolgt das Scharfstellen durch eine Änderung der Linsenkrümmung. Je näher ein Objekt kommt, desto mehr muss sich die Linse zusammenziehen und desto kleiner und dicker wird sie. Weil im Alter deren Elastizität nachlässt, kann sie das nicht mehr so gut, und die Arme, die man zum Lesen der Zeitung braucht, werden dadurch dann immer länger und länger – bis man resignierend zur Lesebrille greift. Bei Kameras ändert sich zwar nicht die Krümmung der Linse, aber deren Entfernung von der Bildebene. Je näher das Objekt ist, desto weiter nach vorne werden die Linsen geschoben. Das gilt übrigens auch für die winzigen Linsen in einer Handykamera. In allen Fällen gibt es einen kleinsten Abstand, der nicht unterschritten werden darf, wenn man noch Wert auf ein scharfes Bild legt. Dieser Grenzfall ist in Abb. 84a dargestellt.

Zum besseren Verständnis habe ich mit dem Pfeil ein einfaches Objekt gewählt und konstruiere nur die Spitze. Wenn man deren Lage weiß, kennt man auch Größe und Lage des restlichen Pfeils. Bei a) sind mehrere Strahlen eingezeichnet, um das Prinzip der Sammellinse besser zu verdeutlichen. Um das Bild zu konstruieren, genügen aber zwei maßgebliche Strahlen, so wie in b) und c) dargestellt.

Was passiert, wenn Sie die kleinste Distanz unterschreiten? Dann schafft es die Linse nicht mehr, die Strahlen auf Bildsensor oder Netzhaut zu bündeln (Abb. 84b). Der Punkt des Originals wird im Bild zu einem Lichtscheibchen aufgeblasen. Weil das mit jedem Punkt passiert, fließt alles ineinander, und Sie bekommen ein unscharfes Bild. Wenn Sie jetzt aber noch eine zusätzliche Sammellinse einschieben, dann kann das System die Strahlen wieder an der richtigen Stelle bündeln, und das Bild wird wieder scharf (Abb. 84c). Und genau diese Methode wenden wir bei unserer Zusatzlinse an. Deshalb können Sie nun auch viel näher an die Objekte heran, womit auch der Bildausschnitt größer wird. Und dadurch werden herrlich ungewohnte Fotos möglich.

38 Big Bang Theory oder T-Shirts falten mithilfe der Gravitation

Es hilft leider nichts, Hausarbeit muss sein! Wenn man sich dabei aber Zeit ersparen kann, sollte man das schamlos ausnutzen. Ich zeige Ihnen zwei Möglichkeiten, wie Sie ein T-Shirt in wenigen Sekunden zusammenlegen können. Ich gestehe, dass die Physik in beiden Fällen eher nur in homöopathischen Dosen einfließt. Im ersten Fall kommt die Gravitation vor und im zweiten ein Sitcom-Physiker. Dieses Kapitel ist also gewissermaßen zum naturwissenschaftlichen Chill-out. Allerdings sind die Lifehacks so cool, dass ich sie Ihnen einfach nicht vorenthalten kann.

Für die erste Variante brauchen Sie neben der Gravitation nur ein halbwegs gutes Auge. Sie legen das Shirt mit der Vorderseite nach oben (Abb. 85a). Nun müssen Sie drei Punkte lokalisieren, an denen Sie das Leibchen mit den Fingern packen. Dazu ziehen Sie in Gedanken eine Linie quer in der Hälfte des Shirts und eine längs bei einem Drittel. Mit deren Hilfe finden Sie den Punkt L für die linke Hand und die Punkte R1 und R2 für die rechte. Deren Lage ist in gewissen Grenzen Geschmackssache und bestimmt später die Größe des gefalteten Shirts.

Und dann geht es los. Mit der linken Hand nehmen Sie den Stoff bei L und mit der rechten bei R1 (Abb. 85b). Jetzt kommt der Teil, der am Anfang etwas verwirrend wirkt.

Abb. 85 T-Shirt falten mithilfe der Gravitation

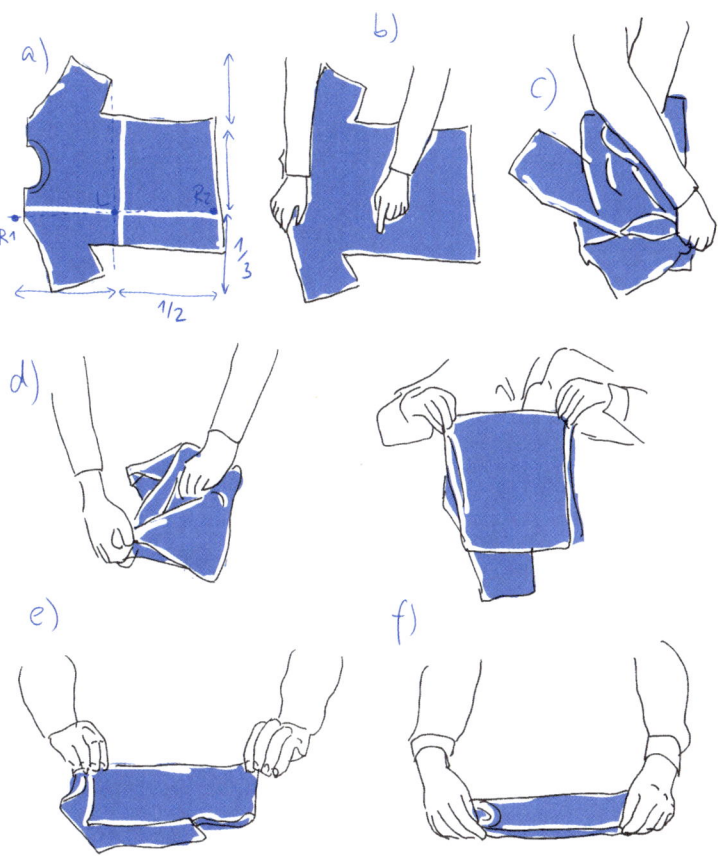

Ohne auszulassen, greifen Sie mit der rechten Hand über die linke und packen *zusätzlich* noch Punkt R2 (Abb. 85c). Sie haben also nun zwischen den Fingern der rechten Hand zwei Stellen des Leibchens. Nun ziehen und rütteln Sie ein bisschen und bringen die Hände wieder in die normale ungekreuzte Position zurück (Abb. 85d). Das Shirt ist im Prinzip jetzt schon gefaltet, nur steht noch ein Ärmel unten raus. Dazu schwingen Sie es auf den Tisch und falten es noch einmal durch (Abb. 85e und f). Fertig!

Die Sache klingt wesentlich komplizierter, als sie in Wirklichkeit ist. Am besten, Sie falten nach der nächsten großen Wäsche einfach mal alle Ihre Shirts hintereinander, danach werden Sie die Technik perfekt beherrschen. Wenn Sie es gut können, dauert der Faltvorgang pro Shirt tatsächlich nur etwa zwei bis drei Sekunden und somit kaum länger als das vorbereitende Auflegen.

Für pingelige Leute geht diese Methode natürlich gar nicht, weil die Shirts nicht alle exakt gleich groß werden und überdies noch bei den Ärmeln asymmetrisch gefaltet sind. Es gibt aber ein zweites Schnellverfahren, bei dem diese Schwachstellen ausgemerzt werden: das Faltbrett, auch T-Shirt-Folder genannt (Abb. 86). Diese Methode erlangte durch eine Folge der Sitcom *Big Bang Theory* gewisse Popularität, weil *Sheldon Cooper*, Physiker und Super-Geek-Nerd mit Asperger-Syndrom, damit seine Shirts penibel genau faltet.[52] Und wenn sogar er damit zufrieden ist, werden Sie das auch sein. Man kann dieses simple Gerät, mit dem man sogar Langärmeliges falten kann, übers Internet bestellen. Es ist aber auch nicht besonders schwer, es mit Karton und Klebeband nachzubauen. Dazu sind bei Punkt d) die Maße angegeben.

Abb. 86 Der T-Shirt-Folder

a) T-Shirt mit Hinterseite nach oben auflegen und Ärmel einklappen

b) links und rechts einklappen

c) Unterseite einklappen

d) Umdrehen und fertig!

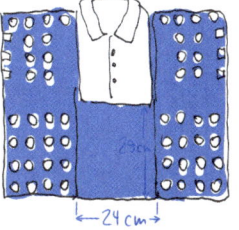

39 Ein Plädoyer für die gepflegte Unordnung oder Warum hat die Zeit eine Richtung?

Was jetzt kommt, ist sicherlich kein *klassischer* Lifehack. Vielleicht ist es sogar nicht einmal ein Lifehack? Ich werde aber auf jeden Fall hier die physikalische Trivialität des vorigen Kapitels mehr als wettmachen und tief in die Geheimnisse des Universums eindringen! Ich werde Ihnen nämlich nicht nur ein gewichtiges Argument in die Hand geben, warum Sie vernünftigerweise Ihren Schreibtisch *nicht* zu oft aufräumen sollten, sondern ich werde Ihnen in einem Aufwasch auch erzählen, wieso die Zeit eine Richtung hat! Und wir werden uns mit der Frage beschäftigen, ob Sie rein theoretisch mit Sprengstoff ein Häuschen bauen können (Abb. 87). Bleiben Sie also dran!

Damit ich Ihnen die Sache am plakativsten erklären kann, fange ich mit einem ganz einfachen Fall an und werde diesen dann peu à peu erweitern, bis wir zum Schreibtisch kommen, den es aufzuräumen gilt – oder eben auch nicht. Der einfache Fall, mit dem wir anfangen, ist ein Einteilchengas, das in einer Box herumflitzt (Abb. 88a). Wenn Sie ein Foto von dem Teilchen schießen, dann ist die Wahrscheinlichkeit 1 zu 2, dass es sich im Moment des Auslösens gerade in der linken Hälfte befindet, weil es eben zwei Möglichkeiten gibt. Bei zwei Teilchen lassen sich die Möglichkeiten kombinieren, was vier denkbare Fälle und

Abb. 87 MÖGLICH ODER NICHT?

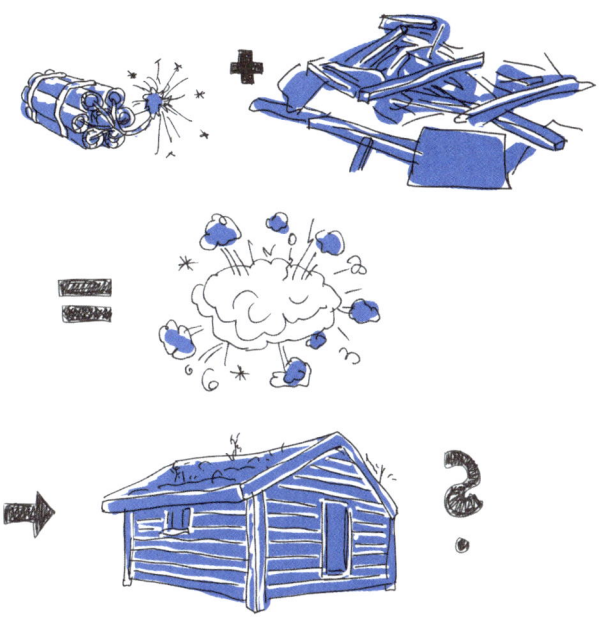

somit eine Wahrscheinlichkeit von 1 zu 4 ergibt (Abb. 88b). Und bei drei Teilchen ist die Wahrscheinlichkeit bereits auf 1 zu 8 abgesunken (Abb. 88c).

Ganz allgemein liegt die Wahrscheinlichkeit, dass sich eine Anzahl von N Gasteilchen zufällig links befindet, bei 1 zu 2^N. Die Wahrscheinlichkeit sinkt mit steigender Teilchenanzahl absurd schnell ab, weil sich N ja in der Hochzahl befindet. Ich gebe Ihnen dazu ein imposantes Beispiel. Bereits bei läppischen 23 Teilchen beträgt die Wahrschein-

Abb. 88 Wie sich ein Gas mit ein bis drei Teilchen in einer Box verteilen kann

Die Wahrscheinlichkeit, dass sich alle Teilchen links befinden (grau unterlegt), beträgt: a) $\frac{1}{2}$, b) $\frac{1}{2} \cdot \frac{1}{2} = \frac{1}{4}$ c) $\frac{1}{2} \cdot \frac{1}{2} \cdot \frac{1}{2} = \frac{1}{8}$. Allgemein liegt die Wahrscheinlichkeit bei $\frac{1}{2^N}$, wobei N die Teilchenzahl ist. Statt $\frac{1}{2^N}$ kann man auch 1 zu 2^N sagen.

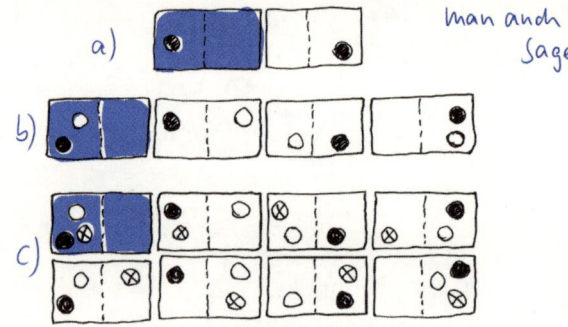

lichkeit, sie alle in einer Hälfte anzutreffen, 1 zu 10^{23} oder etwa 1 zu 8 Millionen! Es ist schwer, sich etwas darunter vorzustellen, aber das entspricht etwa der Wahrscheinlichkeit, im österreichischen Lotto einen Sechser zu machen. Und bei 24 Teilchen wäre die Wahrscheinlichkeit mit 1 zu 17 Millionen bereits geringer als für einen Sechser im deutschen Lotto![53]

Bei diesem Beispiel sind die Teilchenzahlen noch sehr gut überschaubar. Trotzdem sind die Wahrscheinlichkeiten bereits unbegreiflich winzig. Ich meine, wie winzig ist doch die Chance auf einen Lottosechser?! In der Realität haben Sie es bei Gasen aber nicht mit ein paar lächerlichen

Teilchen zu tun, dort kommen so richtig große Zahlen vor. In einer leeren 0,5-l-Flasche befinden sich zum Beispiel etwa 10^{22} Luftmoleküle (siehe S. 243). Die Wahrscheinlichkeit, dass sich diese alle in der linken Flaschenhälfte befinden, liegt bei 1 zu $10^{3.010.299.956.639.310.000.000}$. Glauben Sie mir, es ist wirklich gesünder, sich darunter nichts mehr vorstellen zu können. Diese Zahl hat etwa drei Trilliarden Kommastellen![54] Ihr Leben reicht bei weitem nicht aus, diese Zahl auch nur einmal aufzuschreiben. Die Wahrscheinlichkeit, mit der sich die Teilchen eines Gases zufällig alle in einer Hälfte befinden, hängt also extrem empfindlich von deren Anzahl ab. Mit steigender Zahl sinkt die Wahrscheinlichkeit auf kümmerlichste Werte ab, also praktisch auf null.

Machen wir einen Schritt weiter in Richtung Schreibtisch und sehen uns ein Gas an, das sich zu Beginn in der linken Hälfte einer Box befindet. Ihr Hausverstand sagt Ihnen, dass sich das Gas gleichmäßig verteilen wird, wenn Sie die Trennwand entfernen (Abb. 89a und b). Die Physik sagt Ihnen zusätzlich, dass das deshalb passiert, weil das System den wahrscheinlichsten Zustand anstrebt, und das ist der, wenn die Teilchen fifty-fifty verteilt sind (Abb. 88c).

Was spricht dagegen, dass sich das Gas wieder von selbst in der linken Hälfte zusammenrottet, dass also die Bildfolge in a) von rechts nach links verläuft? Die Antwort auf diese Frage zählt zu den Dingen, die mich in meinem Physikstudium am meisten umgehauen haben! Im Prinzip spricht nämlich gar nichts dagegen! Es gibt kein *einziges physikalisches Gesetz*, das verbietet, dass sich das Gas wieder von selbst in der linken Hälfte zusammendrängt. Alle Vorgänge lassen sich im Rahmen der Naturgesetze zeitlich umkehren. Der einzige Grund, warum das nicht passiert, ist die unglaublich winzige Wahrscheinlichkeit! Und das finde ich einfach unerhört!

Man kann es auch so formulieren: Vor dem Entfernen der Trennwand befinden sich die Teilchen in größerer Ordnung als nachher – sie sind ja nur in einer Hälfte. Das ist ungefähr so, als hätten Sie Gegenstände auf einer Seite Ihres Schreibtisches geordnet. Durch das Entfernen der

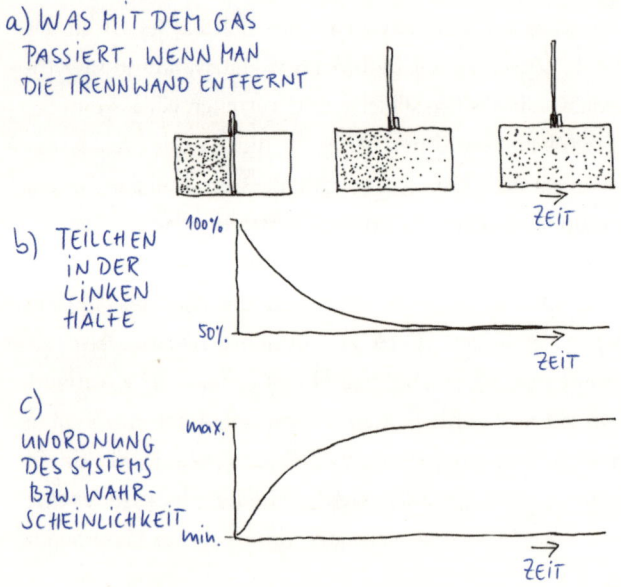

Abb. 89 VON DER ORDNUNG ZUR UNORDNUNG

a) WAS MIT DEM GAS PASSIERT, WENN MAN DIE TRENNWAND ENTFERNT

b) TEILCHEN IN DER LINKEN HÄLFTE

c) UNORDNUNG DES SYSTEMS BZW. WAHRSCHEINLICHKEIT

Wand erhöht sich die Unordnung, weil die Teilchen nun überall sein können (Abb. 89c). Physiker verwenden statt dem Wort Unordnung lieber den Ausdruck Entropie. Die Parallele zum Schreibtisch wird aber offensichtlich – die geordneten Dinge verstreuen sich nach und nach wieder kreuz und quer über die Tischplatte.

Das, was wir uns beim Gas angesehen haben, ist ein allgemeines Prinzip, das im gesamten Universum Gültigkeit hat. Ein System nimmt von selbst im Lauf der Zeit immer den wahrscheinlichsten Zustand ein, und das ist dummerweise der mit der größten Unordnung.[55] Falls Sie also mal nach einer Ausrede suchen: Im Prinzip können Sie eigentlich gar nichts für das Durcheinander auf dem Schreibtisch, das ist in den Grundgesetzen des Universums so verankert!

Zeit ist ja ein echtes Mysterium, und auch Physiker wissen nicht so recht, was sie damit anfangen sollten. Aber der eben beschriebene Mechanismus ist auf jeden Fall einer der Gründe, warum die Zeit eine Richtung hat. Später ist immer dort, wo es unordentlicher ist! Systeme räumen sich leider nicht wieder von selbst auf. Wenn ich bei der Planung des Universums etwas zu sagen gehabt hätte, ich hätte das anders gemacht. Aber leider hat mich ja niemand gefragt.

Dadurch ist auch zu erklären, warum konstruktives Verhalten immer wesentlich anstrengender ist als destruktives. Konstruktives Arbeiten bedeutet, gegen den Strom der Entropie zu schwimmen, und das kostet Energie, während man beim destruktiven Arbeiten eigentlich ganz gratis mit dem Strom mitschwimmen kann. Das ist eine unglaubliche Sauerei des Universums!

Kann man mit Dynamit ein Häuschen bauen? Im Prinzip schon! Rein theoretisch können alle Vorgänge in die Gegenrichtung ablaufen, weil keine Naturgesetze sie daran hindern. Die Kaffeetasse, die gerade runtergefallen, zerbrochen und ausgeronnen ist, könnte sich wie von Zauberhand wieder zusammensetzen, füllen und auf den Tisch springen. Tut sie aber nicht! Warum? Eigentlich nur deshalb, weil es so unwahrscheinlich ist. Deshalb können Sie zwar rein theoretisch ein Haus durch eine Sprengung bauen, aber die Wahrscheinlichkeit ist so fantastisch gering, dass es leider niemals passieren wird. Wählen Sie lieber den konventionellen Weg – außer Sie hätten gerne einen Auftritt in den Boulevard-Medien.

Kommen wir noch mal zum Schreibtisch zurück. Natürlich können Sie lenkend eingreifen und wieder Ordnung schaffen – aufräumen also. Dazu müssen Sie aber Energie in das System pumpen, denn Aufräumen bedeutet Arbeit. Und jetzt kommt der springende Punkt. Die Zunahme der Unordnung verläuft glücklicherweise nicht linear. Sie steigt zuerst schnell an und flacht sich dann zunehmend ab (Abb. 89c). Das ist ganz wesentlich für das sporadische Aufräumen. Nach 30 Tagen ist es *nicht* 30-mal so unordentlich wie nach einem Tag, es ist wesentlich weniger. Und das ist gut so, denn sonst könnte man die Aufräumschuld bei manchen Dingen sein ganzes Leben nicht wieder abtragen. Der Trick ist eben, ein bisschen etwas zusammenkommen zu lassen, und das dann auf einen Ruck wegzuräumen. Sie müssen dazu einfach nur ein wenig Ihre Toleranzschwelle heben. Außerdem gilt ja die alte Weisheit: „Wozu Ordnung? Das Genie beherrscht das Chaos!" Dieser Aufräumtrick ließe sich natürlich zwanglos auf die gesamte Wohnung umlegen. Aber um sich keine familiären Probleme aufzuhalsen, fangen Sie mal mit dem Schreibtisch an!

TEIL 5
» SCIFI, FANTASY UND SUPERHELDEN «

40 Der Blick in die Vergangenheit oder
Kann man schneller ziehen als sein eigener Schatten?

Ich bin ein glühender und bekennender Fan von Science-Fiction, Fantasy und Superhelden, wobei sich diese drei Genres ja durchaus hin und wieder überlappen. Meine erste Liebe galt eindeutig Scifi, und diese hält noch immer an. In meiner späten Volksschulzeit wurde nämlich gerade *Raumschiff Enterprise* aka *Star Trek* im Fernsehen ausgestrahlt. Ich bin also mit *Kirk*, *Spock* und den unendlichen Weiten des Weltalls aufgewachsen. Fantasy war damals noch nicht in Mode und die Superheldenfilme aufgrund der doch noch nicht so überzeugenden Spezialeffekte kein wirklicher Genuss, zumindest nicht für mich. *Christopher Reeve* als *Superman* war einfach viel zu sehr anzusehen, dass er am Schnürchen hängt. Superhelden und Fantasy bin ich daher erst später in Comic, Buch und Film verfallen.

Und ebenfalls später habe ich begonnen, auch physikalisch über dieses Genre nachzudenken, und dazu bieten ja vor allem Filme wirklich eine Menge Gelegenheiten. Die Tatsache, dass vieles des Gezeigten nicht möglich ist, hat mich aber nie auch nur im Geringsten gestört – im Gegenteil. Es hat sich dabei nämlich ein interessantes psychologisches Phänomen entwickelt. Ein Teil meines Gehirns sieht sich mit großem Genuss die Filme an, ein anderer notiert sich die physikalischen Fehler. Vielleicht sollte ich einmal mit einem Therapeuten meines Vertrauens darüber sprechen?

Auf der anderen Seite muss man es doch so sehen: Es handelt sich hier um Märchen für Erwachsene. Wenn zum Beispiel *James Bond* in bereits über 20 Filmen alle MP-Salven, Schwertattacken, Laserangriffe, Autounfälle und Folterungen unbeschadet überstanden hat und so nebenbei auch immer bei der attraktiven Hauptdarstellerin landen konnte, dann entspricht das wohl auch bei weitem nicht der Realität, stört aber trotzdem niemanden – im Gegenteil! Wenn ich also in diesem letzten Teil des Buches noch ein wenig an diversen Denkmälern rüttle, dann sollte Ihnen das in Zukunft auf keinen Fall den Spaß verderben.

Zu den Superhelden im zumindest erweiterten Sinne zählt für mich auch *Lucky Luke*! Die doofen *Daltons* oder

Abb. 90 LUCKY LUKE: KANN ER SCHNELLER ZIEHEN ALS SEIN EIGENER SCHATTEN?

30cm

3m entsprechen 10 Milliardstel Sekunden.

der strohdumme Hund *Rantanplan* geben physikalisch gesehen natürlich nichts her, sehr wohl aber das, was stets auf der Rückseite dieser Comics zu lesen und zu sehen ist und *Lucky Luke* zu einem Helden mit Superkräften macht: Er kann schneller ziehen als sein eigener Schatten (Abb. 90)! Geht das wirklich?

Wo es Schatten gibt, da gibt's auch Licht, und deshalb müssen wir einen Blick auf dieses werfen. Es hat eine Geschwindigkeit von etwa 300.000 km/s (siehe auch S. 95). Die Luftlinie von Wien nach München beträgt zum Beispiel 355 km. Licht würde für diese Distanz also kaum mehr als eine Tausendstelsekunde benötigen! Respekt! Obwohl Licht also unvorstellbar schnell ist, hat es trotzdem eine endliche Geschwindigkeit. Und dadurch wird ausnahmslos jeder Blick, den wir werfen, ein Blick in die Vergangenheit!

So richtig heftig ins Gewicht fällt die Laufzeit des Lichts beim Beobachten ferner astronomischer Objekte. Von den entferntesten sichtbaren Galaxien braucht es zum Beispiel 13,2 Milliarden Jahre zu uns (Tab. 32). Umgekehrt bedeutet das also, dass wir diese Objekte so sehen, wie sie vor 13,2 Milliarden Jahren ausgesehen haben, also kurz nach dem Urknall. Ein großes Teleskop ist im Prinzip so etwas wie eine gigantische Zeitmaschine in die Vergangenheit. Beim sonnennächsten Stern Proxima Centauri beträgt dieser *time warp* immerhin noch 4,2 Jahre. Dass der Blick auf die Sterne immer einer in die Vergangenheit und nicht einer in die Zukunft ist, hat sich aber leider bis zu den Astrologen noch nicht herumgesprochen.

Strecke	wie lange Licht dafür benötigt
von der entferntesten sichtbaren Galaxie zu uns	13,2 Milliarden Jahre
von der Andromeda-Galaxie zu uns (nächste große Galaxie)	2,5 Millionen Jahre
von Proxima Centauri zu uns (sonnennächster Stern)	4,2 Jahre
von der Sonne zu uns	rund 8 Minuten
vom Mond zu uns	rund 1,2 s
Wien – München	rund 1/1000stel Sekunde
3 m	10^{-8} s oder 10 Milliardstel Sekunden
A4-Höhe (etwa 30 cm)	10^{-9} s oder eine Milliardstel Sekunde

Tab. 32: Wie lang das Licht für die entsprechenden Strecken benötigt.

Dieses Prinzip bleibt auch im Alltag erhalten. Aber die Distanzen sind dann so kurz und die Verzögerungen dadurch so ungeheuer winzig, dass sie natürlich nicht mehr zu bemerken sind. Licht braucht zum Beispiel bloß eine Milliardstel Sekunde, um die Höhe einer A4-Seite zurückzulegen, also etwa 30 cm (Tab. 32). Für 3 m braucht es 10 Milliardstel Sekunden. Und das bringt uns wieder zum Ziehen des Colts zurück!

Nehmen Sie einmal an, dass Sie 3 m vor einer Wand stehen, auf die Sie sehr effektvoll Ihren Schatten werfen. Das Licht braucht 10 Milliardstel Sekunden von Ihnen bis dorthin. Wenn Sie nun ihre Position verändern, dann hinkt Ihr Schatten an der Wand *immer* um diese 10 Milliardstel Sekunden hinterher. Was bedeutet das für ein Revolverduell mit Ihrem eigenen Schatten? Sie – und natürlich auch jeder andere Mensch – ziehen *immer* schneller als der eigene

Schatten. Würden Sie diesen mit einem großen Scheinwerfer auf den Mond werfen, wären Sie sogar merkbare 1,2 s flinker. Schneller als sein eigener Schatten zu ziehen ist also im Prinzip die Normalität!

Natürlich ist *Lucky Luke* aber was Besonderes. Nachdem sein Schatten nämlich noch nicht gezogen hat, sind weniger als 10 Milliardstel Sekunden seit dem ersten Zucken vergangen. Wenn seine rechte Hand um 30 cm nach oben fliegt, dann hat sich diese mit mindestens 10 % der Lichtgeschwindigkeit bewegt. Die linke muss sich sogar noch etwas schneller bewegt haben. Allein diese Fähigkeit hebt ihn sofort in den Rang eines Superhelden. Sie und ich ziehen zwar auch schneller als unsere Schatten, können diesen aber nicht erschießen, bevor er reagiert. Und die wahrscheinlich spannendste Sache: Die Kugel hat seinen Schatten bereits durchbohrt. Das bedeutet, dass seine Patrone mit Überlichtgeschwindigkeit geflogen sein muss! Aber kann und darf sich etwas mit Überlichtgeschwindigkeit bewegen? Das sehen wir uns im nächsten Kapitel an.

41 Über dem Horizont oder Gibt es Überlichtgeschwindigkeit?

Überlichtgeschwindigkeit kommt in den meisten Scifi-Filmen in irgendeiner Form vor. Das hat zwei Ursachen. Erstens ist das saucool – das wäre eigentlich schon Motiv genug. Der zweite Grund ist ein pragmatischer. Weltallreisen mit realistischen Geschwindigkeiten sind nämlich urfad. Das schnellste je von Menschenhand gebaute fliegende Objekt ist aktuell die Voyager I, und sie bewegt sich mit 17 km/s von der Sonne weg. Das klingt jetzt ziemlich flott, aber in diesem Tempo würde der Weg zum nächsten Stern, zu Proxima Centauri, trotzdem 75.000 Jahre in Anspruch nehmen! Selbst das Licht wäre erst in 4,2 Jahren dort. Die Eroberung des Weltalls würde also in sehr gemächlichem Tempo vor sich gehen, und daher braucht man aus dramaturgischen Gründen Überlichtgeschwindigkeit! Kann es diese aber wirklich geben? Die Antwort ist ein glasklares Jein!

Stellen Sie sich eine Straße vor, die schnurgerade gen Horizont läuft (Abb. 91a).[56] Das ist in der Realität zwar nicht möglich, weil die Erde ja gekrümmt ist, aber tun wir mal so als ob. Egal, wie weit ein Auto auf dieser Straße fährt, es kann den Horizont von Ihnen aus gesehen niemals erreichen. Jeder gefahrene Meter wirkt sich immer weniger und weniger auf den Weg dorthin aus, wie man an den immer kleiner werdenden Mittelstreifen erkennen kann. Um

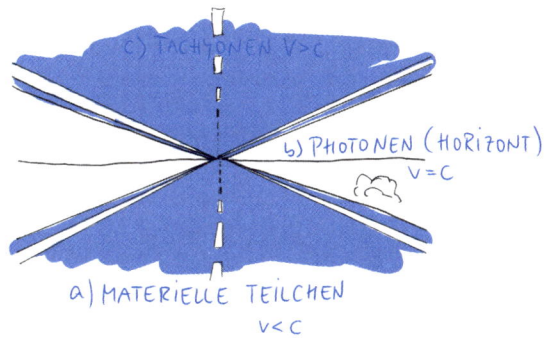

Abb. 91 DIE WELT DER TEILCHEN NACH GESCHWINDIGKEIT GEORDNET

Tachyonen sind theoretisch möglich, aber bislang nicht gefunden.

den Horizont schlussendlich zu erreichen, müsste das Auto unendlich weit fahren. Wenn es diesen aber nicht mal erreichen kann, kann es ihn schon gar nicht überschreiten. Von Ihnen aus gesehen ist das Auto in der unteren Bildhälfte gefangen.

In einer ganz ähnlichen Situation befinden sich alle materiellen Teilchen in diesem Universum, also salopp gesagt alle jene Partikel, die Sie angreifen können. Der Horizont wäre in diesem Fall die Lichtgeschwindigkeit c. Diese Teilchen – und natürlich auch alle Objekte, die daraus bestehen – können zwar der Lichtgeschwindigkeit sehr, sehr nahe kommen, ähnlich wie unser Auto dem Horizont, aber diese niemals erreichen. Je mehr man sich dem Lichtgeschwindigkeitshorizont annähert, desto aufwendiger wird jede weitere Geschwindigkeitssteigerung. Die Protonen im Teilchenbeschleuniger LHC in der Nähe von Genf erreichen zum Beispiel beachtliche 99,9999991 % der Lichtgeschwindigkeit – aber eben nicht 100 %. Lichtgeschwindigkeit zu erreichen ist für materielle Teilchen unmöglich! Warum eigentlich?

Einstein entdeckte im Rahmen seiner Speziellen Relativitätstheorie nicht nur, dass die Zeit für bewegte Objekte langsamer vergeht (siehe S. 97), sondern auch, dass deren Masse dabei zunimmt. Die Protonen am CERN haben aufgrund ihrer phänomenalen Geschwindigkeit zum Beispiel die rund 7500-fache Masse im Vergleich zum Ruhezustand. Darunter dürfen Sie sich jetzt aber nicht vorstellen, dass die Protonen fetter geworden sind. Diese behalten auch bei großen Geschwindigkeiten ihre Top-Figur bei. Die Masse gibt an, wie schwer etwas abzubremsen ist. Und die Protonen am CERN sind eben 7500-mal schwerer abzubremsen, als man das aus blauäugiger nichtrelativistischer Sicht erwarten würde.

Der springende Punkt ist der, dass die Masse immer schneller anwächst, je mehr man sich der Lichtgeschwindigkeit annähert, und dass diese bei exakt c dann unendlich groß werden würde.[57] Das bedeutet aber wiederum, dass man unendlich viel Energie investieren müsste, um etwas auf Lichtgeschwindigkeit zu bekommen, und daraus ergibt sich letztlich eine unüberwindbare Barriere. Aus die Maus!

Genau am Horizont befinden sich in unserer Analogie die Teilchen, die immer Lichtgeschwindigkeit haben, nämlich die Photonen (Abb. 91b). Solange ein Lichtteilchen lebt, bewegt es sich immer exakt mit c. Es kann nicht einmal den Hauch eines Deuts schneller oder langsamer sein, es gibt kein Herumeiern. Der Horizont ist eine exakte Linie und c ist gleich c ist gleich c! Oder etwas physikalischer formuliert: Die Lichtgeschwindigkeit ist eine unveränderliche Naturkonstante!

Man kann ein Photon daher nicht abstoppen und es unter das Mikroskop legen, weil es dabei stirbt und seine gespeicherte Energie freigibt. Wenn Sie sich zum Beispiel in der Sonne aalen, dann machen Sie Myriaden von Photonen kalt, die dabei ihre Energie abgeben und Ihre Haut wärmen. Aber ich will Ihnen jetzt kein schlechtes Gewissen vor dem nächsten Sonnenbad machen. Wenn Sie es übertreiben, bekommen Sie sowieso die Rache der gemeuchelten UV-Photonen post mortem in Form eines Sonnenbrandes zu spüren.

Kommen wir aber nun endlich zum spannendsten Bereich, nämlich dem, der sich *über* dem Horizont befindet. Dieser entspricht Teilchen, die sich mit Überlichtgeschwindigkeit bewegen. Es ist jetzt vielleicht ein wenig überraschend, aber dieser Bereich ist durch kein bekanntes Naturgesetz verboten. Auch im Rahmen der Speziellen Relativitätstheorie kann es solche Teilchen rein prinzipiell geben.[58] Man weiß zwar nicht, ob sie tatsächlich existieren, aber man hat ihnen mal auf Verdacht den Namen Tachyonen gegeben. Dieser leitet sich vom griechischen Wort *tachys* ab, was *schnell* bedeutet. Auch der Ausdruck Tachometer kommt daher, obwohl sich unsere Autos in der Regel nicht mit Überlichtgeschwindigkeit bewegen. Für Tachyonen gilt das, was für kopfüber fahrende Autos auf einer über ihnen schwebenden Straße gelten würde (Abb. 91c): Diese sind in der *oberen* Bildhälfte gefangen.

Nur, weil es Tachyonen geben könnte, heißt das natürlich noch lange nicht, dass sie tatsächlich existieren *müssen*. Sollte der Bereich über dem Horizont wirklich von Teilchen bevölkert sein – was die meisten Physiker jedoch bezweifeln –, dann müssten diese auf jeden Fall eine Reihe sehr kurioser Eigenschaften besitzen. Die wohl verrückteste wäre, dass sie sich in der Zeit rückwärts bewegen müssten, was immer man sich darunter auch vorstellen soll. Wäre es einmal in Zukunft möglich, ein Tachyonentelefon zu entwickeln, könnte man sich damit selbst in der Vergangenheit anrufen, um sich zum Beispiel die Lottozahlen vom Wochenende zu verraten, um nur ein Beispiel zu nennen. Aber natürlich würden das dann auch alle anderen Leute machen. Deshalb kann man schon heute vorhersagen, dass die geglückte Umsetzung des Tachyonentelefons den generellen Untergang des Glücksspiels einläuten wird.

Neutrinos, eine sehr leichte und unglaublich schwer nachzuweisende Klasse von Materieteilchen, gehören, wie man schon länger weiß, in den Bereich unterhalb des Horizonts. Im Jahr 2011 fand man jedoch angeblich heraus, dass sich Neutrinos mit Überlichtgeschwindigkeit bewegen. Später konnte diese Fehlmessung auf einen schlechten Kontakt eines Kabels zurückgeführt werden. Dieses hatte man einfach mehrere Jahre lang nicht mehr gecheckt. Na ja, theoretische Physiker waren schon immer eher unpraktisch veranlagt! Die vermeintliche Überlichtgeschwindigkeit hätte aber bedeutet, dass sich Neutrinos in der Zeit zurückbewegen. Und das führte zu einer Menge nerdiger Zeitumkehr-Neutrino-Bonmots im Netz wie zum Beispiel diesem: Neutrino! – Wer da? – Toc, toc, toc!

Wie ist das jetzt also? Kann es Überlichtgeschwindigkeit geben? Ja, die Relativitätstheorie verbietet diese nicht. Sie verbietet aber kategorisch das Überschreiten des Horizonts, und zwar sowohl von oben als auch von unten. Deshalb habe ich diese Frage einleitend mit Jein beantwortet. Es könnte zwar einerseits überlichtschnelle Teilchen geben, davon haben wir aber andererseits nichts. Ein Raumschiff kann nicht mit Überlichtgeschwindigkeit fliegen, weil es c nicht erreichen, geschweige denn überschreiten kann. Der Sprung durch die Lichtmauer in *Star Wars* sieht zwar durch die Frontscheibe des *Rasenden Falken* mördercool aus, ist aber leider definitiv ein Wunschtraum.

Unter diesem Blickwinkel sollten wir uns auch noch einmal *Lucky Lukes* Duell mit seinem Schatten zur Brust nehmen (Abb. 90). Seine Patrone fliegt ja mit Überlichtgeschwindigkeit. Auf der anderen Seite ruht sie vor dem Schuss im Magazin. Die Kugel macht also dasselbe wie der *Rasende Falke*: Sie überschreitet den verbotenen Horizont. Deshalb ist das Comic in diesem Bereich sogar in die Kategorie Science-Fiction einzuordnen. Auf der anderen Seite ist das Überschreiten der Lichtgeschwindigkeit so cool, dass man sowohl bei *Lucky Luke* als auch bei *Star Wars* sehr gerne ein physikalisches Auge zudrückt.

Um Horizontüberschreitungsprobleme großräumig zu umschiffen, hat man im Zukunftsfilm-Genre meistens andere Wege eingeschlagen. Zum Beispiel wird beim Warp-Antrieb die Strecke gegen die Fahrtrichtung gedehnt und in Fahrtrichtung zusammengestaucht. Letzteres ist ein bisschen damit zu vergleichen, dass man am Mittagstisch die Tischdecke in Falten zusammenschiebt, um an den Salzstreuer zu gelangen. Man verkürzt dabei den Weg zum Ziel.

Beim Wurmloch-Konzept findet man gewissermaßen eine Abkürzung durch das All, die durch die Verbindung zwischen zwei schwarzen Löchern entsteht. Um so ein Ding übersichtlich abzubilden, nimmt man immer eine Dimension weg. Man stellt ein zweidimensionales Universum dar, quasi ein Blatt Papier, in welchem man durch die dritte Dimension „abkürzt" (Abb. 92a). Dummerweise ist aber die „Abkürzung" in dieser Darstellung länger als der normale Weg von (1) nach (2). Deshalb faltet man zwecks besserer Veranschaulichung das Universum in einer Art kosmischem Origami einmal zusammen (Abb. 92b), wodurch die Abkürzung dann auch wirklich ihrem Namen gerecht wird. An einem verregneten Wochenende können Sie einmal versuchen, sich diesen Trick mit einer Raumdimension mehr vorzustellen.

Sehr ähnlich ist auch der Dreh mit dem Sub- oder Hyperraum. Dabei geht man von der Spekulation aus, dass man einen kürzeren Weg durch eine höhere Raumdimension findet, ohne dass man jedoch auf schwarze Löcher angewiesen ist, die man ja auch nicht an jedem Eck findet.

Abb. 92 Ein Wurmloch in zwei verschiedenen Darstellungen

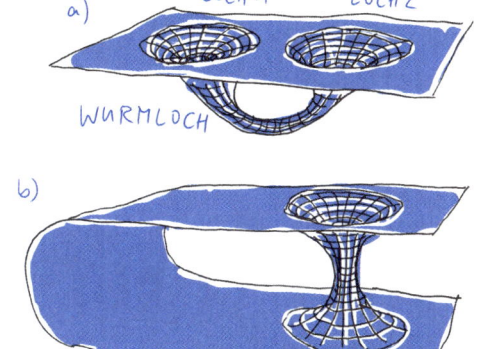

a) SCHWARZES LOCH 1, SCHWARZES LOCH 2, WURMLOCH

b)

In beiden Fällen wurde eine Dimension unter den Tisch fallen gelassen.

In allen drei Fällen wird also durch einen Trick die Strecke zum Ziel verkürzt, wodurch unter dem Strich Überlichtgeschwindigkeit vorgegaukelt wird, obwohl man diese gar nicht erreicht. Auf diese Weise kann man große Distanzen in einer dramaturgisch vernünftigen Zeit zurücklegen. Rein theoretisch könnten diese Techniken auch wirklich funktionieren, was natürlich wie immer nicht heißt, dass man das auch in der Praxis schaffen kann.

So richtig aus dem Schneider ist man aber mit diesen Technologien trotzdem nicht. Wenn sich nämlich das Raumschiff mit einem hohen Prozentsatz der Lichtgeschwindigkeit bewegt, dann altert die Besatzung aus Sicht der ruhenden Personen merklich langsamer. Wenn Sie sich so schnell wie die Protonen im LHC bewegen, altern Sie etwa 7500-mal so langsam (siehe Tab. 11, S. 97). Wenn aus der Sicht der Besatzung ein Tag vergeht, dann werden alle anderen nicht bewegten Personen in dieser Zeit um über 20 Jahre älter. Weil das für die Filmhandlung sehr ungünstig wäre, lässt man das einfach unter den Tisch fallen. Mich als eingefleischten Science-Fiction-Fan stören aber solche Dinge nicht wirklich. In diesem Fall gewinnt also mein Scifi-Herz gegen meine Physiker-Seele.

42 Beam me up, Scotty! oder Wie funktioniert Teleportation?

Beamen! Die wahre Killerapplikation aus *Raumschiff Enterprise* und für mich als Kind immer eines der Highlights jeder Folge. Offenbar hat die Idee, sich sekundenschnell an entfernte Orte zu teleportieren, auch bei einer Menge anderer Menschen so richtig eingeschlagen, denn dieses Konzept hat in vielfältiger Weise Eingang in Alltagskultur und Film gefunden. Zum Beispiel erinnert das *Apparieren* in der *Harry-Potter*-Welt frappant daran. „Beam me up, Scotty" gilt als bekanntester Satz der *Star-Trek*-Geschichte, und das ist faszinierend, denn so wurde er in der Serie niemals gesprochen.

Im Jahr 1997 gelang einer Gruppe von Quantenphysikern, der auch der Österreicher *Anton Zeilinger* angehörte, die Teleportation von Photonen. Populärwissenschaftlich spricht man in diesem Zusammenhang ebenfalls gerne mal vom Beamen, und Journalisten überschlagen sich mit Artikeln, in denen der baldige kommerzielle Einsatz dieser Technik heraufbeschworen wird. Für uns ist das eine willkommene Gelegenheit, einen kurzen Blick auf die Quantenmechanik zu werfen und beide Techniken in einem Crashkurs miteinander zu vergleichen.

Fangen wir mal mit der fiktiven Technologie an (Abb. 93). Da wird zunächst jedes einzelne Atom der zu beamenden Person gescannt und diese dann in ihre Bestandteile zerlegt (a). Was dann passiert, ist offenbar selbst den Autoren nicht ganz klar. Im *Next Generation Technical Manual* wird behauptet, dass anschließend der Mensch als Materiestrahl übertragen (b) und am Zielort wieder zusammengesetzt wird (c). Da kann man nur hoffen, dass es in der Atmosphäre keinen starken Gegenwind gibt. In einigen Folgen wird jedoch die gebeamte Person versehentlich zweimal materialisiert. Das geht natürlich nur dann, wenn lediglich die Information, nicht aber die Materie selbst übertragen wird, und die Person am Zielort aus dem dort bestehenden Material zusammengestückelt wird. Welche

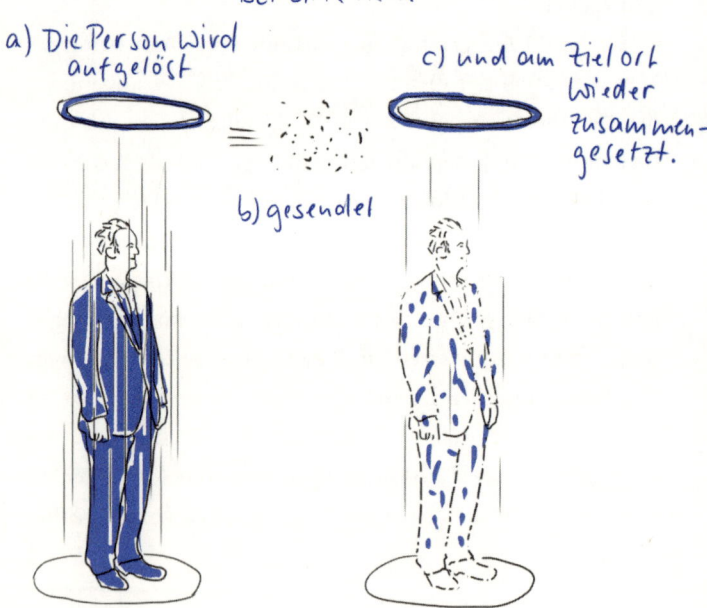

Abb. 93 DAS PRINZIP DES BEAMENS BEI STAR TREK
a) Die Person wird aufgelöst
b) gesendet
c) und am Zielort wieder zusammengesetzt.

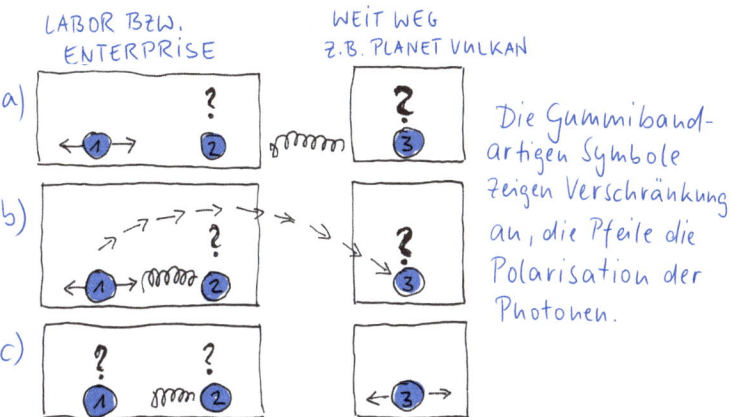

Abb. 94 Schematische Darstellung der Quantenteleportation

Die Gummiband-artigen Symbole zeigen Verschränkung an, die Pfeile die Polarisation der Photonen.

der beiden Varianten jetzt tatsächlich eingesetzt wird, ist etwas undurchsichtig. Es schwebt also ein Nimbus der Mystik über dieser Technik.

Wie sieht das Beamen in der Quantenmechanik aus? Kompliziert! Um die Urversion in halbwegs kurzen Worten zu beschreiben, habe ich stark vereinfacht – Quantenphysiker mögen mir verzeihen! Trotzdem ist der Vorgang noch immer wesentlich komplizierter zu schildern als die Fantasietechnik. Man braucht zur Quantenteleportation erst mal drei Photonen. Zwei davon, in unserem Beispiel in Abb. 94a Nummer 2 und 3, werden zunächst einmal verschränkt. Darunter versteht man nicht, dass die Teilchen brezelartig zusammengeknüpft werden. Verschränkung bedeutet in der Quantenmechanik, dass man durch spezielle Tricks die Eigenschaften zweier Partikel so verknüpft, dass diese auch über beliebig große Distanzen erhalten bleiben. In diesem Fall geht es um die Polarisation, also vereinfacht gesagt um die Richtung, in der das Licht schwingt. Hier gibt es die Möglichkeiten vertikal und horizontal. Das zu beamende Photon 1 ist in unserem Beispiel horizontal polarisiert, wie durch die Pfeile in der Abbildung angedeutet wird. Die Polarisation der beiden anderen Teilchen ist nicht bekannt – deshalb die Fragezeichen –, spielt aber auch keine Rolle.

Nach der Verschränkung wird Photon Nummer 3 auf die Reise geschickt, bleibt aber mit Nummer 2 auf magische Weise verbunden. Nun kommt der Trick. Jetzt werden nämlich die Lichtteilchen 1 und 2 verschränkt (Abb. 94b und c). Dadurch löst sich einerseits die Verschränkung von 2 und 3 auf, andererseits wird die Polarisation von Photon 1 auf 3 übertragen. Gar nicht so einfach, oder? Unter dem Strich bedeutet Quantenbeamen auf jeden Fall, dass eine *Eigenschaft* eines Teilchens auf ein anderes, gleiches Teilchen übertragen wird, aber nicht, dass das *Teilchen selbst* übertragen wird. Warum wird dann überhaupt von Teleportation gesprochen? Weil zwei Photonen mit denselben Eigenschaften ununterscheidbar sind. Es wirkt also unter dem Strich so, als hätte man das Photon vom Labor an den entfernten Ort gebeamt.

Wie würde diese Technik auf *Star Trek* umgelegt funktionieren? Gar nicht! Nehmen wir an, Sie wollen *Commander Spock* à la Quantenmechanik auf den Planeten Vulkan beamen. Dazu bräuchten Sie drei *Spocks*, die einander bis aufs

Atom gleichen. Hm!? Drei *Spocks*, um einen *Spock* zu beamen? Und welche Eigenschaft wollen Sie eigentlich übertragen, wenn die *Spocks* sowieso alle gleich sind? Überdies muss man *Spock* Nummer 3 vorher auf den Vulkan bringen – da kann man ja gleich Nummer 1 schicken! Das alles ist nicht nur extrem bescheuert, es ist auch höchst unpraktikabel und sinnlos. Daher eignet sich das quantenmechanische Beamen auf keinen Fall für die Scifi-Praxis. Aber es ist gut, dass wir einmal darüber gesprochen haben. Sehen wir uns an, wie und ob zumindest die Fantasietechnik funktionieren könnte.

Ich seziere dabei die Variante, bei der nur die Informationen gebeamt werden, nicht aber die Materie. Bereits das erste Problem ist ein ernstes Problem – eigentlich sogar ein unüberwindliches! Die Abtastung muss ja bis aufs atomare Niveau hinunter völlig exakt sein. Also dringt man auch bei der Fantasietechnik nolens volens in die Quantenmechanik vor. Und diese bereitet gleich mal großen Zores. Das quantengenaue Abtasten wird nämlich durch die Heisenberg'sche Unschärferelation verhindert. Vereinfacht besagt diese, dass man nicht alle quantenmechanischen Eigenschaften eines Teilchens gleichzeitig bestimmen kann.[59] Das hat nichts mit der Unfähigkeit der Ingenieure zu tun, sondern ist eine generelle Eigenschaft unseres Universums. Dieses lässt sich salopp gesagt niemals komplett in die Karten blicken.

Eigentlich könnte man das Thema Beamen an dieser Stelle daher schon ad acta legen, weil es schlichtweg den

Naturgesetzen widerspricht. Es ist vergleichbar mit der Unmöglichkeit, den Lichtgeschwindigkeitshorizont zu überqueren. Wir befinden uns aber in einem modernen Technik-Märchen, und da wird nicht so schnell aufgegeben. Die Drehbuchautoren erfanden nachträglich einfach eine weitere Fantasietechnik dazu, nämlich den *Heisenberg-Kompensator*, der dieses Messproblem ganz locker ausgleicht. Diese Chuzpe muss man erst mal haben! Natürlich kann es diesen Kompensator niemals geben. Auf die Frage des *Time*-Magazins, wie das Ding denn funktioniere, antwortete einer der *Star-Trek*-Macher daher schlagfertig: „Sehr gut, danke!"

Ausgestattet mit dieser wunderbaren Technik wird nun also die Person mühelos bis ins kleinste Detail gescannt und dann komplett auseinandergenommen. Und damit beginnt eine heiße Phase! Je nachdem, ob man bloß die Atome trennen oder sogar die Kerne auflösen möchte, braucht man dazu Temperaturen zwischen 1 und 1000 Milliarden Grad! Zum Vergleich: Im Inneren der Sonne hat es gerade mal frostige 16 Millionen Grad. Ich stelle mir diese Auflösephase daher nicht besonders lauschig vor.

Nachdem die Originalperson nun vaporisiert worden ist, müssen die gescannten Werte übertragen werden, damit die Person am Zielort – hoffentlich – wieder Proton für Neutron richtig zusammengesetzt werden kann. Von wie vielen Daten sprechen wir da? Von einer unpackbaren astronomischen Menge! Der Mensch besteht aus etwa 10^{28} Atomen. Von jedem Atom muss die exakte räumliche Lage bekannt sein, um welches Element es sich handelt, welche Bindungen es gerade mit den Nachbaratomen eingeht und so weiter. Selbst wenn pro Atom nur 100 Byte an Daten anfallen, und das ist maßlos optimistisch geschätzt, macht das in Summe 10^{30} Byte.

Zum Vergleich: Ein Terabyte, das auf eine kleine transportable Harddisk passt, hat im Vergleich mickrige 10^{12} Byte, also eine Billion Byte. Nehmen wir an, dass diese Platte 1 cm hoch ist. Wenn Sie die gesamte ausgelesene Information des zu beamenden Menschen auf solche Terabyte-Platten speichern, dann erhalten Sie einen Stapel, der sage und schreibe 1 Lichtjahr hoch ist![60] Ich glaube, das muss man nicht weiter kommentieren. Selbst wenn man nur einen winzigen Teil dieser Daten vor der Übertragung puffert, muss das Speichersystem vorher noch ein Menge Knödel essen.

Auch die nachfolgende Datenübertragung wird auf eine harte Probe gestellt. Gerade im Moment befindet sich weltweit das Netz zur vierten Handy-Generation im Aufbau. Das sogenannte LTE-Advanced soll später eine maximale Datenübertragungsrate von 125 Megabyte pro Sekunde besitzen.[61] Um mit dieser Rate die Informationen zum Bauplan eines ganzen Menschen zu übertragen, würde man mit der aktuellen Technik etwa $250 \cdot 10^{12}$ Jahre, also 250 Billionen Jahre benötigen. Am Beispiel dieser Datenmengen sieht man, wie ungeheuer komplex selbst einfach gestrickte Menschen aufgebaut sind.

Am Zielort muss die Person laut den übermittelten Daten wieder zusammengefummelt werden. Wie das im Detail funktioniert, steht in den Sternen. Die benötigten Atome dazu müssen am Zielort vorhanden sein. Jeder Mensch besteht aus etwas mehr als 20 verschiedenen Elementen. Eigentlich ernüchternd, wenn man genauer darüber nachdenkt, dass man jedes Individuum auf 20 Haufen Atome herunterbrechen kann. In Tabelle 33 sehen Sie eine Aufschlüsselung der sechs häufigsten Elemente! Massenmäßig bestehen wir zu zwei Dritteln aus Sauerstoff. Das ist verblüffend, rührt aber daher, dass sich der Mensch zu einem Großteil aus Wasser zusammensetzt, also aus H_2O, und Sauerstoff wesentlich massereicher ist als Wasserstoff. Etwas überraschend ist mit einem Fünftel der Anteil des Kohlenstoffs. Deshalb werden die Menschen in *Star Trek* von Aliens oft als *Kohlenstoffeinheiten* bezeichnet.

Element	Massen-Prozent	absolute Masse bei 80 kg
Sauerstoff (O)	64 %	51,2 kg
Kohlenstoff (C)	20 %	16 kg
Wasserstoff (H)	10 %	8 kg
Stickstoff (N)	3 %	2,4 kg
Calcium (Ca)	1,5 %	1,2 kg
Phosphor (P)	1 %	0,8 kg
Rest	0,5 %	0,4 kg

Tab. 33: Die Massenanteile des Menschen nach Elementen sortiert. Die Zahlen sind als Richtwerte zu sehen.

Selbst wenn alles glückt, stellt sich natürlich die Frage, ob wir dann noch wirklich wir selbst sind. Schließlich bestehen wir einige Sekunden später aus völlig anderen Atomen, so wie ein eineiiger Zwilling. Haben wir noch dasselbe Ich? Was passiert mit dem Bewusstsein während des Beamens? Was passiert, wenn das Original nicht vaporisiert wird? Wer hat dann das richtige Ich? Aber abgesehen von diesen ungelösten philosophischen Fragen muss man sowieso lapidar festhalten: Mit dem Beamen sieht es momentan zappenduster aus. Wie jedoch der Astrophysiker und *Star-Trek*-Fan *Stephen Hawking* einmal treffend gemeint hat: „Die Science-Fiction von heute wird oft zu den wissenschaftlichen Fakten von morgen. Unsere Aufmerksamkeit auf irdische Dinge zu beschränken – das würde bedeuten, dem menschlichen Geist Fesseln anzulegen."[62] Warten wir also mal zur Sicherheit ein paar Jahrhunderte ab!

43 Fliegende Lichtwürstchen oder Wie funktionieren Laserpistole und Lichtschwert?

Als der amerikanische Physiker *Theodore Maiman* im Jahr 1960 den ersten funktionstüchtigen Laser entwickelte, wusste er zunächst gar nicht so recht, was man damit anfangen sollte. Er beschrieb seine Erfindung selbst als eine Lösung, die noch ein Problem sucht. Mit Sicherheit dachte er wohl nicht daran, dass sich seine Schöpfung in relativ kurzer Zeit ausgerechnet im Film-Genre zum State of the Art entwickeln würde. Zum Beispiel wurde *James Bond* vom Bösewicht *Auric Goldfinger* bereits vier Jahre später mit einem fiktiven Riesenlaser beinahe in zwei Hälften geschnitten, hätte er sich nicht mithilfe seiner großer Klappe gerade noch mal aus dieser brenzligen Situation befreit. Und der Scifi-Bereich wäre ohne Laserwaffen sowieso schon seit Jahrzehnten aufgeschmissen. Was hat es aber mit den fliegenden Lichtwürstchen auf sich, die aus den Laserpistolen mit Ihrem charakteristischen *piuuuu* abgefeuert werden? Und wie funktioniert ein Lichtschwert? Sehen wir uns dazu vorher mal an, was überhaupt so Besonderes am Laser ist.

Das Wort ist ein Akronym, also eine Abkürzung, die sich aus den Anfangsbuchstaben anderer Wörter zusammensetzt. Laser steht für *Light Amplification by Stimulated Emission of Radiation*, wobei man die Präpositionen unterschlägt, damit sich das Akronym flockig von der Zunge löst. Es geht also um Lichtverstärkung durch stimulierte Aussendung von Strahlung. Mit dieser Strahlung ist ebenfalls Licht gemeint. Warum sagt man dann nicht gleich so? Das würde erstens zu einer unschönen Wortwiederholung führen und zweitens zum noch unschöneren Akronym *Lasel*, das wie eine scherzhaft-chinesische Verballhornung des euphonischen Originals klingt. Bleiben wir also bei Laser!

Was soll man sich unter einer stimulierten Lichtemission vorstellen? Es bleibt uns nicht erspart, dazu noch einmal einen Blick auf die sogenannten Quantensprünge zu werfen (siehe auch S. 140). Wenn ein Photon mit der passenden Energie auf ein Elektron trifft, dann wird dieses sozusagen auf eine höhere Energiesprosse gehoben (Abb. 95). Normalerweise fällt das angeregte Elektron nach einem

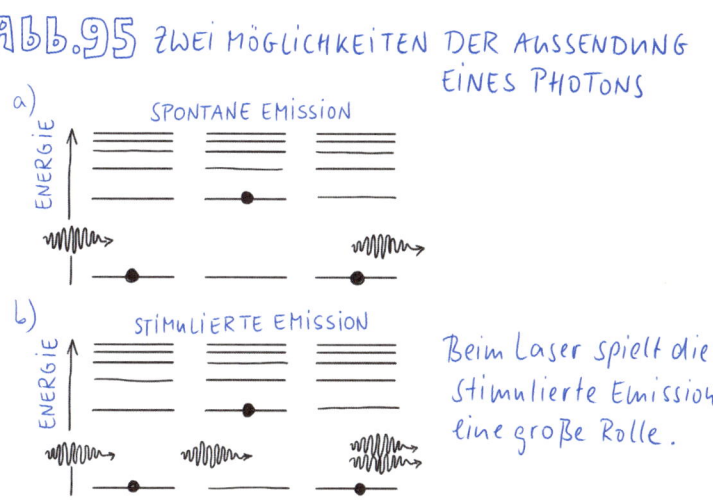

Abb. 95 ZWEI MÖGLICHKEITEN DER AUSSENDUNG EINES PHOTONS

a) SPONTANE EMISSION

b) STIMULIERTE EMISSION

Beim Laser spielt die stimulierte Emission eine große Rolle.

Wimpernschlag von selbst zurück und gibt die frei werdende Energie in Form eines Photons wieder ab (Abb. 95a). Weil der genaue Zeitpunkt des Rücksprungs nicht vorhergesagt werden kann – das ist typisch für die Quantenwelt –, spricht man von spontaner Emission.

Wenn auf das bereits durch ein Photon angeregte Elektron nochmals ein gleiches Photon trifft (mittleres Bild bei Abb. 95b), wird dieses nicht absorbiert. Es reißt das Elektron mit Gewalt wieder auf das Grundniveau zurück. Weil dabei ein weiteres Photon entsteht, fliegen nun zwei vollkommen identische Lichtteilchen von dannen (rechtes Bild bei Abb. 95b). Weil der Rücksprung in diesem Fall vom zweiten Photon angeregt wird, spricht man von *stimulierter Emission*.

Mit zwei Photonen kann man natürlich nicht mal eine Bakterie plattmachen. Richtig Biss bekommt dieses Prinzip der stimulierten Emission aber, wenn man zusätzlich Metastabilität ins Spiel bringt und nicht mit zwei, sondern mit Legionen von Photonen arbeitet. Die Energieniveaus im Atom sind normalerweise instabil und die Elektronen fallen spontan nach etwa 10^{-8} Sekunden, also 10 Milliardstel Sekunden, wieder von der Sprosse zurück. Es gibt aber seltene und besondere Materialien, in denen sich metastabile Energieniveaus ausbilden können (siehe dazu Abb. 35, S. 117), auf denen die Elektronen etwa 10.000-mal so lange hocken wie normal. Rubin zählt zum Beispiel dazu, der von Maiman in seinem Originallaser verwendet wurde. Man pumpt nun also unzählbare Elektronen auf ein metastabiles Niveau hinauf. Wenn dann eines spontan zurückfällt und dabei ein Photon erzeugt, reißt dieses in einer Kettenreaktion alle anderen Elektronen mit einem Ruck herunter. Dadurch entsteht ein hochenergetischer Lichtblitz aus völlig identischen Photonen – auch als Laserstrahl bekannt. Will man einen Dauerstrahl haben, dann muss das Pumpen der Elektronen parallel im Hintergrund ablaufen.

Der Vorteil eines Lasers liegt unter anderem darin, dass das Licht aufgrund seiner Bauweise zu einem sehr engen Strahl gebündelt ist. Er erzeugt gewissermaßen das parallelste Licht, das es gibt. Dadurch kann man noch in großen Entfernungen eine extreme Energiedichte erzeugen und somit enormen Schaden anrichten. Genau das Richtige für *Han Solo* und Co. Man könnte natürlich theoretisch auch das Licht eines fetten Scheinwerfers mit einer Lupe bündeln. Aber erstens schafft man das nur schwer ganz exakt und zweitens müsste man immer im genau richtigen Abstand stehen, um schöne Löcher in den Feind zu brennen. Außerdem, wie blöd würde das denn aussehen, wenn der Held mit Riesenscheinwerfer und Lupe herumrennt?

Welche Leistung braucht ein Laser, damit man ordentlich was ruinieren kann? Das kommt drauf an, auf welchem Niveau Sie sich bewegen wollen! Sie können zum Beispiel Ballons schon mit stärkeren Laserpointern in wenigen Sekunden zum Platzen bringen (siehe Tab. 34). Wirklich Scifi-tauglich ist ein Laser aber erst dann, wenn er einige Tausend Watt Strahlungsleistung aufweist, weil man dann sogar dickes Metall ordentlich beschädigen kann.

Strahlungsleistung des Lasers	was man damit zum Beispiel anstellen kann
0,05 W	einen Ballon nach kurzer Zeit zum Platzen bringen
5 W	Papier oder Stahlwolle sofort, Holz nach einigen Sekunden zum Brennen bringen
50 W	dünnes Glas schneiden, Holz mit einem Zentimeter Dicke schneiden
500 W	einige Millimeter dickes Metall schneiden
5000 W	bis zu drei Zentimeter dickes Metall schneiden

Tab. 34: Einige Beispiele dafür, welchen Schaden man bei diversen Laserleistungen anrichten kann.

Im Prinzip wäre eine Laserpistole schon heute mit gewissen Abstrichen umsetzbar, würde dabei aber eindeutig noch kein heldentaugliches Format aufweisen. Erstens ist ein 5000-W-Laser noch nicht in handliche Pistolenform zu bringen. Das wesentlich größere Problem ist aber die Energieversorgung. Ein Laser hat, je nach Bautyp, einen Wirkungsgrad von 3 bis maximal 30 %. Rechnen wir optimistisch. Damit vorne 5000 W Lichtleistung rauskommen, muss man hinten mit mindestens 15.000 W hineingehen. Ein guter Akkuschrauber hat zum Bespiel grad mal 500 W Eingangsleistung. Unser Held müsste momentan daher ständig ein ziemlich großes Dieselaggregat im Rollator mitziehen, damit seine Wumme mit der nötigen Energie versorgt wird (Abb. 96).

Dieses Größenproblem bekommen wir in den nächsten Jahrhunderten ganz sicher in den Griff. Es gibt aber ein paar Dinge, die sich in der Realität immer vom Film unterscheiden werden. Erstens machen Laserstrahlen kein Geräusch. Aber das ist einer jener Filmfehler, die man ganz einfach machen *muss*, damit einem als Zuschauer nicht etwas fehlt. Auch Raumschiffe im Weltall dürften keine Geräusche machen, aber jeder Regisseur würde für diese realistische Darstellung geprügelt werden. Der Einzige, der das ungestraft machen durfte, war Kultregisseur *Stanley Kubrick*, der 1968 den Film *2001: Odyssee im Weltraum* völlig wirklichkeitsnah und ohne Weltallgeräusche drehte.

Ein weiterer Unterschied ist der, dass man Lichtstrahlen nicht von der Seite sieht, zumindest nicht in normaler Luft. Denken Sie an einen Laserpointer. Sie können dessen Lichtstrahl nur dann von der Seite sehen, wenn er durch Rauch, Staub oder Feuchtigkeit in der Luft teilweise in Ihre Augen abgelenkt wird. Deshalb nebelt man auch vor Lasershows den Zuschauerraum ordentlich ein. Aber selbst, wenn Sie den Laserstrahl luftbedingt tatsächlich sehen, können Sie keinesfalls kurze fliegende Lichtwürstchen be-

ABB. 96 LASERPISTOLE ANNO 2015

Um 5000 W Lichtleistung erzeugen zu können, braucht man ein Dieselaggregat.

obachten. Licht ist dazu einfach zu flink. Wenn der Schussvorgang bloß 1/1000 Sekunde dauert, wäre das Würstchen 300 km lang! Und Anfang und Ende sind aufgrund des hohen Tempos ebenfalls nicht zu sehen. Aber auch diesen Fehler erwartet man als geeichter Filmseher einfach.

Im Gegensatz zur Laserpistole sieht es mit dem eleganten Lichtschwert der Jedi-Ritter nicht so rosig aus. Das schmerzt natürlich schon ein wenig, denn das ist der Special Effect, der die *Star-Wars*-Saga wesentlich geprägt hat. Nehmen wir einmal an, dass man das Energieversorgungsproblem in den Schwertgriff bekommen hat. Selbst dann bleiben zwei gravierende und ein kleines Problem übrig. Das kleine besteht darin, dass man die Lichtschwertklinge nicht sehen kann. Das könnte man dadurch lösen, dass man in den Schwertgriff zusätzlich einen miniaturisierten Nebelwerfer einbaut (Abb. 97b). Die beiden anderen Pro-

Abb. 97 LICHTSCHWERT IN FILM UND REALITÄT

a) Fiktives Filmlichtschwert

b) Konzept für ein reales Lichtschwert, bei dem aber noch nicht alle Probleme gelöst sind

bleme sind schwerwiegend und aus heutiger Sicht nicht oder nicht befriedigend zu lösen.

Licht hört nicht einfach so auf! Es fliegt so lange, bis es absorbiert oder irgendwie abgelenkt wird. Die Klinge des Lichtschwerts wäre im Prinzip unendlich lang, und man würde im Kampf das Raumschiff filetieren. Die einzige Möglichkeit wäre ein Spiegel, der das Laserlicht zurückwirft. Aber das wirft neue Probleme auf. Erstens müsste der Spiegel vollkommen perfekt sein und das ganze Licht ohne Absorption zurückwerfen, weil er sonst sofort in Flammen aufgehen würde. Zweitens müsste er schweben, aber trotzdem stets makellos im richtigen Abstand fixiert sein. Und drittens würde der Schwertgriff durch das Zurückwerfen des Lichts unglaublich heiß werden.

Das mit Abstand größte Problem ist aber, dass sich Lichtteilchen gegenseitig nicht beeinflussen. Deshalb durchdringen sich auch Lichtstrahlen ohne Störung. Ein Duell mit Lichtschwertern wäre dann ähnlich spannend wie eines mit Taschenlampen oder Laserpointern. Da müssen sich die Physiker wirklich noch was einfallen lassen!

44 Godzilla und die Minimoys oder Kann es Zwerge und Riesen geben?

Stellen Sie sich vor, Sie und ihre ganze Wohnung werden über Nacht maßstabsgetreu auf die zehnfache Größe aufgeblasen. Könnten Sie dann in der Früh überhaupt feststellen, ob Sie gewachsen sind oder nicht, wenn doch auch alles andere mitgewachsen ist? Und wie wäre das in die umgekehrte Richtung, wenn alles auf ein Zehntel seiner Größe zusammenschrumpft? Könnten Sie das bemerken?

Warum sind die Dinge in der Natur überhaupt so groß, wie sie eben sind? Warum sind wir Menschen nicht 20 m groß oder nur 20 cm? Auch wenn das zunächst etwas komisch klingt, man kann das tatsächlich physikalisch begründen! Zwerge und Riesen hätten's wirklich schwer, und mit ihnen auch *Godzilla* und die *Minimoys*.[63] Für mich ist das eines der spannendsten Kapitel, die sich ergeben, wenn man die Physik mit der Biologie kreuzt!

Um die fundamentalen Zusammenhänge zu verstehen, fangen wir einmal mit einem Würfel an. Wie ändern sich Seitenfläche und Volumen, wenn man dessen Kantenlänge verändert? Starten wir bei einer Länge von 1 m (Abb. 98 mitte). Wenn Sie diese verdoppeln, wächst die Seitenfläche auf das Vierfache an und das Volumen auf das Achtfache. Mathematisch kann man das leicht nachvollziehen, weil man Flächen mit l^2 berechnet und Rauminhalte mit l^3. Deshalb

Abb. 98 WIE SICH SEITENLÄNGE UND VOLUMEN EINES WÜRFELS ÄNDERN

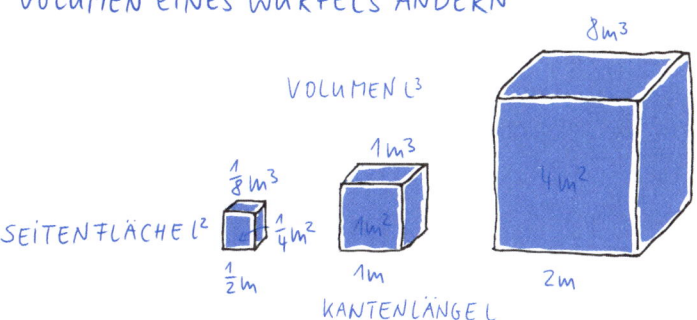

muss das Volumen bei Vergrößerung schneller wachsen. Auf der anderen Seite ist dieser Umstand auch für mich immer wieder sehr verblüffend, weil es einfach kontraintuitiv ist. Bei Verkleinerung tritt gewissermaßen ein gespiegelter Effekt auf, da sinkt das Volumen gegenüber der Seitenfläche aus demselben Grund schneller ab (Tab. 35).

Seitenlänge [m]	Seitenfläche $[m \cdot m] = [m^2]$	Volumen $[m \cdot m \cdot m] = [m^3]$
$\frac{1}{10}$	$\frac{1}{100}$	$\frac{1}{1000}$
$\frac{1}{3}$	$\frac{1}{9}$	$\frac{1}{27}$
$\frac{1}{2}$	$\frac{1}{4}$	$\frac{1}{8}$
1	1	1
2	4	8
3	9	27
10	100	1000

Tab. 35: Wie sich Seitenflächen und Volumen eines Würfels beim Vergrößern und Verkleinern verändern.

Was wir uns gerade am Spezialfall Würfel angesehen haben, ist ein allgemeines Prinzip, das für alle Körper gilt, welche Form diese auch immer haben. Es gilt nicht nur für geometrische Formen wie Würfel, Kugel und Zylinder, sondern auch für Menschen, Tiere und Pflanzen. Wenn Sie ein beliebiges Objekt maßstabsgetreu auf die doppelte Größe aufblähen – das nennt man eine isometrische Vergrößerung –, dann wachsen immer alle Flächen auf das Vierfache an und alle Volumina auf das Achtfache. Und bei einem Vergrößerungsfaktor 10 ergibt sich ein Anwachsen auf das Hundert- beziehungsweise Tausendfache! Und damit sind wir schon mitten im Thema Riesen. Was würde passieren, wenn Sie und Ihre ganze Wohnung über Nacht auf die zehnfache Größe aufgeblasen worden sind? Würden Sie das merken? Gar keine Frage!

vom Volumen abhängig	von Oberfläche beziehungsweise Querschnittsfläche abhängig
Masse und Wärmeproduktion	Wärmeverlust, Muskelkraft, Bruchfestigkeit der Knochen, Sauerstoffaufnahme in der Lunge, Nährstoffaufnahme im Darm

Tab. 36: Welche Eigenschaften und Mechanismen beim Menschen von Oberfläche und Volumen abhängig sind.

Greifen wir ein Beispiel heraus. Die Kraft eines Muskels hängt von seiner Querschnittsfläche ab (Tab. 36). Deswegen benötigen Kraftsportler auch so dicke Muckis.[64] Wenn man einen Menschen auf die zehnfache Größe bringt, dann steigt die Muskelquerschnittsfläche auf das Hundertfache an. Wir sind dann absolut gesehen hundertmal so stark wie vorher, und das klingt zunächst verdammt gut! Wir dürfen aber die Rechnung nicht ohne das Volumen machen. Dieses wächst nämlich schmerzlicher Weise auf das Tausendfache an und damit auch unsere Masse! Hundertfache Kraft bei tausendfacher Masse klingt jetzt wieder nicht so toll. Wir sind zwar absolut gesehen viel kräftiger geworden, relativ ist unsere Kraft aber auf ein Zehntel gesunken. Wir würden uns unglaublich schlapp fühlen und wären vermutlich sogar zu schwach, um überhaupt aus dem Bett zu kommen. Dass genau das in der Früh manchmal passiert, hat aber in der Regel eher mit der Abend- und Nachtgestaltung zu tun und nicht damit, dass Sie über Nacht zum Riesen geworden sind.

Ein ähnlicher Effekt tritt bei den Knochen auf. Absolut gesehen wächst deren Bruchfestigkeit zwar, relativ sinkt sie jedoch ab. Bei einem Sturz aus dem Bett würden wir uns mit ziemlicher Sicherheit alle Knochen brechen. Natürlich habe ich mit dem Faktor 10 ordentlich was vorgelegt, aber auch bereits ein Vergrößerungsfaktor 2 würde beim Menschen mit Sicherheit zu großen Problemen führen. Dafür gibt es einfache Belege.

Robert Wadlow war mit 2,72 m der größte Mensch in der Medizingeschichte. Hinter so jemandem möchte ich auf keinen Fall im Kino sitzen. Wenn man von einer durchschnittlichen Körpergröße von 1,8 m ausgeht, dann war Wadlow aber bloß um den Faktor 1,5 größer. So nüchtern betrachtet ist das gar nicht mal so viel. Trotzdem treten bereits bei diesen kleinen Riesengrößen enorme Probleme am

Bewegungsapparat auf, weil sich diese Menschen mit ihrem eigenen Körper extrem abschleppen müssen.

Wie könnte man das Problem mit den Giganten lösen? In der Natur gibt es im Prinzip bereits Riesen, nämlich Tiere ähnlicher Form mit sehr starkem Größenunterschied (Abb. 99). Damit die großen Varianten lebensfähig sind, müssen Muskeln und Knochen im Vergleich jedoch wesentlich gedrungener sein. Saurier waren zum Beispiel nicht bloß isometrisch vergrößerte Echsen. Sonst hätten sich diese nicht aufrecht halten können und ihre Knochen wären zerbröselt. Ähnliches gilt für den Körperbau von Hauskatze und Tiger – Letztere sind wesentlich untersetzter. Menschen mit Spinnenangst können an dieser Stelle aufatmen: Isometrisch vergrößerte Riesenspinnen kann es in Wirklichkeit auch nicht geben, weil ihnen die Beine abbrechen würden. Und wenn es Riesenmenschen gäbe, dann könnten diese keinesfalls große Kopien von uns sein, sondern sie müssten extrem in die Breite gehen und stämmige Muskeln und Knochen aufweisen.

Wie groß das japanische Filmmonster *Godzilla* ist, kann nicht klar beantwortet werden, weil es unterschiedlich dargestellt wird. Im Film von 2014 war es mindestens 120 m groß. Damit wäre *Godzilla* etwa zwanzigmal so groß wie ein T-Rex. Damit er sich überhaupt auf den Beinen halten könnte, müsste er mehr breit als hoch sein. So wie im Film geht's auf jeden Fall nicht. Wie nicht anders zu erwarten, gibt es natürlich auch zum Thema *Godzilla* wissenschaftliche Artikel.[65]

ABB. 99 ZWERGE UND RIESEN

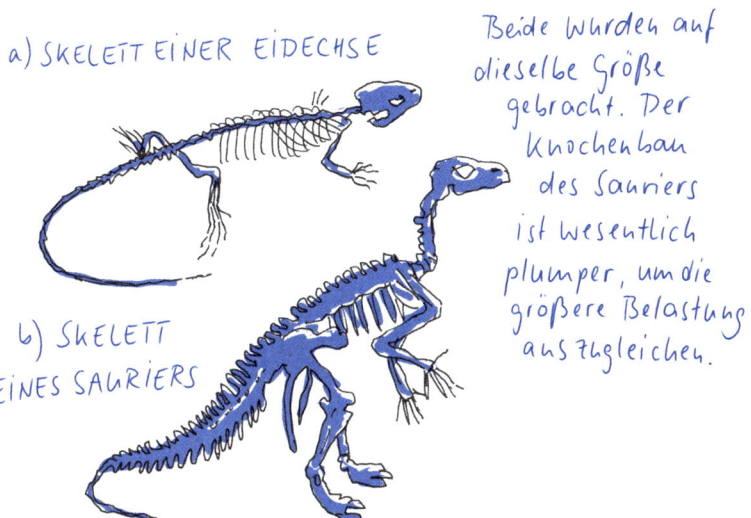

a) SKELETT EINER EIDECHSE

b) SKELETT EINES SAURIERS

Beide wurden auf dieselbe Größe gebracht. Der Knochenbau des Sauriers ist wesentlich plumper, um die größere Belastung auszugleichen.

Wie sieht es in der Gegenrichtung aus? Was würde passieren, wenn wir stark schrumpfen? Weil sich die Muskelkraft viel langsamer vermindert als unsere Masse, würden wir Superkräfte bekommen! Das ist auch der Grund, warum kleine Tiere relativ gesehen so schwere Lasten tragen können. Ameisen können theoretisch 50 Artgenossen in die Höhe stemmen, wir nur einen einzigen (siehe Tab. 37). Der Grund für die Superkräfte bei Insekten ist nur das günstige Kraft-Last-Verhältnis. Wenn wir so klein wären wie die Minimoys, dann könnten wir das auch!

Tier	Masse	max. hebbare Masse	rel. Muskelkraft
Ameise	0,01 g	0,5 g	50
Biene	0,07 g	1,7 g	24
Grashüpfer	2 g	30 g	15
Mensch	80 kg	80 kg	1

Tab. 37: Richtwerte für die relative Muskelkraft von Lebewesen.

Kleinsein bringt aber auch gravierende Nachteile mit sich. Weil die Hautoberfläche relativ gesehen sehr groß ist, verliert man viel Wärme. Kleine Lebewesen müssen daher pausenlos Nahrung aufnehmen, um das wieder auszugleichen. Spitzmäuse fressen jeden Tag ihr eigenes Körpergewicht. Unser Darm ist für solche Fressorgien aber nicht geeignet. Als Zwerge würden wir verhungern oder erfrieren.

Angesichts dessen ist es ein marginales Problem, dass es auch an der Hygiene hapern würde. Steigen wir aus der Badewanne, so haftet an unserer Haut eine Wasserschicht von etwa 0,5 mm Dicke. Das Gewicht dieser Schicht beträgt weit unter einem Prozent unseres Körpergewichts. Eine gebadete nasse Maus muss aber ihr Eigengewicht an Flüssigkeit mitschleppen, eine nasse Fliege ein Mehrfaches davon. Wasser ist für kleine Wesen überaus bedrohlich, weshalb diese die Trockenreinigung bevorzugen. Wenn wir also nicht erfrieren und verhungern würden, würden wir anfangen zu müffeln.

45 Auch Superhelden haben es schwer oder Wie könnten Superkräfte funktionieren?

Wer träumt als Kind nicht davon, ein Superheld zu sein?! Erst später kommt man drauf, dass auch diese es unerwartet schwer haben, und zwar nicht nur punkto Beziehung, Doppelleben und Gesellschaftsakzeptanz, sondern auch hinsichtlich Physik. Darüber könnte man ganze Bücher schreiben – und das ist tatsächlich auch schon passiert. Weil ich leider nicht episch auf dieses Thema eingehen kann, habe ich mir einige Leckerbissen ausgesucht, über die ich schon lange einmal schreiben wollte.

Superman, einer der ganz großen Helden meiner Jugend, verfügt zum Beispiel über ein Supergehör, mit dem er auch weit entfernte Geräusche wahrnehmen kann. Das Unerwartete ist jedoch, dass *alle* Menschen über ein Supergehör verfügen, also auch Sie und ich. Wir sind nämlich bei etwa 3500 Hz in der Lage, Geräusche wahrzunehmen, die im Bereich um -5 dB liegen (siehe Abb. 21, S. 60). Das ist nicht nur eine ganz famose Leistung unserer körpereigenen Hard- und Software, unser Gehör stößt damit auch in den Bereich des maximal Möglichen vor.

Auf unser Trommelfell prallen unaufhörlich Myriaden Luftteilchen, und es zittert daher immer ein wenig herum, auch bei völliger Umgebungsstille. Es entsteht dadurch ein Rauschen mit einer Lautstärke von -9 dB. Noch leisere

Geräusche würden unweigerlich in diesem Hintergrundluftrauschen untergehen. Die ungeordnete Bewegung der Luft erzeugt also eine absolute untere Hörschwelle, die sich nicht mehr aushebeln lässt. Eigentlich wäre es nicht ganz unlogisch gewesen, dort den Nullpunkt der dB-Skala hinzulegen. Wie dem auch sei, unser akustischer Sinn liegt bei 3500 Hz mit -5 dB nur knappe 4 dB über dem theoretisch möglichen Minimalwert. In diesem Bereich verfügen wir also über ein Supergehör, das auch von *Superman* praktisch nicht übertroffen werden könnte. Aber zugegeben: Bei tieferen und höheren Frequenzen überflügelt er uns mit seinen Superohren.

Weniger Chancen sind ihm allerdings bei seinem Röntgenblick einzuräumen. Generell funktioniert eine Durchleuchtung so, dass die von einer Quelle erzeugten Röntgenstrahlen das Objekt durchdringen und dann von einem Aufnahmegerät aufgefangen werden (Abb. 100a). Das zu durchleuchtende Objekt muss sich also immer zwischen Quelle und Empfänger befinden, und das bringt *Superman* in Bedrängnis. Selbst wenn er in der Lage ist, aus seinen Augen Röntgenstrahlen zu schießen, könnte er sie ja nicht auch gleichzeitig auffangen (Abb. 100b)!

Es gibt nur einen Ausweg aus der Misere, und zwar die Backscatter-Technik. Dabei wird mit weicher, nicht so energiereicher Röntgenstrahlung gearbeitet.[66] Diese dringt kaum in den Körper ein und wird vor allem zurückgestreut, woraus sich auch der Name dieser Methode ableitet. Auf diese Weise könnte *Superman* Quelle und Empfänger gleichzei-

ABB. 100 RÖNTGEN VERSUS RÖNTGENBLICK

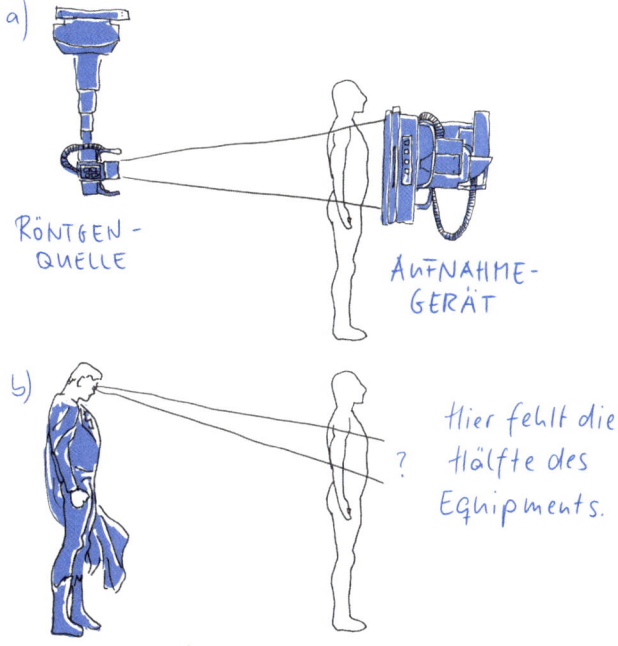

a) RÖNTGEN-QUELLE — AUFNAHME-GERÄT

b) ? Hier fehlt die Hälfte des Equipments.

tig sein. Die Sache hat allerdings einen Pferdefuß. *Superman* kann dann die Menschen zwar mit seinen Röntgenblicken richtiggehend ausziehen, wie das auch die berühmt-berüchtigten Nacktscanner auf den Flughäfen tun, aber auf der anderen Seite nicht durch sie hindurchsehen. Mit dem Blick durch Stahlwände und meterdicke Hausmauern wäre es dann natürlich auch Essig. Unter dem Strich bleibt vom durchdringenden Röntgenblick also bloß eine Superkraft für Super-Spanner.

ABB. 101 FLUGTECHNIK VON SUPERHELDEN

$F_{SUPERMAN-TEILCHEN}$ $F_{TEILCHEN-SUPERMAN}$

Um fliegen zu können, müsste Superman Teilchen gegen die Flugrichtung aus seinem Körper schießen können

Glaubt man Untersuchungen, dann träumen etwa zwei Drittel aller Menschen zumindest hin und wieder, ohne Hilfsmittel durch die Luft zu fliegen. Psychologisch daher leicht nachvollziehbar, dass diese Fähigkeit fix zum Repertoire vieler Superhelden gehört. Rein theoretisch ist diese Flugfähigkeit zwar möglich, aber die benötigte Technik überrascht vielleicht ein wenig. Generell beruht Fortbewegung nämlich immer und ausnahmslos auf dem Rückstoßprinzip. *Ein* Gegenstand allein kann seine Geschwindigkeit niemals ändern. Zum Beispiel bewegt sich ein Auto, indem es quasi die ganze Erde nach hinten schiebt (Abb. 25, S. 78), und ein Rakete dadurch, dass sie Treibstoff nach hinten ausstößt (Abb. 61, S. 202). Ein fliegender Superheld benötigt ebenfalls eine Art Sprit oder irgendwelche Partikel, die er mit hoher Geschwindigkeit gegen die Flugrichtung ausstoßen kann (Abb. 101). Dadurch würde eine Gegenkraft entstehen, die ihn im Gegenzug nach vorne drückt. Der Nachteil daran ist natürlich, dass unser Superheld nicht beliebig lange Strecken fliegen kann und hin und wieder auch mal volltanken muss.

Zum Schluss möchte ich mich noch der Superstärke widmen. Auch das wäre für den Alltag eine praktikable Eigenschaft, und sei es nur, um mit einer Hand das Sofa aufzuheben, während man mit der anderen den Stabsauger schwingt, oder um sein Auto in eine wirklich schmale Parklücke heben zu können. Bei der Superstärke gibt es zunächst ein paar biologische Probleme zu überwinden. Die Kraft, die ein Muskel aufwenden kann, hängt von seiner Querschnittsfläche ab. Ein Quadratzentimeter Muskel kann bis zu 100 N entwickeln, dann ist das biologische Ende der Fahnenstange erreicht. Die Muskeln von superstarken Helden müssten also komplett anders aufgebaut sein als unsere. Außerdem müssen gleichzeitig Sehnen, Bänder, Knochen und Bindegewebe um denselben Faktor belastbarer werden. Man müsste also einen mehr als stahlharten Körper besitzen, und das ist nicht nur metaphorisch gemeint. Aber selbst mit einem solchen Superbody hätte die Superstärke ein paar Tücken. Das will ich an zwei Beispielen demonstrieren.

Im bezaubernden Animationsfilm *Die Unglaublichen*, den ich mir schon zigmal mit meinen Kindern angesehen habe, führt *Mr. Incredible* in einem Lastenbahnhof ein Work-out durch. Im Zuge dessen stemmt er auch am Rücken liegend eine Diesellok in die Höhe. Nehmen wir an, dass er ein ganzes Work-out mit vergleichbaren Belastungen auch für seine anderen Muskeln durchführt und in Summe 150 Wiederholungen macht. Das würde ihm einen ziemlichen Kohldampf bescheren, weil er dabei so viel Energie umsetzt, wie zum Beispiel in 35 Big Macs oder 2,5 Kilogramm Körperfett gespeichert ist (Tab. 38). Im Film isst er übrigens ganz normale Portionen, was man physikalisch ein wenig bekritteln könnte.

Mr. Incredible hebt 150-mal eine Diesellok 1 m in die Höhe (Summe 150 m)	
Masse	50 Tonnen (50.000 kg)
Energieaufwand	$W_H = m \cdot g \cdot h = 75.000.000$ J = 75.000 kJ
Energie entspricht ...	dem Brennwert von 35 Big Macs oder 2,5 Kilogramm Körperfett
Mit 10 % davon könnte man ...	etwa 31 l Schweiß verdampfen
Magneto hebt die Golden Gate Bridge 1 m in die Höhe	
Masse	rund 1 Million Tonnen (10^9 kg)
Energieaufwand	$W_H = m \cdot g \cdot h = 10^{10}$ J = 10^7 kJ
Energie entspricht ...	dem Brennwert von 4700 Big Macs oder etwa 330 kg Körperfett
Mit 10 % davon könnte man ...	etwa 4210 l Schweiß (etwa 30 Badewannenfüllungen) verdampfen

Tab. 38: Gerundeter Mindest-Energieaufwand bei zwei Superheldentaten und wie viel Abwärme bei einem Wirkungsgrad von 90 % entstehen würde.

Mit so einem Superwork-out könnte man also superschnell abnehmen. Aber genau das wird zum Bumerang, wenn die Superstärke zu super ist, wie ich mit dem nächsten Beispiel zeigen möchte. Im Film *X-Men: Der letzte Widerstand* reißt der Oberschurke *Magneto* mit seiner Magnetkraft die gesamte Golden Gate Bridge aus der Verankerung und transportiert diese zum nahe gelegenen Ex-Gefängnis Alcatraz.[67] Die Brücke hat eine Masse von knapp einer Million

Tonnen! Selbst wenn *Magneto* diese nur um 1 m in die Höhe hebt, braucht er dafür so viel Energie, wie in rund 4700 Big Macs oder 330 kg Körperfett stecken! Das wäre also eine wirkliche Megacrashdiät! Das Problem ist freilich, dass er sich diesen Superspeck vor dem Kraftakt anfressen müsste.

Dieses Beispiel zeigt plakativ das Energieversorgungsproblem, vor dem Superhelden mit Superstärke stehen würden. Mit der konventionellen Variante Körperfett und Kohlenhydrate kommt man da nicht besonders weit. Die Energieversorgung müsste alternativ ablaufen, etwa über spaltbares Material wie im Atomkraftwerk oder noch besser über die Zerstrahlung von Materie und Antimaterie, die am effizientesten arbeitet. Zum Beispiel wäre *Magneto* bei seinem wahnsinnigen Brückenkraftakt mit lächerlichen 0,05 Mikrogramm Antimaterie bereits dabei![68] Kein Wunder, dass diese effiziente Technik auch für den Warp-Antrieb der Enterprise verwendet wird.

Trotzdem bleibt noch ein gravierendes Problem bestehen, das alle superstarken Superhelden mächtig ins Schwitzen bringt. Ich spreche von der unglaublichen Abwärme, die diese Kraftakte mit sich bringen. Ich habe bei den Abschätzungen in Tab. 38 den Wirkungsgrad nicht berücksichtigt, was physikalisch jedoch unmöglich ist. Eine perfekte Maschine, die keinerlei Abwärme erzeugt, gibt es nicht. Der Wirkungsgrad der menschlichen Muskeln liegt zum Beispiel bei etwa 30 %. Das bedeutet, dass nur 30 % der Energie für die Bewegung genutzt werden können und 70 % sofort als Abwärme verloren gehen. Automotoren liegen übrigens in derselben Preisklasse. Nehmen wir einen superheldenwürdigen Wirkungsgrad von 90 % an. Dann würden immer noch 10 % der freigesetzten Energie in Wärme umgewandelt.[69] Damit unsere Helden nicht überhitzen, müssten sie über wahnsinnig gut ausgeprägte Schweißdrüsen und einen sehr großen Wasserspeicher verfügen. Aus *Magnetos* Körper müssten über 4000 l Schweiß fließen und sofort verdampfen, während er die Brücke hebt. Ich bin heilfroh darüber, dass diese Schweißorgien in den Filmen nicht realistisch dargestellt sind.

Anmerkungen

[1] Es gilt Kraft ist Masse mal Beschleunigung: $F = m \cdot a$. Beschleunigung ist wiederum Geschwindigkeitsänderung pro Zeit: $a = \triangle v / \triangle t$. Wir erhalten also $F = m \triangle v / \triangle t$ und somit $F \triangle t = m \triangle v$. Weil $m \cdot v$ wiederum dem Impuls p entspricht, kann man $F \triangle t = \triangle p$ schreiben. Die Größe Kraft mal Zeit nennt man den Kraftstoß, und er entspricht der Änderung des Impulses. Die Kraftstöße entsprechen den Flächen unter den Kurven in Abb. 2 und sind für die Abfluggeschwindigkeit $\triangle v$ des Sprinters aus den Blöcken verantwortlich.

[2] John Wesson: Fußball – Wissenschaft mit Kick, Spektrum-Verlag, Bristol 2002, S. 34

[3] Der Zusammenhang zwischen senkrechter Sprunghöhe und Absprunggeschwindigkeit lautet $v = \sqrt{2gh}$. g ist die Fallbeschleunigung. Wenn wir für die Sprunghöhe $h = 0{,}5$ m einsetzen, bekommen wir eine Absprunggeschwindigkeit von 3,1 m/s. Wenn wir annehmen, dass unser Tormann mit dieser Geschwindigkeit auch horizontal abspringen kann, dann segelt er während der Ballflugzeit von 0,42 s etwa 1,3 m weit.

[4] Aus der Formel $t = \sqrt{2s/g}$ (siehe Kap. 1) folgt bei 30 cm (0,3 m) freier Fallhöhe eine Fallzeit von etwa 0,25 s. Weil der Flug symmetrisch ist, ist die Zeit beim Hinauffliegen genauso lang. Das macht also in Summe eine freie Flugzeit von 0,5 s – und ist völlig gratis.

[5] Rodolfo Margaria: Energiequellen der Muskelarbeit. Biomechanik der Fortbewegung, Sportmedizinische Schriftenreihe, Band 13, Leipzig 1982

[6] Nehmen wir an, dass sich der Schwerpunkt von Allo Diavolo und seinem Rad 1 m über dem Boden befindet. Sein Schwerpunkt beschreibt daher eine Kreisbahn mit einem Radius von 2 m. Nach $v = \sqrt{gr}$ muss er daher an der höchsten Stelle eine Geschwindigkeit von etwa 4,5 m/s oder 16 km/h haben. Wäh-

rend des Rauffahrens hebt er seinen Schwerpunkt um 4 m und verliert dabei eine Geschwindigkeit von $v = \sqrt{2gh}$ = 8,9 m/s. Damit er an der höchsten Stelle noch 4,5 m/s hat, muss er also mit 13,4 m/s (etwa 48 km/h) in den Looping fahren. Das ist ziemlich flott. Wenn wir für die Bahn des Schwerpunkts einen Radius von 2 m annehmen, wirkt beim Einfahren eine Zentripetalbeschleunigung von $a_{zp} = v^2/r$ = 90 m/s² auf ihn, also 9 g. Dazu kommt noch die normale Fallbeschleunigung, was also in Summe rund 10 g ausmacht.

7   Simulierte Anströmgeschwindigkeit der Luft an die Bumerangarme in m/s bei einer Fluggeschwindigkeit von 20 m/s und einer Rotationsgeschwindigkeit von 5,3 Umdrehungen pro Sekunde. Die Länge eines Bumerangarmes beträgt 30 cm.

8   Die Umrechnung zwischen der Schallintensität (I) in W/m² und dem Schalldruckpegel (L) in Dezibel lautet: $L = 10 \cdot \log(\frac{I}{I_0})$. I_0 ist die Intensität bei der Hörschwelle und wird mit 10^{-12} W/m² angenommen.

9   Es handelt sich dabei um zwei Modelle des Renault Modus, der von 2004 bis 2012 produziert wurde.

10 Eine Möglichkeit, die Leistung zu beschreiben, ist Kraft mal Geschwindigkeit. Es gilt Arbeit ist Kraft mal Weg ($W = F \cdot s$) und Leistung ist Arbeit pro Zeit ($P = W/t$). Daher ist die Leistung $P = F \cdot \frac{s}{t} = F \cdot v$. Wenn Sie das Drehmoment kennen, dann kennen Sie die Kraft, die auf einen Hebel im Abstand von 1 m wirken würde. Um auf die Leistung zu kommen, müssen Sie also die Geschwindigkeit ausrechnen, mit der sich ein Punkt im Abstand von 1 m zur Kurbelwelle bei einer bestimmten Drehzahl bewegt, und diesen Wert mit der erzeugten Kraft multiplizieren.

Der Kreisumfang berechnet sich durch $2r\pi$. Wenn wir den Abstand von 1 m nehmen, ist der Umfang der Bahn daher 2π m. Geschwindigkeit ist Weg pro Zeit, also müssen Sie die Zeit für eine Umdrehung wissen. Dazu müssen Sie die Drehzahl, die ja pro Minute angegeben ist, durch 60 dividieren. Sie erhalten daher in Summe Leistung = Drehmoment · Drehzahl · $2\pi/60$.

Das Ergebnis ist aber in Watt. Um auf die Kilowatt zu kommen, müssen Sie noch durch 1000 dividieren. Das macht in Summe einen Faktor $2\pi/60.000 = 1/9550$ oder gerundet $1/10.000$. Kurz: Leistung in Kilowatt ist Drehmoment mal Drehzahl durch 9550.

[11] Die Reibungskraft F_R zwischen einem Objekt und dem Untergrund wird mit $F_R = G \cdot \mu$ berechnet. G ist dabei die Gewichtskraft und μ der Reibungskoeffizient, der von den beteiligten Materialien und der Oberflächenbeschaffenheit abhängt. Wenn μ zum Beispiel den Wert 1 hat, dann brauchen Sie zum Schieben genauso viel Kraft wie zum Heben des Objekts, weil die Reibungskraft dann genauso groß wie das Gewicht ist. Normalerweise ist im Alltag der Koeffizient aber kleiner als 1. Sie brauchen also in der Regel zum Schieben einer Kiste weniger Kraft als zum Heben. Für Rennreifen und Straße liegt der Wert zwischen 1,1 bis 1,15.

Das Gewicht G ist wiederum Masse mal Fallbeschleunigung: $G = m \cdot g$. Und schließlich gilt das zweite Newton'sche Grundgesetz: Kraft ist Masse mal Beschleunigung oder $F = m \cdot a$. Diese Kraft, die das Auto letztlich beschleunigt, kann aber maximal so groß werden wie die Reibungskraft zwischen Reifen und Straße. Es gilt daher: $F = m \cdot a_{max} = F_R = G \cdot \mu = m \cdot g \cdot \mu$. Wenn man die Massen wegkürzt, erhält man $a_{max} = g \cdot \mu$.

Um von 0 auf 100 km/h (27,8 m/s) in genau 2,5 Sekunden zu kommen, ist eine durchschnittliche Beschleunigung von $a = \triangle v / \triangle t = 11{,}1$ m/s² notwendig. Für den Reibungskoeffizienten ergibt sich dann der Wert $\mu = a/g = 1{,}13$.

[12] 0 auf 100 km/h (27,8 m/s) in 2,5 Sekunden entspricht 11,1 m/s² (siehe oben). Weiters gilt Kraft gleich Masse mal Beschleunigung ($F = m \cdot a$). Arbeit ist wiederum Kraft mal Weg ($W = F \cdot s$) und Leistung Arbeit pro Zeit ($P = W/t$). Wenn wir das alles einsetzen, erhalten wir $P = \frac{W}{t} = \frac{F \cdot s}{t} = F \cdot \frac{s}{t} = F \cdot v = m \cdot a \cdot v$. Leistung ist also Kraft mal Geschwindigkeit oder, zerlegt, Masse mal Beschleunigung mal Geschwindigkeit. Wir sind aber jetzt an

der relativen Leistung interessiert, also an den Watt pro Kilogramm, und schreiben daher: $P_{rel} = a \cdot v$. Für eine Beschleunigung von 0 auf 100 km/h mit 11,1 m/s² ist die relative Leistung P_{rel} = 11,1 · 27,8 W/kg ≈ 311 W/kg = 0,311 kW/kg nötig. Das ist die Untergrenze, die mindestens notwendig ist. In der Praxis ist noch mehr erforderlich, weil die angegebenen Leistungen nur bei bestimmten Drehzahlen wirken (siehe Abb. 24), die eventuell beim 0-auf-100-km/h-Sprint nicht oder nicht immer erreicht werden.

13 Man kann den horizontalen Kraftvektor in Abb. 26 nach oben schieben und erhält dann folgendes Dreieck:

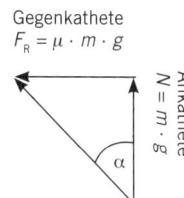

Gegenkathete
$F_R = \mu \cdot m \cdot g$

Ankathete
$N = m \cdot g$

In rechtwinkeligen Dreiecken gilt Tangens α ist Gegenkathete durch Ankathete, in unserem Fall also tan $(\alpha) = \frac{\mu \cdot m \cdot g}{m \cdot g} = \mu$. Damit wir den Winkel berechnen können, müssen wir die Umkehrfunktion bilden: α = arctan (μ).

14 Die Zeitdilatation kann mit folgender Formel berechnet werden: $t_b = t_r \sqrt{1 - \frac{v^2}{c^2}}$. Dabei ist t_b die Zeit, die für den bewegten, und t_r die Zeit, die für den ruhenden Beobachter vergeht. Wenn man umformt, bekommt man $\frac{t_r}{t_b} = 1/\sqrt{1 - \frac{v^2}{c^2}}$. Mit dieser Gleichung sind die Faktoren in Tab. 11 berechnet.

15 Nehmen wir als Reisegeschwindigkeit 130 km/h an. Bei dieser beträgt der Faktor der Zeitdilatation = 1 + 10⁻¹⁴. 24 h haben 86.400 Sekunden. Wir runden auf 100.000 Sekunden auf. Wenn Sie also Tag und Nacht auf der Autobahn dahinfahren, sind für eine in dieser Zeit ruhende Person wie den Kellner jedoch 100.000 s · (1 + 10⁻¹⁴) = 100.000 s + 10⁻⁹ s vergangen. Der Kellner ist also um eine Milliardstel Sekunde mehr gealtert.

[16] Für den Gang von Uhren im Schwerefeld gibt es folgende Näherungsformel: $T_{unten} = T_{oben} (1 - \frac{gH}{c^2})$. g ist die Fallbeschleunigung (9,81 m/s²), c die Lichtgeschwindigkeit ($3 \cdot 10^8$ m/s) und H in diesem Fall der Höhenunterschied zwischen Füßen und Kopf (1,8 m). Wenn man alles einsetzt, erhält man den Faktor in der Klammer $1 - 2 \cdot 10^{-16}$. Wenn Sie 80 Jahre alt werden und jeden Tag 10 Stunden stehen, macht das in Summe über Ihr Leben 10^9 s Steh-Stunden. Ihr Kopf altert daher um den Faktor 10^9 s $\cdot (2 \cdot 10^{-16})$ = $2 \cdot 10^{-7}$ s weniger als die Füße, das sind 0,2 Mikrosekunden.

[17] Die Berechnung des Effekts aus der SRT, die Zeitdilatation, ist in Anm. 14 erklärt. Den unterschiedlichen Gang der Uhren im Rahmen der ART kann man nicht mit der Gleichung aus Anm. 16 berechnen, weil bei dieser vereinfacht angenommen wird, dass die Fallbeschleunigung nicht mit der Höhe sinkt. Die allgemeine Formel für die gravitative Zeitveränderung im inhomogenen Feld einer beliebigen Masse kann man mit der Formel $t\frac{Erde}{Satellit} = \left(1 - \frac{GM}{c^2}(\frac{1}{r_E} - \frac{1}{r_S})\right)$ berechnen. M ist die Masse der Erde ($5,98 \cdot 10^{24}$ kg), r_E der Erdradius (6370 km), r_S der Abstand der GPS-Satelliten vom Erdmittelpunkt (26.560 km) und G die Gravitationskonstante ($6,673 \cdot 10^{-11}$ Nm²/kg²). Mit dieser Formel ist der Wert in Tab. 12 berechnet.

[18] *MacGyver* war eine US-amerikanische Fernsehserie der 1980er und 1990er. *Richard Dean Anderson* war der Darsteller des Protagonisten *Angus MacGyver*, der für seine praktische Anwendung der Naturwissenschaften und die erfinderische Nutzung alltäglicher Gegenstände bekannt war, um sich vor diversen Gefahren zu retten. Aufgrund dieser Kreativität erreichte die Serie Kultstatus.

[19] Es gilt generell: Stromstärke I ist Ladungsfluss Q pro Zeit t oder $I = Q/t$. Die Stromstärke wird in der Einheit Ampere angegeben, die Ladung in Coulomb. Die Einheit Ah stellt also Stromstärke mal Zeit dar und ist somit ein Indikator für die Anzahl der gespeicherten Ladungen in einem Akku.
Weiters gilt: Watt sind Ampere mal Volt. Wenn Sie also die Ah eines Akkus mit seinen Volt multiplizieren, erhalten Sie AVh und

somit die Energie in Wh. Ein Watt ist wiederum ein Joule pro Sekunde. Eine Wattstunde entspricht daher (1 J/s) · 3600 s = 3600 J.

[20] Ein solches Gerät ist zum Beispiel der Solarcharger mit der Bezeichnung „AP®16W Dual USB Port", der pro Ausgang 5 Watt Leistung erzeugen kann.

[21] Das kann zum Beispiel der BioLite Campstove.

[22] Unter dem Namen Brunton Brennstoffzelle Reactor wird dieses Gerät im Handel angeboten.

[23] So ein Handkurbelapparat ist zum Beispiel die Soulra Boost Turbine 2000.

[24] Diesen Ausdruck habe nicht ich erfunden, sondern eine Wiener Künstlergruppe (Markus Hoffmann, Laszlo Pinter und Andreas Szymonik) im Jahr 1997, die sich unter anderem mit Feuerjonglage beschäftigt. Später hat sich – nebenbei bemerkt – eine deutsche Artistengruppe diesen Namen patentieren lassen.

[25] Um den Faktor der Oberflächenvergrößerung abschätzen zu können, wenn man das Scheit zu Sägespänen verarbeitet, nehmen wir ein würfeliges Modellscheit mit 10 cm (= 100 mm) Seitenlänge. Der Holzwürfel hat somit eine Oberfläche von 100 · 100 · 6 mm² = 60.000 mm². Wenn Sie den Block in perfekte 1-mm³-Würfel zerteilen, dann erhalten Sie in Summe die enorme Menge von 100 · 100 · 100 = 1 Million Würfel. Jeder diese Würfel hat zwar nur die Oberfläche von 6 mm², aber in Summe hat das Holz nun 6 Millionen mm² an Oberfläche, also den 100-fachen Ausgangswert. Würden Sie den Block in 0,1-mm³-Würfelchen zerschreddern, dann würde seine Oberfläche sogar um den Faktor 1000 anwachsen. Sägespäne liegen größenmäßig irgendwo dazwischen. Deshalb liegt der Faktor der Oberflächenvergrößerung zwischen 100 und 1000.

[26] Es gilt in der geometrischen Optik die Gleichung $\frac{Bildgröße}{Bildweite} = \frac{Gegenstandsgröße}{Gegenstandsweite}$ oder $\frac{B}{b} = \frac{G}{g}$. Was die Begriffe in unserm Fall bedeuten, ist in Tab. 39 zusammengefasst. Wenn man umformt, bekommt man $B = \frac{b \cdot G}{g}$. Weil das Sonnenlicht praktisch parallel

auf die Erde trifft, entspricht die Bildweite der Brennweite (f). Wenn ich diese für unsere Lupe mit 10 cm (0,1 m) annehme, so kann man mit den bekannten Werten für die Bildgröße der Sonne etwa 1 mm berechnen. Der Brennpunkt ist also letztlich kein Punkt, sondern ein sehr kleines Bild der Sonne.

Gegenstandsweite (g); in unserem Fall Abstand Erde–Sonne	$150 \cdot 10^9$ m
Gegenstandsgröße (G); in unserem Fall der Durchmesser der Sonne	$1,4 \cdot 10^9$ m
Bildweite (g); entspricht in unserem Fall der Brennweite (f)	0,1 m
Bildgröße (B); das ist nun unsere gesuchte Größe des Bildes der Sonne im Brennpunkt	$B = \frac{b \cdot G}{g} \approx 10^{-3}$ m = 1 mm

Tab. 39: Wie man die Größe des Brennpunktes berechnen kann.

27 Um 1 g Wasser um 1 °C zu erwärmen, sind 4,2 J notwendig. Wenn das Wasser mit 15 °C in den Wärmeaustauscher fließt und diesen mit 90 °C verlassen soll, muss es um 75 °C aufgewärmt werden. Dazu ist für 1 g die Energiemenge von 75 · 4,2 J = 315 J notwendig. Wenn das in einer Sekunde passieren soll, beträgt die Leistung 315 J/s = 315 W.

28 Nehmen wir vereinfacht an, dass das Licht nur aus grünen Photonen mit einer Energie von je $3,7 \cdot 10^{-19}$ J besteht. Ich wähle diesen Wert deshalb, weil er ziemlich in der Mitte des sichtbaren Spektrums liegt und somit ein guter Durchschnittswert für weißes Licht ist. Es gilt Watt = 1 Joule/Sekunde. Um dieses Joule pro Sekunde zu erzeugen, muss die Lampe also 1 J/($3,7 \cdot 10^{-19}$ J) = $2,7 \cdot 10^{18}$ Teilchen aussenden. Es fliegen aus der Lampe pro Sekunde daher mehr als eine Trillion Photonen. Bei einer LED sind alle diese Photonen sichtbar. Bei anderen Lampentypen wird ein Teil der Photonen im nicht sichtbaren Infrarotbereich ausgesendet.

29 Ein Watt entspricht einem Joule pro Sekunde. 6000 kJ sind 6.000.000 J und ein Tag hat 86.400 Sekunden. Daher entspricht

ein Grundumsatz von 6000 kJ pro Tag 6.000.000 J/86.400 s = 69,4 J/s ≈ 70 W.

[30] Dosen ab 0,1 g Methanol pro kg Körpermasse sind gefährlich und ab 1 g tödlich. Wir gehen für unsere Abschätzung aber vom unteren Wert aus. Wenn wir eine Körpermasse von 70 kg annehmen, liegt die untere Grenze der Gesundheitsgefährdung absolut gesehen bei 7 g Methanol. Bei Weißwein liegt der Methanolgehalt bei 17 bis 100 mg/l, bei Rotwein bei 60 bis 230 mg/l. Im schlimmsten Fall (also bei Rotwein an der oberen Grenze) kann der Methanolgehalt in 1 l Wein bei 230 mg (0,23 g) liegen. Um auf 7 g zu kommen, müssten Sie daher 7 g/ 0,23 g/l ≈ 30 l Rotwein destillieren und trinken. Weil das Methanol im Körper eine Halbwertszeit von ein bis zwei Tagen hat, müssten Sie die berechnete Menge innerhalb eines Tages oder schneller trinken.

[31] Thomas Wilhelm und Wolfgang Ossau: Bierschaumzerfall – Modelle und Realität im Vergleich. http://www.thomas-wilhelm.net/veroeffentlichung/Bierschaumzerfall.pdf

[32] Wenn man die Funktion $h(t) = h_1 \cdot e^{-kt}$ logarithmiert, erhält man $\ln(h(t)) = \ln(h_1) - kt$. Grafisch gesehen ist das eine Gerade, die von links oben nach rechts unten zeigt. Wie steil die Gerade ist, hängt vom Wert von k ab.

[33] John D. Verhoeven et al.: Experiments on Knife Sharpening, 2004. http://www-archive.mse.iastate.edu/fileadmin/www.mse.iastate.edu/static/files/verhoeven/KnifeShExps.pdf

C.T. McCarthy et al.: On the sharpness of straight edge blades in cutting soft solids: Part I – Indentation experiments. Engineering Fracture Mechanics 2007

C.T. McCarthy et al.: On the sharpness of straight edge blades in cutting soft solids: Part II – Analysis of blade geometry. Engineering Fracture Mechanics 2007

[34] Die Rockwellhärte bei Klingen wird so bestimmt: Rockwell = 100 – h/0,002 mm, wobei h die Eindringtiefe in mm ist. Wenn der Prüfkörper zum Beispiel 0,09 mm tief eindringt, beträgt die

Härte 100 − 0,09 mm/0,002 mm = 100 − 45 = 55 Rockwell. Das entspricht der Klingenhärte eines Schweizer Taschenmessers.

[35] Die Temperaturen in dieser Abbildung wurden mithilfe einer Simulation berechnet, die von den MIT-Studentinnen Kate Roe, Laura Breiman und Marissa Stephens für den „2013 edX course Science and Cooking: From Haute Cuisine to Soft Matter Science" entwickelt wurde. https://groups.csail.mit.edu/uid/science-of-cooking/home-screen.html

[36] Wenn eine Wasserwelle an einem schwingenden Korken vorbeizieht, dann beschreibt dieser von der Seite aus gesehen eine Kreisbahn, weil er sowohl auf und ab als auch vor und zurück schwingt. Wasserwellen sind also sowohl Transversal- als auch Longitudinalwellen. Schallwellen in der Luft schwingen nur vor und zurück, sind also reine Longitudinalwellen. Trotzdem läuft die Beugung an Hindernissen genauso ab wie bei Wasserwellen.

[37] Schallwellen in der Luft sind Longitudinalwellen. Die Teilchen schwingen also in und gegen die Ausbreitungsrichtung der Wellen. Das ist aber nur schwer darzustellen. Deshalb ist links die Amplitude der Schwingung eingezeichnet, die beim geschlossenen Ende null ist und beim offenen maximal.

[38] Datenquelle: Andrea L. Mose: Schriftliche Hausarbeit im Rahmen der Ersten Staatsprüfung für das Lehramt für die Sekundarstufe I und II; Universität-GHS-Essen 1996. http://duepublico.uni-duisburg-essen.de/servlets/DerivateServlet/Derivate-137/moser.PDF

[39] Die Flughöhen wurden numerisch mit der „Water Rocket Simulation" berechnet, bei der unter anderem auch der Luftwiderstand berücksichtigt wird. http://cjh.polyplex.org/rockets/simulation

[40] Alle grau unterlegten Daten wurden wie oben mit der „Water Rocket Simulation" berechnet.

[41] Ein Programm zum Verzerren von Bildern finden Sie zum Beispiel unter http://www.anamorphosis.com/software.html. Das Programm heißt anamorphme.exe.

[42] Hier habe ich etwas getrickst, um die Erklärung möglichst einsichtig zu machen. Die 230 V der Steckdose sind nämlich die *durchschnittliche Spannung* oder der Effektivwert, wie man auch sagt. Tatsächlich schwankt die Spannung zwischen +325 V und -325 V in Form einer Sinusschwingung hin und her. Ich habe im Bild einen Moment festgehalten, in dem die aktuelle Spannung der durchschnittlichen entspricht. Ich hätte auch den Maximalwert von 325 V nehmen können, aber das wäre dann sehr verwirrend, weil ja immer von 230 V die Rede ist.

[43] Scott R. Waitukaitis, Heinrich M. Jaeger: Impact-activated solidification of dense suspensions via dynamic jamming fronts. Nature, 2012

Martin Hecke: Running on Cornfloor, Nature, 2012

[44] Physikalisch exakter müsste man auf der x-Achse von der Schergeschwindigkeit sprechen. Damit ist gemeint, wie schnell zwei parallele Schichten einer Flüssigkeit gegeneinander verschoben werden. Diese Verschiebungsgeschwindigkeit hängt allerdings wiederum von der einwirkenden Kraft ab, weshalb ich mir diese Vereinfachung erlaubt habe.

[45] Ein entsprechendes Video dazu finden Sie auf YouTube unter dem Titel „Vortex Cannon! – Bang Goes the Theory Preview – BBC One".

[46] Nehmen wir für unsere Schätzung vereinfacht an, dass das Bier zu 100 % aus Wasser besteht, und lassen wir die 5 % Alkohol unter den Tisch fallen. Die spezifische Wärmekapazität von Wasser beträgt rund 4200 J/(kg · Grad). Wenn Sie eine Dose mit 0,33 l (etwa 1/3 kg) von 22 °C auf 10 °C abkühlen wollen (also um 12 °C), dann müssen Sie ihr dazu $4200 \cdot 12/3$ J = 16.800 J an Wärmeenergie entziehen. Wenn das in einer Minuten passieren soll, beträgt die Kühlleistung 16.800 J/60 s = 280 J/s = 280 Watt.

[47] Neben der Wärmeleitfähigkeit spielt in der Sauna auch die geringe Wärmekapazität von Luft eine Rolle. Diese kann bei gleicher Temperaturänderung im Vergleich mit Wasser nur etwa ein Viertel der Energie speichern beziehungsweise abgeben.

Außerdem kann sich der Körper an der Luft durch Schweiß ebenfalls abkühlen.

48 Ein Mol eines Gases hat einerseits per Definition $6 \cdot 10^{23}$ Teilchen und andererseits bei Zimmertemperatur ein Volumen von etwa 24 l. In einer 0,5-l-Flasche befindet sich daher ungefähr 1/50 Mol Luft und somit $0,12 \cdot 10^{23} \approx 10^{22}$ Teilchen.

49 Damit Sie den Eidotter ganz in die Flasche saugen können, müssen Sie vorher mindestens ein Luftvolumen auspressen, das dem Volumen des Dotters entspricht. Sonst würde ja durch das Einsaugen ein Überdruck in der Flasche entstehen. Wenn wir vereinfacht annehmen, dass der Dotter Wasserdichte hat, dann hat er ein Volumen von 23 ml (1 ml entspricht 1 g). Das entspricht 4,6 Volumenprozent unserer 500-ml-Flasche.

Natürlich müssen Sie aber noch ein bisschen mehr auspressen. Es muss ja bis zum Schluss ein Unterdruck bestehen bleiben, damit der Dotter bis ganz nach oben gesaugt werden kann. Es gilt $G = m \cdot g$. Wenn wir die Fallbeschleunigung g mit gerundet 10 m/s² annehmen, dann hat ein Dotter mit 23 g (= 0,023 kg) ein Gewicht von 0,23 N. Die Öffnung einer PET-Flasche hat einen Durchmesser von 22 mm und somit einen Radius von 11 mm oder 0,011 m. Die Fläche der Öffnung beträgt daher $3,8 \cdot 10^{-4}$ m².

Druck ist Kraft pro Fläche ($p = F/A$) und daher ist Kraft gleich Druck mal Fläche ($F = p \cdot A$). Der Normaldruck von 101.300 N/m², der von unten auf den Dotter wirkt, erzeugt daher eine Kraft von 38,5 N. Die Kraft, die von oben wirkt, muss mindestens 0,23 N kleiner sein. 0,23 N verhält sich zu 38,5 N wie etwa 0,6 %. Die Kraft von oben und somit auch der Druck müssen also auch ganz zum Schluss des Einsaugens noch 0,6 % kleiner sein als die unten. Wenn man beide Effekte addiert, erhält man 5,2 %, die man auf jeden Fall aus der Flasche drücken muss, um einen fetten Dotter aufzusaugen.

50 Glas hat einen relativen Längenausdehnungskoeffizienten von etwa 10^{-5} pro Grad. Wenn sich Glas um 1 °C erwärmt, dann

dehnt es sich um den Faktor 10^{-5} aus, also um ein Hunderttausendstel oder 0,01 ‰. Wenn man kochendes Wasser in ein Glas leert, dann hat die Innenseite 100 °C und die Außenseite Zimmertemperatur, also sagen wir 20 °C. Die Temperaturdifferenz beträgt 80 °C und die relative Ausdehnung der Innenseite 0,8 ‰. Wenn sich das Glas bei unserer Schnur-und-Spiritus-Methode um 400 °C erwärmt, beträgt die Ausdehnung immerhin 4 ‰.

[51] Sowohl normale Weitsichtigkeit als auch Altersweitsichtigkeit werden mit einer Sammellinse korrigiert. Sie kommen aber auf unterschiedliche Weise zustande. Bei der normalen Weitsichtigkeit ist der Augapfel zu kurz. Deshalb schneiden sich die Lichtstrahlen hinter der Bildebene (wie in Abb. 84b). Bei der Altersweitsichtigkeit kann sich die Linse aber nicht mehr komplett zusammenziehen, wodurch es bei nahen Objekten zum selben Effekt kommt: Die Lichtstrahlen schneiden sich hinter der Bildebene.

[52] Die Folge heißt „The Bad Fish Paradigm" und ist die erste Episode der zweiten Staffel aus dem Jahr 2008. Ob es sich bei Cooper um einen Geek oder Nerd handelt, kann nicht geklärt werden, weil er Wesenszüge beider Stereotype aufweist.

[53] Die genauen Zahlen:
$1 : 2^{23} = 1 : 8.388.608$; die Wahrscheinlichkeit, in Österreich bei 6 aus 45 einen Sechser zu machen, beträgt 1 : 8.145.060.
$1 : 2^{24} = 1 : 16.777.216$; die Wahrscheinlichkeit, in Deutschland bei 6 aus 49 einen Sechser zu machen, beträgt 1 : 15.537.573.

[54] Die Wahrscheinlichkeit liegt bei $1 : 2^{10^{22}}$. Es gilt $2^x = 10^{\log 2 \cdot x}$. $2^{10^{22}}$ sind daher $10^{\log 2 \cdot 10^{22}} = 10^{3.010.299.956.639.310.000.000}$.

[55] Man nennt das auch den zweiten Hauptsatz der Wärmelehre. Lassen Sie sich vom Begriff Wärmelehre nicht irritieren. Dieser Satz betrifft nicht nur Wärme, sondern Unordnung in jeder Form, etwa auch die eines Gases.

[56] Diese Idee habe ich dem Buch *Epsteins Physikstunde* von Lewis Carol Epstein entnommen, das im Verlag Birkhäuser erschienen ist.

57 Die Formel für die relativistische Massenzunahme lautet
$m_D = \frac{m}{\sqrt{1-v^2/c^2}}$. Dabei ist m_D die dynamische Masse, also jene Masse, die das Objekt aufgrund seiner Geschwindigkeit besitzt. v ist die Geschwindigkeit des Objekts und c die Lichtgeschwindigkeit. Der Knackpunkt dieser Formel ist der Wurzelausdruck. Bei $v = c$ würde der Nenner 0 werden und das würde wiederum bedeuten, dass die dynamische Masse unendlich groß wird.

58 Die Gleichung für die Zeitdilatation lautet $t_b = t_r \sqrt{1-\frac{v^2}{c^2}}$ (siehe auch Kap. 13). Wenn man in diese Gleichung einen Wert für v einsetzt, der über c liegt, dann erhält man eine komplexe Lösung. Bei zweifacher Lichtgeschwindigkeit ($v = 2c$), erhält man $t_b = t_r\sqrt{1-\frac{(2c)^2}{c^2}} = t_r\sqrt{1-4} = t_r\sqrt{-3} = t_r i\sqrt{3}$, wobei i die Wurzel aus -1 ist. Das kann man so interpretieren, dass sich die Teilchen in der Zeit rückwärts bewegen.

59 Genauer formuliert besagt die Unschärferelation, dass zwei komplementäre Eigenschaften eines Teilchens nicht gleichzeitig beliebig genau bestimmbar sind. Das bekannteste Beispiel für ein solches Paar sind Ort und Impuls. Mathematisch wird das so formuliert: $\triangle p \cdot \triangle x \approx h$. $\triangle p$ ist dabei die Impulsunschärfe, $\triangle x$ die Ortsunschärfe und h die Planck-Zahl (siehe Kap. 19). Das Produkt beider Ungenauigkeiten kann niemals einen bestimmten Wert unterschreiten. Deshalb können Impuls und Ort *gleichzeitig* nicht beliebig genau gemessen werden.

60 Wenn die zu speichernde Datenmenge 10^{30} Byte beträgt, und eine Platte 10^{12} Byte speichern kann, dann brauchen Sie also 10^{18} solcher Platten, um die Datenmenge zu bewältigen. Bei einer Höhe von 1 cm (0,01 m) bekommt man eine Stapelhöhe von 10^{16} m, und das entspricht ziemlich genau einem Lichtjahr.

61 Das sogenannte LTE-Advanced soll eine Datentransferrate von 1000 Megabit pro Sekunde besitzen. Ein Bit ist dabei die kleinste Informationseinheit, also 1 oder 0. Ein Byte besteht aus 8 Bit und daher entsprechen 1000 Megabit/s 125 Megabyte/s.

62 Zitiert aus dem Vorwort des Buches *Die Physik von Star Trek* von Lawrence M. Krauss.

[63] *Godzilla* ist ein japanisches Filmmonster, das je nach Film 50 bis 150 m groß ist. *Arthur und die Minimoys* ist ein französischer Spielfilm von *Luc Besson* aus dem Jahr 2006, der inzwischen schon zwei Nachfolgeteile bekommen hat. Die Minimoys sind Zwergenwesen mit nur wenigen Millimetern Größe. Arthur hat im geschrumpften Zustand zum Beispiel nur 2 mm.

[64] Genau genommen hängt die Kraft zusätzlich davon ab, wie viele Muskelfasern in der Lage sind, sich gleichzeitig zusammenzuziehen. Aber von zwei gleich trainierten Muskeln ist immer jener kräftiger, der den größeren Querschnitt hat.

[65] Per Christiansen: Godzilla from a Zoological Perspective. Mathematical Geology, Vol. 32, No. 2, 2000

[66] Neben der Röntgenrückstreuung wird bei Körperscannern auch Terahertzstrahlung verwendet. Diese ist wesentlich langwelliger und liegt zwischen Infrarot und Mikrowellen.

[67] So wie im Film dargestellt, könnte das übrigens gar nicht funktionieren, weil *Magneto* selbst auf der Brücke steht. Das ist vergleichbar damit, dass sich Baron Münchhausen selbst an den Haaren aus dem Sumpf ziehen kann, und das verbietet das dritte Newton'sche Grundgesetz.

[68] Um aus der Anti-Materie Energie freizusetzen, muss man sie einfach mit Materie in Kontakt bringen. Dabei zerstrahlt sie komplett in elektromagnetische Wellen und setzt die Energie $E = mc^2$ frei. Um 10^{10} J Energie freizusetzen, braucht man die Masse $m = \frac{E}{c^2} \approx 10^{-7}$ kg = 0,1 μg. Allerdings muss nur die Hälfte davon Antimaterie sein, weshalb man unter dem Strich sogar nur 0,05 μg benötigt!

[69] Um den Effekt plakativer darzustellen, habe ich hier etwas geschummelt. Bei einem Wirkungsgrad von 90 % müssten unsere Superhelden zunächst 111,11 % der in der Tabelle angegebenen Energie aufbringen (nämlich 100 % durch 0,9), um auf netto 100 % Energieoutput zu kommen. Davon müsste man dann die 10 % Verlust berechnen, die dann in Wirklichkeit 11,11 % ausmachen würden.

Register

100-Meter-Finale 17

Abkühlung 35, 127
Aborigines 51
Abtastung 291
Abwurfgeschwindigkeit 27
Aceton 250, 253
Achterbahn 40, 43 f.
Actio est reactio 79, 82
Aerodynamik 54 f.
Akku 109 ff.
Akronym 296 f.
Aktivierungsenergie 118 ff.
Alkohol 128, 143, 148 f., 151 f., 162, 253
Alkoholrötung 149
Alkoholvergiftung 156
Alkohol-Wasser-Lösung 155
Ameise 309 f.
Aminosäuren 175
Ampere 110, 122
Amperemeter 217
amphiphil 161 f.
Anamorphose 210 ff.
Anamorphose, perspektivische 211
Andromeda-Galaxie 276
Anströmgeschwindigkeit 55 f.
Antimaterie 317
Aogami-Stahl 169
Äquivalenzprinzip 29 f.
Aräometer 157
Arbeit 34

Asche 118
Astronaut 25, 31, 98
Atmosphären, physikalische 246
Atomdurchmesser 69, 168
Atomuhr 95 f., 98 f.
Auflagefläche 86, 88
Auge 254, 258, 301, 312
Außentemperatur 146, 148 f.
Autoreifen 66, 68, 244

Backscatter-Technik 312
Bananenstecker 214
bar 132, 135, 205–208, 245 f.
Beam me up, Scotty! 287
beamen 287, 289 ff., 293, 295
Benziner 71, 73 ff.
Beschleunigung 28, 30, 42 ff., 75, 77–80, 82 f., 206, 254
Beschleunigung, maximale 76 f., 80, 83
Besteck, schwebendes 194
Beugung 185
Bewegungsenergie 122
Bier 125, 158 f., 161–164, 236, 239
Bierdose 125, 236
Bierschaum 159, 162–165
Big Bang Theory 262
Big Mac 316 f.
Blake, Yohan 17
Bläschen 135, 160 f., 163 f.
Bläschenvergrößerung 164 f.
Blume 163

Blut 226
Bodenmarkierung 209 ff.
Boiler 132 ff.
Bolt, Usain 17 f.
Brandy 154, 158
Branntwein 152
Bremsverzögerung 66
Brennkessel 152, 156
Brennpunkt 122
Brennvorgang 157
Brennweite 122
Bruchfestigkeit 306 f.
Bruchstelle 251
Brühgruppe 134 f.
Bruttoarbeit 38
Bruttoleistung 34
Bugatti 67, 76 f., 80, 83
Bumerang 51 f., 54–57, 316
Bumerang-Mythos 52

Campingkocher 113, 125
Captain Kirk 273
Cassiopeia 106
CERN 97, 280
Chinin 142
Commander Spock 273, 290 f.
Corioliskraft 48
Crema 132, 134 f., 162

da Vinci, Leonardo 211
Datenübertragung 293
dB Drag Racing 59, 62, 64 f.
Destillat 153, 155–158
Destillation 151 f.
Destillieranlage 151 f.

destillieren 152, 154–158
Dezibel 59, 61, 64
Diavolo, Allo 45, 48, 50
Diesel 71, 73 ff.
Differential 89 f.
Differentialgetriebe 89
Differentialsperre 90
Diffusion 201
Dotter 242 f., 245, 247 f.
Drainage 164 f.
Drehmoment 71–75
Drehzahl 71–75
Druck 49, 74, 132, 134 f., 168 f., 204, 207 f., 226, 243–247
Druckanzeige 131 f., 208

Echse, isometrisch vergrößerte 308
Effekt, relativistischer 96
Eidottersauger 242
Eierschalensollbruchstellenverursacher 252
Einfachreaktion 22
Einstein, Albert 26, 29, 94, 97 f., 100, 137, 280
Eiswürfel, fluoreszierende 136
Eiweiß 162, 173 f., 242
Elektron 114, 140 f., 220, 297 ff.
Elektron, angeregtes 297 f.
Elektronenmikroskop 166 f.
Elfmeterschießen 21
Emission, spontane 298
Emission, stimulierte 298
Energie 33 ff., 59, 65, 109–112, 114, 116–119, 137 f., 140 f.,

144, 160 f., 163, 218 ff., 237, 240, 269 f., 280 f., 297 f., 300, 315–318
Energie, mechanische 118
Energiedifferenz 118, 141
Energiefluss 60
Energieumsatz 33, 145
Ente, trinkende 128
Entropie 269
Erdumfang 67 f.
Espresso 132 ff.
Espressomaschine 131–134
Essiggurke, leuchtende 219
Ethanol 154–158
Exponentialfunktion 164 f.

Faema E61 133
Fahrenheit 451 119
Fahrrad 56, 89 f., 209
Fahrraddynamo 114
Fake-Crema 135
Fall, freier 15, 27 f., 30 f., 50
Fallbeschleunigung 14, 43 f., 80, 83
Fallstrecke 13, 15 f., 163
Falltiefe 14
Farbe 137 ff., 141, 171
Farbeindruck 138
Fehlreaktion 16 f.
Fehlstartkriterium 18
Fermi, Enrico 67
Fermi-Rechnung 66 f., 69
Fernsehsatellit 108
Fettstoffwechsel 37
Feuer 116, 119 f., 249

Feuerbohren 122
Feuerstahl, schwedischer 124
first drop 44
Fliehkraft 45, 47 f.
Flop 196
Flopsprung 196
Flughöhe 205 ff.
Flugparabel 48
Fluoreszenz 140 f.
Flüssigkeit, newton'sche 224
Flüssigkeit, nichtnewton'sche 224
Formant 190, 192
Fosbury, Richard „Dick" 196
Fosbury-Flop 196
Free-Fall-Tower 32
Freihandversuch 183
Frequenz 60, 99, 137 f., 141, 184 f., 187, 191 f., 224, 235, 312
Frequenzspektrum 184, 190

Galilei, Galileo 29
Gärspund 153
Garthermometer 179
Gefrierpunkterniedrigung 240
Gefriertemperatur 240
Gegenkraft 46, 79, 82, 202 f., 314
Gehörgang 186
Generator, thermoelektrischer 113
Geocaching 93, 96, 100
Geschwindigkeit 14 f., 21 f., 41–44, 48 ff., 89, 97 ff., 126 f., 161, 199, 203, 243, 275, 278, 280, 314

Geschwindigkeitsänderung 42 ff.
Geschwindigkeitsvektor 41 f.
Geschwindigkeitsverteilung 126
Gewichtskraft 82, 199
Godzilla 304, 308
Golden Gate Bridge 316
GPS (Global Positioning System) 95 f., 99
GPS-Empfänger 93, 95
GPS-Satellit 28, 97 f.
GPS-Technik 94
Gravitation 26 ff., 30, 47, 200, 260
Gravitationsgesetz 26
Grenzgeschwindigkeit 50
Grundton 190
Grundumsatz 144 f., 147
Gummiabrieb 66 f., 69
Gummispur 66
Gyroskop 53 f.

Hackerszene 235
Halbwertszeit 160, 164 f.
Han Solo 299
Handkurbelgenerator 114
Handy 96, 109 ff., 113 f., 125, 137, 254, 257, 293
Handykamera 255 f., 258
Harddisk 293
Hauttemperatur 148 f.
Hawking, Stephen 295
Hefe 154
Heisenberg'sche Unschärferelation 291
Heisenberg-Kompensator 292

Heißluftballon 200
Heizleistung 34, 134, 144 f.
Heliumstimme 188, 191 f.
Himmelsnordpol 107
Himmelsrichtung 101, 104, 106
Hochschaubahn 40
Hub 74
hydrophil 161
hydrophob 161

IG-Nobelpreis für Physik 159, 165
Innenohr 184 f.

Jagdbumerang 52
James Bond 84, 274, 296

Kaffeehaus 131, 134
Kaffeepulver 132
Kältemischung 240
Kältezittern 149
Karussell 46 f.
Kerntemperatur 144, 147, 149, 179
Ketchup 226
Kettenreaktion 119 ff., 123, 299
Kleiderbügel 183 f., 187
Klinge 166 f., 169 ff., 303
Klinge, superschmale 168
Klingenbreite 169
Knabbergebäck 187
Knochen 306 ff., 315
Knochenleitung 184 f., 187
Kohlenhydrate 36 f., 162, 317
Kohlenhydratspeicher 36 f.

Kohlenhydratverarmung 36
Kohlenstoffdioxid 138, 135, 164
Kollagen 173 f.
Konvektion 35, 146 f., 199 f.
Konvektionswalze 146
Kopfhaar 168
Korngröße 170 f.
Körnung 171
Körperkern 149
Körperkerntemperatur 143
Körpertemperatur 35, 147
Kraftanstieg 17
Kraft-Last-Verhältnis 309
Kraftstoß 18
Kreisel 52 f., 107
Kreisströmung 229
Kreuzecke 22, 24
Krokoklemme 214
KSP (Körperschwerpunkt) 37, 82, 86 f., 88 f., 195 f.
KSP, Projektion des 87, 195
KSP-Hebung 37 f.
Kubrick, Stanley 301
Kühleffekt 240
Kühlleistung 35, 236
Kurbelwelle 72 ff.
Kurve 41 f., 47, 50, 69, 80–83, 88 f., 95, 185
Kurvenfahrt 41 f., 82
Kurvenlage, maximale 76

Ladungsmenge 109
Laser 296–300
Laserleistung 300
Laserpistole 296, 300, 302
Laserpointer 229, 255 f., 299, 301, 303
Lattenüberquerung 196
Laufökonomie 37, 39
Lauftempo 33, 38
launched coaster 43
Lautstärke 61, 63 f., 311
LED 216, 218 f.
Leistung 34, 36–39, 64, 71–80, 114, 144 f., 201, 299
LHC 98, 280, 286
Licht 95, 104, 122, 136 f., 139–142, 163, 168, 220, 256 f., 275 f., 278, 290, 297, 299, 302 f.
Licht, ultraviolettes 139
Lichtemission 297
Lichtgeschwindigkeit 95, 98, 165, 277, 279 ff., 283, 285
Lichtjahr 293
Lichtschwert 296, 302 f.
Lichtteilchen 137, 280, 290, 298, 303
Liebig, Justus von 175
Lifehack 235 f., 260, 264
Linsenkrümmung 258
Linsensystem 258
lipophil 161
Löcher, schwarze 284
Looping 45, 48, 50
Lösung 152, 154, 241
Lotto 266
LTE 293
Lucky Luke 274 f., 277, 283
Luft 35, 54 f., 114, 145 f., 185, 187, 191 ff., 199 f., 204, 206 f.,

230 ff., 237 f., 243, 246, 301, 312, 314
Luft, Hauptbestandteile der 243
Luftkringel 227, 229 f.
Luftmoleküle 243 ff., 267
Luftteilchen 311
Luftwiderstand 14, 27 f., 57
Luftwirbel 227
Lupe 122, 143, 255, 299

MacGyver 101, 104, 255
MacGyver-Technik 109
Magneto 316 ff.
Maillard, Louis Camille 175
Maillard-Reaktion 174 ff., 179
Maiman, Theodore 296, 298
Maische 152 ff.
Maisstärke 221, 223
Makrofotos 255, 257
Mann mit dem Hammer 36
Marathon(lauf) 33 ff., 37 ff.
Margaria, Rodolfo 33
Masse 28, 36 ff., 49, 75 f., 79, 86, 98, 162, 200, 246, 280, 294, 306 f., 309 f., 316
Masse, schwere 28 ff.
Masse, träge 28
Massenanteile des Menschen 294
Materieteilchen 282
medium 173 f.
Messerklinge 166
Messerschärfe 169
metastabil 117 f., 298 f.
Metastabilität 117, 298

Methanol 155 f.
Methanolvergiftung 156
Mikrowelle 95
Milchschäumen 132
Milliamperestunde 109
Mittellauf 156
Molekül 126 f., 146, 161 f., 177, 243
Molekülgeschwindigkeit 243 ff., 247 f.
Muskel 35 f., 173 f., 306, 308, 315, 317
Muskelmasse 36
Myoglobin 174

Nacktscanner 313
Naturkonstante 281
Navstar GPS 93
Nebelmaschine 228 f.
Nettoarbeit 38
Nettoleistung 34
Netzhaut 139, 257, 259
Neutrino 282 f.
Newton und der Apfel 26
Newton, Sir Isaac 26, 28
Newton'sches Grundgesetz, drittes 79, 82, 202 f.
Next Generation Technical Manual 288
Nicht-Rückkehrer 51
Normaldruck 245 f.
Normalkraft 46, 49 f., 82

Oberflächenspannung 160 f.

Oberflächen-Volumen-Verhältnis 121
Obertöne 190
Ohren 60 ff., 183 ff., 187, 193
Ordnung 268, 270 f.
Ortungsverfahren 94
Ötzi 120
Output, mechanischer 34

Parabelflug 32, 44
Pascal 246
Pektin, Vergärung von 155
Pendel 195
PET-Flasche 203, 208, 242
Pfannentemperatur 176, 180
Phosphor, weißer 119 f.
Photon 137–142, 280 f., 287, 289 f., 297 ff.
Photonenenergie 138
Planck-Konstante 137 f.
Plasma 226
Polarisation 290
Polarstern 106 ff.
Polierschliff 170 f.
Poren-Mythos 175
Positionsermittlung 96
Powerbank 110 f.
Präzessionsbewegung 53, 56, 107
Profiltiefe 68
Proton 97 f., 165, 279 f., 286, 292
Proxima Centauri 275 f., 278
Prüfkabel 214
Pyrometer 176 f.

Quantenbeamen 290
Quantenmechanik 140, 171, 287, 289 ff.
Quantensprung 140, 220, 297
Quantenteleportation 289

Radstand 88
Raketenantrieb 202
rare 173 f., 180
Rasender Falke 283
Rasierklinge 167 ff.
Rasierklingenschneide 168
Raumdimension, höhere 284
Raumschiff Enterprise aka Star Trek 273, 287, 290, 292, 294 f.
Raumstation ISS 25, 97
Reaktion 13, 16, 18, 22, 82
Reaktion, exotherme 116, 121
Reaktion, komplexe 22
Reaktionen, optische 16
Reaktionszeit 13–16, 18, 22
Reibung 78, 80 f., 83, 122
Reibungskoeffizient 80, 82 f.
Reibungskraft 46 f., 80, 82
Reiz, optischer 17
Relativitätstheorie, Allgemeine 94, 98 f.
Relativitätstheorie, Spezielle 94, 97, 99, 280 f.
Resonanzfrequenz 190, 192
Resonanzkörper 188
Riesen 304, 306 ff.
Riesenmenschen 308
Rockwell 169
Röntgenblick 312 f.

Röntgenstrahlen 312
Rotation 46, 54, 56, 72
Rotor 52
Rückkehrer 51 f., 54
Rückstoß 202
Rückstoßkraft 245
Rückstoßprinzip 201 f., 314
Rückstoßtechnik 203

Sammellinse 122, 255–259
Satellit 27 f., 95 f., 99, 108
Satellitenschüssel 108
Satz der Energieerhaltung 161
Satz des Pythagoras 20
Schädelknochen 184 f., 187
Schalldruckpegel 62 f.
Schallgeschwindigkeit 188, 191 ff., 232, 243
Schallintensität 59, 61, 63 f.
Schallwelle 59, 64, 185 f.
Schatten 104 f., 125, 275 ff., 283
Schaum 135, 159–164
Scheinkraft 47 f.
Scherung 225
Schleifstein 170 f.
Schmerzgrenze 60 f.
Schnaps 150 ff., 158
Schräglage eines Motorrades 80 f.
Schrittlänge 38
Schubkraft 203, 207
Schwarzlicht 136–140, 142
Schwarzlicht-Lampe 140
Schwefelhexafluorid 193
Schweiß 35, 146 f., 316, 318

Schweißverlust 35
Schweizermesser 169
Schwerelosigkeit 25 f., 28, 30 f., 200 f.
Schwerkraft 25 f., 29, 43, 200
schwitzen 127, 317
Sechser im Lotto 266
Seidel 159
Siedetemperatur 155 f.
Signal, akustisches 17
Smartphone 93, 95 f., 101, 109 ff., 113, 183, 255, 257
Sockenkühlschrank 127, 236
Solar-Ladegerät 112 f.
Solarzelle 112 ff.
Sollbruchstelle 251 ff.
Sonnenhöchststand 103
Spannung 109 f., 217 ff., 227
Spannungsabfall 219
Spannungsunterschied 219
Speicherkraftwerk 118
Spielbein 87
Spirituosen 152
Spiritus 249
Spitzmaus 310
Sportbumerang 52
Sprengstoff 264
Sprint 17, 19, 22, 33, 79
Sprunghöhe 23
Sprungkraft 23, 196
stabil 117, 162
Stahlwolle 121 ff., 125, 300
Standbein 87
Standfläche 86–89
Stärkebrei 222

Stärkekörner 225
Startblock 17 f.
Staubexplosion 121
Steak 145, 173 ff., 177, 179 f.
Steakkruste 176
Steckdose 109, 214, 218
Steckdosenleiste 214, 216
Steighöhe 206 f.
Stickstoffmolekül 243
Stimmbänder 185, 188, 190, 192
Stoffe, fluoreszierende 140, 142
Strafstoß 20, 24
Strahlung 147, 297
Strahlungsthermometer 176
Strom 112–115, 125, 214, 216 f., 220, 269 f.
Stromleistung 217
Stromstärke 217
Sub- oder Hyperraum 284
Substanz, amphiphile 162
Substanz, krebserregende 176
Subwoofer 59, 61
Super Cooler 236
Supergehör 311 f.
Superheld 273 f., 277, 311, 314, 317
Superheld, fliegender 314
Superkraft 275, 309, 313
Superman 273, 311 ff.
Supersportwagen 43
Superstärke 315 ff.
Synapsen 17

Tachometer 41, 281
Tachyonen 281 f.

Tachyonentelefon 282
Tamper 132
Teebeutelrakete 198, 201
Teilchen, materielles 279 f.
Teilchenmodell 245
Telefon 254
Teleportation 290
Teleportation von Photonen 287
Temperatur 35, 113, 118, 121, 126 f., 132, 134, 147, 154, 157, 173 f., 176, 179, 199, 238, 240, 292
Tempo 18, 22, 42, 121, 127, 202, 216, 230, 278, 302
Terabyte 293
Thermik 199
Tinchilla 236, 238
Tintenfisch 203
Tonband 184
Tonic Water 136, 142
Torecke 21
Tormann 13, 22 ff.
Tormannstrategie 23
Torricelli 246
Torschuss 20
Torus 230
Treibstoffmenge 205
T-Rex 308
T-Shirt-Folder 262
Turbo-Würstchen-Garer 214

Überlichtgeschwindigkeit 277 f., 281 ff., 285
Unterdruck 128, 243, 247
Unterkühlung 149

Vektor 41 f., 44
Verbrennungsdruck 74
Verdunstung 125, 127, 146
Verdunstungskälte 128, 146
Verdunstungskühlung 125
Vergrößerung, isometrische 306
Verschränkung 289 f.
very well done 180
Vokal 190, 193
Vokaltrakt 188, 190 ff.
Volumen 152, 245, 304–307
Vorlauf 156
Vortex 229–232
Vortex-Kanone 227, 229, 232
Vortices, toroidale 230
Voyager I 278

Wagen, Großer 106
Wagen, Kleiner 106
Wahrscheinlichkeit 264–268, 270
Wälzer 196
Wärme 34 f., 116, 118, 120, 122, 127 f., 144–148, 179 f., 216, 237 ff., 310, 318
Wärmeabgabe 145 ff.
Wärmeaustauscher 133 f.
Wärmeeffekt der Kleidung 237
Wärmeleiter 237 f., 253
Wärmeleitfähigkeit 237 f., 241
Wärmeleitung 145, 177
Wärmeregulation 143, 145
Wärmestrahlung 35, 145, 176
Wärmetransport 146, 149
Warp-Antrieb 284, 317

Wasser 35, 114, 118, 125–128, 132–135, 152, 154 f., 157, 161 ff., 170, 174 f., 180, 203, 206 f., 219, 221, 223 ff., 237, 240 f., 249, 251, 253, 294, 310
Wasserdampf 114, 126
Wasserrakete 201, 203, 205, 207 f.
Wasserstoff-Sauerstoff-Brennstoffzelle 114
Wattstunde 109 f.
Wechselstrom 218 f.
Weglänge 243
Weinbrand 154, 156
Weißmacher 140
Weitsichtigkeit 257
well done 173 f., 179
Welle, elektromagnetische 95, 145
Wellengeschwindigkeit 191
Wellenlänge 168, 191, 220
Whisky 154, 158
Wirkungsgrad 38, 112, 300, 316 ff.
Wodka 154
Wölbspiegel 211
Work-out 315 f.
Wurmloch 284
Würstchen, Frankfurter 216 f.
Würstchen, Wiener 217

X-Men 316

Zähigkeit 224
Zapfen eines Bieres 164
Zapfhahn 164

Zeigeruhr 101, 125
Zeilinger, Anton 287
Zeit 14 f., 18, 22, 26, 31, 34, 37,
 43, 66, 77, 93, 95 ff., 102 f.,
 105, 108, 125, 127, 144, 150,
 154, 164, 175, 177, 179 f., 187,
 219, 235, 240, 246, 252, 254,
 260, 264, 269, 280, 282 f.,
 285 f., 296, 300
Zeitdehnung 97 ff.
Zeitdilatation 97
Zeitmaschine 275
Zeitzonen 103
Zentrifugalkraft 47 f.
Zentripetalkraft 47, 49 f., 82
Zimmerbumerang 56
Zucker 135, 154, 175, 221
Zunder 116, 120–124
Zündtemperatur 119–122
Zwerge 304, 310
Zylinderkarussell 46
Zylinderspiegel 211 ff.

Michio Kaku
Die Physik des Bewusstseins

Über die Zukunft des Geistes

Wir sind auf dem Weg zu einer Symbiose von Geist und Technik. Wir werden Gegenstände mit Gedankenkraft bewegen und ungeheure Mengen von Wissen verarbeiten. Die Physik macht es möglich: Immer komplexere Rechner und Maschinen beschleunigen die Erforschung von Hirn und Bewusstsein. Das wird die Kapazität unserer Geisteskräfte in Zukunft dramatisch steigern helfen. Wie wird das Leben mit dieser wissenschaftlich-technischen Revolution sein? Welche ethischen Fragen folgen daraus? Star-Physiker und Bestsellerautor Michio Kaku gibt faszinierende Antworten.

544 Seiten

«Der Meister des Erklärens ... Auf jeder Seite spürt man Kakus Leidenschaft für seine Themen.»

P.M.

Weitere Informationen finden Sie unter www.rowohlt.de

Das für dieses Buch verwendete Papier ist FSC®-zertifiziert.

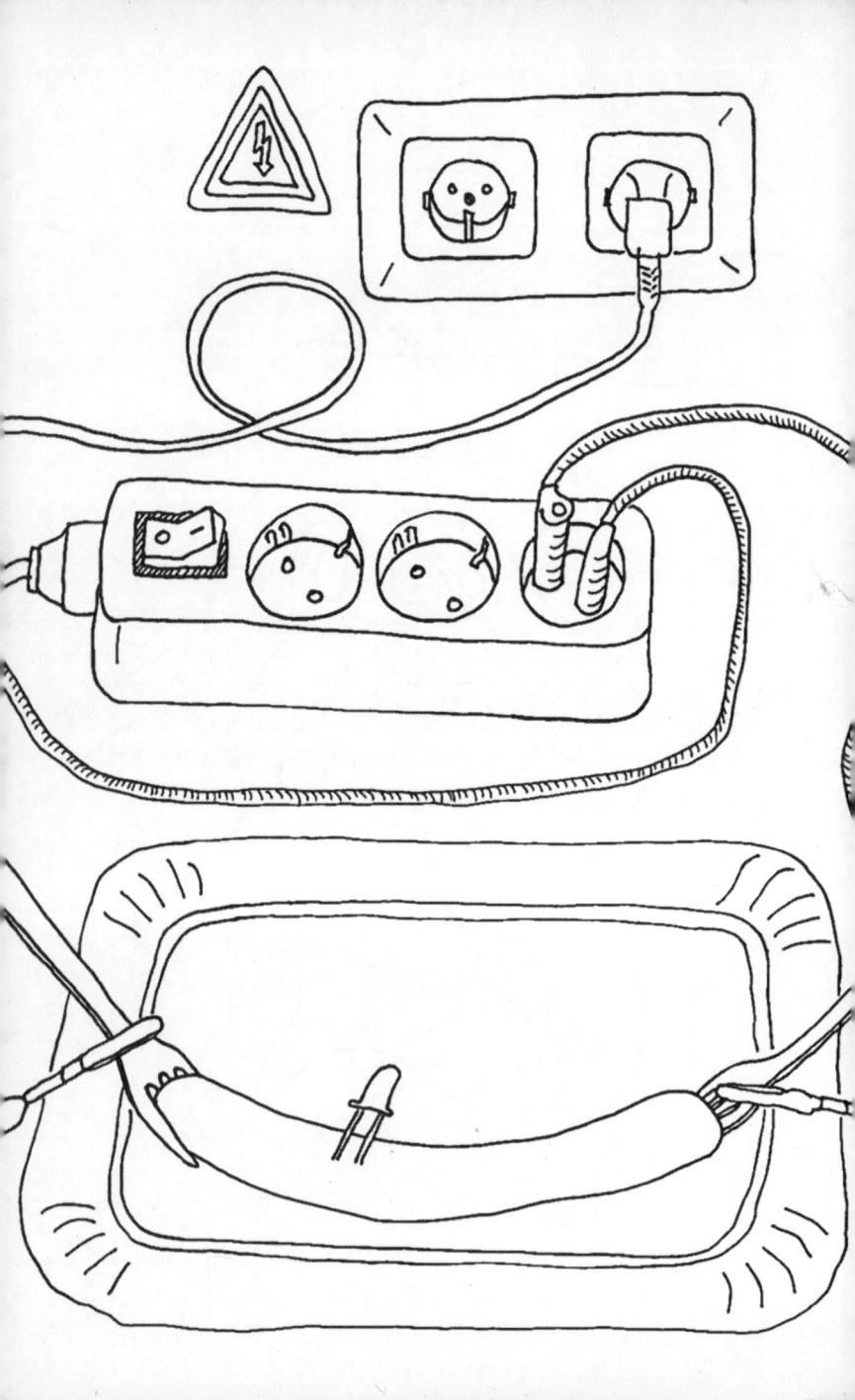